职业院校通用教材

土壤肥料

Turang Feiliao

（第三版）

主　编　卜秀艳

副主编　田春丽

中国教育出版传媒集团

高等教育出版社·北京

内容提要

本书是中等职业学校农业类专业通用教材,根据"项目导向,任务驱动""做中教,做中学"等职业教育教学理念,在第二版的基础上修订而成。

本书按"项目—任务"体例进行编写,全书共分为9个项目,即走进"土壤肥料"课程,土壤的形成和物质组成,土壤的基本性质,土壤氮素养分与氮肥,土壤磷素养分与磷肥,土壤钾素养分与钾肥,中量、微量元素肥料及复混肥料、新型肥料,有机肥料,合理施肥与土壤培肥。每个项目包括若干任务、项目小结、项目测试和项目链接等内容,每个任务按任务目标、知识学习、能力培养和随堂练习等环节编写,与传统教材的框架结构相比,加强了学生的动手能力和综合职业素质的培养。本书配套丰富的辅教辅学资源,请登录高等教育出版社 Abook 新形态教材网(https://abooks.hep.com.cn)获取相关资源。详细使用方法见本书最后一页"郑重声明"下方的"学习卡账号使用说明"。

本书适用于中等职业学校作物生产技术专业、园艺技术、休闲农业生产与经营及园林技术等专业使用,同时也可作为蔬菜、花卉、果树等生产管理过程中的指导用书,还可作为乡镇干部的培训教材,以及农村成人文化学校教材和农村青年的自学用书。

图书在版编目(C I P)数据

土壤肥料 / 卜秀艳主编 . --3 版 . --北京：高等
教育出版社,2024.5
ISBN 978-7-04-061365-0

Ⅰ.①土… Ⅱ.①卜… Ⅲ.①土壤肥力-中等专业学
校-教材 Ⅳ.①S158

中国国家版本馆 CIP 数据核字(2023)第 211810 号

策划编辑	方朋飞	责任编辑	方朋飞	封面设计	张雨微	版式设计	李彩丽
责任绘图	马天驰	责任校对	吕红颖	责任印制	刁 毅		

出版发行	高等教育出版社	网　　址	http://www.hep.edu.cn	
社　　址	北京市西城区德外大街 4 号		http://www.hep.com.cn	
邮政编码	100120	网上订购	http://www.hepmall.com.cn	
印　　刷	三河市华润印刷有限公司		http://www.hepmall.com	
开　　本	889mm×1194mm 1/16		http://www.hepmall.cn	
印　　张	19.5	版　　次	1993 年 6 月第 1 版	
			2024 年 5 月第 3 版	
字　　数	370 千字			
购书热线	010-58581118	印　　次	2024 年 5 月第 1 次印刷	
咨询电话	400-810-0598	定　　价	45.00 元	

本书如有缺页、倒页、脱页等质量问题,请到所购图书销售部门联系调换

第三版前言

本书第二版自 2008 年出版以来，已使用十几年，各校在使用过程中积累了丰富和宝贵的经验。随着国家对职业教育改革文件的出台和落实，本书的体例和内容亟待进行修订，补充新知识、新方法。因此，受高等教育出版社委托，在第二版的基础上，进行了修订。其特点如下：

一是贯彻职教新政。《国家职业教育改革实施方案》中提出，要深化育人机制改革，以促进就业为导向，着力培养高素质技术技能型人才。由于原教材使用时间较长，本次修订增加了较多技能型新知识。

二是优化相关理论。为了便于学习，本书在编写过程中打破植物学、微生物学、化学等学科的界限，进一步突出重点，在各项目开始，编写了"项目导入"；各任务结束后，安排了"能力培养"和"随堂练习"。"能力培养"部分提升了学生的动手操作和实践能力，"随堂练习"部分加深了学生对每一任务学习内容的理解和掌握。

三是创新编写体例。为了适应现代中职教学改革的需要，本书将原版的"章—节"改为新版的"项目—任务"进行编写。每个项目包括项目导入、任务内容、项目小结、项目测试、项目链接等，每个任务按任务目标、知识学习、能力培养和随堂练习等体例编写。

在编写过程中将原版旱地土壤物质组成示意图方向旋转 90°，更容易理解三相组成物质所处的位置；将土粒分级标准表改为按粒径从小到大，即黏粒、粉粒和砂粒的排列顺序，更加便于记忆；将土粒化学成分比例表改为按 P_2O_5、K_2O、CaO、MgO、Fe_2O_3、Al_2O_3、SiO_2 的顺序，更能体现不同化学元素对植物生产的重要性是有主次之分的；将土壤墒情类型及性状改为按干面土、潮干土、黄墒、黑墒、汪水的顺序，这是依据土壤墒情中主要影响因素土壤水分由少到多的次序进行排列的，更加便于理解记忆。

四是突出技能训练。本书在强调基础知识、基本理论学习的基础上，突出技能环节，技能训练按照工作的环节或流程以表格任务单形式进行编写，以突出操作环节和质量要求。

五是引入新技术。在保留第二版经典内容基础上，及时将当前应用较多的新技术、新规范、新工艺融入本书中。如根据现代农业对化肥减量增效的要求，新增了对新型肥料的介绍以及作物测土配方施肥、有机肥替代化肥等新技术。

"土壤肥料"课程共需 78 学时，具体安排见下表，仅供参考，各学时数可根据实际情况调整。

《土壤肥料》学时安排

项目	内容	课堂讲授	实验实训	合计
项目1	走进"土壤肥料"课程	2	2	4
项目2	土壤的形成和物质组成	8	8	16
项目3	土壤的基本性质	6	2	8
项目4	土壤氮素养分与氮肥	6	2	8
项目5	土壤磷素养分与磷肥	4	2	6
项目6	土壤钾素养分与钾肥	4	2	6
项目7	中量、微量元素肥料及复混肥料、新型肥料	4	2	6
项目8	有机肥料	8	2	10
项目9	合理施肥与土壤培肥	6	2	8
	机动	—		6
	合计	48	24	78

　　本书配套丰富的辅教辅学资源,请登录高等教育出版社 Abook 新形态教材网(https://abooks. hep. com. cn)获取相关资源。详细使用方法见本书最后一页"郑重声明"下方的"学习卡账号使用说明"。

　　本书由卜秀艳担任主编,田春丽担任副主编,远兵强参与编写。项目1、2、3、8、9由卜秀艳编写,项目4、5由远兵强编写,项目6、7由田春丽编写。全书由卜秀艳统稿。在编写过程中,得到抚顺市农业特产学校和河南农业职业学院等单位的大力支持,在此一并表示感谢。

　　由于编写者水平有限,加之编写时间仓促,书中不足与疏漏之处在所难免,恳请广大读者批评指正,以便今后修改完善。读者意见反馈邮箱:zz_dzyj@ pub. hep. cn。

编　者
2023 年 9 月

第二版前言

土壤和肥料是农业生产中不可或缺的要素,掌握相关的土壤肥料知识,是进行优质高产农业生产的保证。

《土壤肥料》第一版整体结构合理,内容深浅适度,文字通顺易懂,理论与实践结合紧密,从1993年使用至今,得到了农林类职业院校师生的普遍认可。因此,本次修订,原教材结构基本不变,内容基本不变,仅在以下几方面做了一些调整和补充:

(1)由于原教材出版至今已有15年时间,土壤肥料方面的理论和技术都有了一定的发展,为了进一步体现当前土壤肥料领域的研究状况,充实了有关新内容,如"微生物肥料"。

(2)为了进一步突出重点,便于学生了解和巩固每一章节的学习内容,在各章开始,编写了"本章提要";各节结束,安排了"随堂练习",使学生学习更具有针对性。

(3)为便于自查和检查教学情况,每章后都增加了"本章测试"。测试题型多样,包括名词解释题、填空题、判断题、选择题、简答题、问答题和计算题,并附评分标准;测试知识紧扣本章内容,密切联系生产实践,特别注重容易混淆的概念和必须掌握的重点。

(4)在文字及图表方面作了一些改动,使其更简洁明了。

本书第二版由郝玉华担任主编,袁桂英担任副主编。第1、2、8章和实验部分由郝玉华修订,第3、4、5、6、7章由袁桂英和张从光修订。

本书在修订过程中,得到了江苏联合职业技术学院淮安生物工程分院徐暄、王玉凤、任淑年、禹亚平等老师的关心和帮助,在此深表谢意!

由于编者水平有限,教材中难免存在不足之处,恳请读者批评指正。

编　者

2008 年 3 月

第一版前言

《土壤肥料》教材是根据教育部组织制定的中等职业学校种植专业教学计划和土壤肥料教学大纲的要求编写而成的。

本教材在整体结构上,尽力将土壤和肥料两者结合在一起进行讲解,土壤养分与化肥、合理施肥与土壤培肥,分别编入同一章。在内容上,既注意基础理论的阐述,更重视密切联系农业生产实际;既重视科学性、先进性,同时又重视实用性。考虑到中等职业学校的培养目标和规格,在教材内容取舍上,删去了土壤形成过程、土壤分类与分布两部分内容。在文字上,尽力做到深入浅出、通顺易懂、概念确切、说理清楚。为便于讲授和学习,在每章后编有复习思考题,书后附有必要的实验实习指导。

我国幅员广大,各地自然条件、农业特点、种植方式等差异很大,同时土壤类型、低产土壤种类及改良措施和施肥方式各有不同。因此,在使用本教材时,各地可因地制宜根据需要作适当的增删,对土壤类型、低产土壤改良利用和土壤保护应针对当地实际情况写出补充教材。

本教材还可作为普通高中劳动技术课和农村职业技术培训教材。同时可作为农村知识青年的科普读物。

本教材由刘凯主编,王应君、赵世笃参编。郑绍炎主审,姚源喜参审。

在编写过程中得到了杨华球、赵志尚等同志的大力支持和帮助,在此一并表示谢意。

由于编者水平有限,加之时间仓促,教材中不足之处在所难免,恳请读者批评指正。

编　者

1992 年 8 月

目　　录

项目1　走进"土壤肥料"课程

项目2　土壤的形成和物质组成

项目 3　土壤的基本性质

项目 4　土壤氮素养分与氮肥

项目 5 土壤磷素养分与磷肥

项目 6 土壤钾素养分与钾肥

项目 7 中量、微量元素肥料及复混肥料、新型肥料

项目 8 有机肥料

项目9 合理施肥与土壤培肥

项目 *1*

走进"土壤肥料"课程

项目导入

时间来到了 2023 年 6 月 8 日,星期二,气温 16~28 ℃,多云。我们学校里的景色真的很美,各种树木郁郁葱葱,迎春花、丁香花、芍药花等陆续地凋谢了,而百合花刚好开放了。白色的、粉色的、红色的,名副其实的五彩缤纷。吃过早饭后,观光专业 201 班的几名女同学兴高采烈、神采奕奕地漫步在校园的公园里,时不时地拿出手机摆着各种造型,拍着照片,嬉笑着、打闹着。这时,有两名女生发现通向教学楼的甬路两侧榆树下边栽的红色百合花有几株盛开了,很是漂亮,便采了几枝带回班级,插进装有清水的玻璃瓶里,摆在教室的窗台上。上课铃响后,老师走上讲台和同学们互致问候,请同学们坐下后,环视了一下班级,发现窗台上插在玻璃瓶里的红色百合花。

老师:窗台上摆的百合花是哪位同学采的?

同学迪丽拜尔·亚森(站起来):老师,是我采的。

老师:迪丽拜尔·亚森,作为学生,我们要爱护校园里的一花一草一树一木,这些花草树木都是有生命的,它们是用来观赏的,是用来美化绿化校园环境的。所以,我们不可以伤害它们。

同学迪丽拜尔·亚森:红色百合花开得太漂亮了,以前我从来没看见过,就顺手采了几枝,我是想放在教室里,我们可以多看几天。

老师:同学们,你们说百合花是在校园的花园里还是在玻璃瓶里生长得开心呢?

同学们异口同声地说:花园里。

迪丽拜尔·亚森低下了头:老师我错了,下次不采了。

老师:因为土壤含有植物所必需的各种养分、水分、空气等因素,大自然的环境条件更适宜花草树木的生长发育和繁殖,所以说,土壤才是植物赖以生存的家。

通过本项目的学习,将熟悉土壤及土壤肥力的概念;掌握肥料的概念,会根据肥料的成分和性质进行分类;理解土壤肥料在农业生产中的作用,了解土壤肥料研究的内容、手段和目的,能根据实际情况提出改进土壤肥力的意见和建议。

本项目将要学习:(1) 土壤、土壤肥力及肥料的概念;(2) 土壤肥料在农业生产中的作用。

任务 土壤、土壤肥力及肥料的基础知识

任务目标

知识目标：1. 理解土壤、土壤肥力和肥料的概念,掌握肥料的分类。
 2. 了解土壤肥料在农业生产中的作用。
 3. 熟悉"土壤肥料"课程的内容。
 4. 了解土壤肥料工作的基本任务。

技能目标：1. 能够识别肥料的类型。
 2. 掌握肥料在农业生产中的应用。
 3. 熟悉农业生产的基本调查方法。

素质目标：1. 通过对有关土壤知识的学习,理解土壤是生态系统的重要组成部分,是人类赖以生存和生活的载体。
 2. 学习党的二十大精神,农业要坚持走可持续发展道路,保护好生态环境,坚守社会主义生态文明建设。
 3. 树立保护土壤、保护耕地、科学合理开发使用土壤和肥料的信念,培养学农、爱农的情怀。

知识学习

一、土壤、土壤肥力及肥料的概念

(一) 土壤的概念

在三四千年前的我国《周礼》中,对有关土壤含义的记载是:"万物自生焉则曰土,以人所耕而树艺焉则曰壤",就是说,凡是自然植被生长的土地就叫"土"(即未经开垦的自然土壤),经开垦种植植物的土地叫"壤"(即耕作土壤)。这可能就是最初对土壤的定义。

20世纪30年代,有学者根据近代科学知识给土壤下了一个定义:土壤是指地球陆地上(包括浅水域底)能够生长植物的疏松表层。"陆地表层",指土壤的位置,"疏松"是其物理状态,以区别于坚硬、不透水气的岩石,"能够生长植物"是其本质——具有肥力。光秃秃的岩石,没有肥力,不能生长庄稼,所以不能叫土壤,说明土壤的概念和肥力的概念是不可分割的。

土壤是矿物岩石的风化产物。自然界的矿物岩石经风化残留原地或搬运沉积后形成母质,母质经成土作用形成土壤。影响土壤形成的自然成土因素有母质、气候、生物、地形、时

间。由于各地成土条件不同,形成的土壤也多种多样。就土壤形成过程来说,可分为自然土壤和农业土壤。自然土壤是在自然成土因素作用下形成的土壤,主要指尚未开垦种植的荒地;农业土壤也叫耕作土壤,是在自然土壤的基础上,通过人类生产活动,如耕作、施肥、灌溉、改良等综合作用而形成的土壤,是指已被人类开垦种植的耕地。土壤科学要为发展农业生产服务、为粮食增产服务,"农业土壤"应该首先得到深刻的研究和重视,它是关系我国农业生产和粮食产量的重大战略问题,也是老百姓的"命根子"。

(二) 土壤肥力的概念

什么是土壤肥力?国内外学者长期存在着不同的理解,有的学者把土壤供应养分的能力看作土壤肥力,这种观点显然是不全面的。养分只是肥力的因素之一,它不能代表土壤肥力的全部含义。20世纪30年代,大多数土壤专家公认的观点是:土壤肥力就是土壤在生长的全部过程中,同时而且不间断地供给植物最大限度的有效养分及水分的能力。但是科学是不断发展的,科学实验和生产实践的无数事实证明,植物生长发育的土壤因素不仅包括养分、水分,诸如温度、通气状况等因素也会直接影响植物生长发育和产量的提高。因此,一般认为,"土壤肥力是指土壤在植物生长发育过程中,能够同时不断地供应和协调植物需要的养分、水分、空气、热量和其他生活条件的能力"。因此,水、肥、气、热被称为土壤四大肥力因素。土壤各肥力因素相互联系、相互制约,综合作用于植物。

根据肥力产生的主要原因,可将土壤肥力分为自然肥力和人为肥力。自然肥力是自然成土过程中形成的肥力。纯粹的自然肥力只有在原始林地和未开垦的荒地上才能见到。人为肥力是人工耕作熟化过程中发展起来的肥力。处女地土壤仅具有自然肥力,而农业土壤既具有自然肥力,又具有人为肥力。在农业生产上,土壤肥力因受环境条件、土壤耕作和施肥管理水平等的限制,其中只有一部分能在生产中起作用,这部分肥力称为"有效肥力",又称"经济肥力";另一部分没有直接反映出来的肥力叫作"潜在肥力"。有效肥力和潜在肥力在土壤中相互联系,相互转化,没有截然的界限,潜在肥力是有效肥力的"后备"力量,有的土壤潜在肥力高,而有效肥力不高,通过采取适宜的土壤耕作管理措施,改善土壤的环境条件,可促进潜在肥力转化为有效肥力。

土壤生产力是指:在特定的管理制度下,土壤能生产某种或某系列产品的能力。生产力可以用产量来衡量。土壤肥力是土壤生产力的基础,但不是其全部。也就是说,土壤生产力是由土壤本身的肥力属性和发挥肥力作用的外界条件的综合作用所决定的。人为的耕作栽培等土壤管理措施,对形成和发挥土壤肥力有重要作用。所以,进行农田基本建设,改造土壤环境,是发挥土壤肥力、提高土壤生产力的重要措施。

(三) 肥料的概念

广义来讲,凡是施入土壤里或喷施于植物地上部分,能够直接或间接地供给作物生长发育所需的养分,增加作物产量,改善作物产品品质和改良土壤性状,提高土壤肥力的一切有机和无机的物质,统称肥料。目前常用肥料根据其成分及性质,可分为有机肥料、无机肥料和生物肥料三种。① 有机肥料,简称有机肥,又称农家肥,如各种粪尿肥、厩肥、堆沤肥、绿肥、饼肥等,这是一种完全肥料,在肥料中含有丰富的有机物质和作物生长发育过程中需要的各种营养元素,经过转化,能供给作物多种营养,具有改良土壤、加强土壤微生物活性等作用。② 无机肥料,简称无机肥,又称化学肥料,是指工厂制造或开采后经加工的各种商品肥料,或是用物理或化学方法生产的产品。如尿素、硫酸铵、硝酸铵、碳酸氢铵、过磷酸钙、磷矿粉、硫酸钾等,它们能直接供给作物需要的某种或某几种营养元素,可培肥地力,改善作物营养,提高产量。③ 生物肥料,是由一种或数种有益微生物、培养基质和添加物配制而成的肥料,如固氮菌、根瘤菌剂和5406抗生菌肥等,主要是依靠有益微生物的作用,提供或改善作物的生长发育和营养条件。

二、土壤肥料在农业生产中的作用

(一) 土壤是农业生产的基础

"万物土中生,有土斯有粮。"这是我国劳动人民几千年来对土壤的重要性最确切和最形象的概括。为了满足人类对生物产品的需要,必须进行农业生产,农业生产包括植物生产和动物生产两大部分,但植物生产是最基本的生产。因为植物生产的特点是通过栽培绿色植物,绿色植物利用光能制造有机物,所生产的有机质一部分是供人类生活的食品和轻工业原料,一部分可作为饲料发展动物生产,动物生产又给人类提供动物食品、动力和工业原料。动物生产的废弃物还可作肥料继续进行植物生产,促进农业的发展。绿色植物生长发育所需要的光能、热量、空气、水分和养分等生活条件,除光能以外,其余全部因素或部分因素是由土壤提供的。光照和热量还是至今人们不能完全控制的自然因素,而水、肥、气却是人们在进行土壤耕作管理过程中,可以调节和控制的对象。所以说,土壤是植物扎根立足之地,是农业生产的基础,是人类生存之本,是人类最基本的生产资料和劳动对象,没有土壤,就没有大面积的植物生产。而且土壤数量是有限的,是人类世代相传并赖以生存的必要条件。

(二) 肥料的作用

土壤虽然含有植物生长发育所需要的各种营养元素,但是,其中大部分对植物是无效的,其有效部分的种类和数量也不能长期供应所有作物高产的需要。若土壤完全不施肥料,土壤养分的贫瘠现象可在几年或十几年内出现。因此,必须用施肥的方法来补充和调节土壤的肥力。

肥料是植物的"粮食",是植物增产增收的重要物质基础。植物生长发育过程中所必需的养分,主要靠施肥来补充。所以,施肥是农业增产的重要手段。肥料不仅提供植物所必需的各种养分,满足其营养要求,而且还有改良土壤性质、提高土壤肥力的作用。"有收无收在于水,多收少收在于肥",合理施肥是提高植物产量和品质、培肥土壤的有效措施。所以,肥料在农业生产中具有非常重要的作用。实践证明,我国多年来农业生产水平的提高与增施肥料密切相关,哪里的肥料用得合理,保持和提高了土壤肥力,哪里的农业生产就能达到高产、优质和可持续发展的目标。土壤与肥料的关系十分密切,合理施肥是土壤管理的核心之一。

(三) 土壤是生态系统的重要组成部分

地球表面生物因素和非生物因素物质和能量传递的相互关系,称为生态系统。整个生态系统是通过土壤把生物和非生物联系起来的。所以,土壤不仅是农田生态系统中的组成部分,而且是整个地球生态系统的重要组成部分。它是连接无机自然界和有机自然界的中心,也是物质和能量转化的枢纽。农业环境的污染,多数是通过土壤这个载体传入农产品,危害人畜健康的。因此,研究致毒物质在土壤中的化学行为,以及营养元素在土壤中转化和迁移的生态效应,已引起人们的重视。

人类合理利用和管理土壤,可以使土壤愈种愈肥,生产力不断提高。相反,如果盲目地毁林开荒,破坏草场,围湖造田,不合理地灌溉、施肥、使用农药等,就会造成水土流失、土壤返盐、沙化和化肥、农药污染的不良后果,破坏生态平衡,使土壤肥力退化,给农业生产带来难以弥补的损失。所以,生态农业也是保护生态环境的一项基本措施。

土壤肥料工作者要认识土壤生态过程机制,防止和制止土壤污染,珍惜和保护土壤资源,改善土壤生态环境,维护生态平衡,使土壤沿着连续使用、良性循环方向发展,这是防治土地退化的重要途径。

为了更好地利用自然因素,发挥土地潜力,必须因地制宜配置农、林、牧各业。农业生产包括农林业生产、畜牧业生产和土壤管理三个不可分割的环节,其相互关系很明显,植物是牲畜的粮食,肥料则是植物的粮食。农林业是畜牧业的基础,畜牧业又能促进农林业的发展。这就是以土壤为基础的在生物圈内的物质和能量的充分利用、循环、转化、相互推动和不断提高的过程,也体现了农、林、牧相互关联、相互促进的辩证关系。营养元素通过土壤如此不断循环和提高含量,才能使农业生产绵延不绝和获得丰收。

三、"土壤肥料"课程的学习内容

土壤肥料学是研究土壤、肥料及其与植物生长发育关系的农业基础科学。"土壤肥料"课程以农作物高产为目的,以提高土壤肥力为中心,以培肥土壤和营养植物为主要手段,以土壤肥料的基本概念、基本知识、基本技能为内容,主要学习土壤本身的特征,包括土壤的组成、存在的状况和各种理化性质;土壤的水、热、气的动态状况,土壤中主要养分转化规律以及土壤、植物和肥料之间的关系。在此基础上,阐明各种肥料的性质、肥料在土壤中转化的过程、施用的技术原则以及合理施肥、土壤培肥、土壤资源保护的措施。

学习"土壤肥料"课程,应主要掌握以下几方面知识和能力。

(1) 掌握各种土壤的理化性质和农业性状,具备提出因土种植、因土施肥和合理耕作意见的能力。

(2) 根据不同地区高产稳产农田的土壤条件、不同低产土壤的低产原因、障碍因素,具备提出不同土壤建设高产稳产农田、低产土壤改良培肥的技术措施的能力。

(3) 按照土壤、肥料及其与植物生长发育的关系,进行合理施肥,提高肥料利用率,满足植物各个生长发育阶段对养分的需要,获得优质高产。

四、土壤肥料工作的基本任务

中华人民共和国成立以来,我国劳动人民在土壤利用、改良和培肥等方面采取了很多措施,积累了丰富的经验,农业产量不断提高,以仅占世界7%的耕地面积解决了占世界22%的人口的温饱问题,这是举世瞩目的成就。但是,我国仍然面临着人地矛盾、土壤侵蚀、土壤性质恶化、肥力下降、环境污染和生态失调、有机肥与无机肥失调及氮、磷、钾肥失调等限制农业生产发展的问题。

审视我国当前农业的基本现实,党的二十大指出,全面推进乡村振兴。坚持农业农村优先发展,坚持城乡融合发展,畅通城乡要素流动,加快建设农业强国,扎实推动乡村产业、人才、文化、生态、组织振兴。我们要积极响应党的号召,把土肥工作作为发展农业生产的一项战略性措施,重视、保护和提高地力。把改良土壤、培肥地力作为农田基本建设的重要内容和长期任务,努力建设高产、稳产农田,实现农业发展目标。

当前土壤肥料工作的基本任务如下。

保护土地资源、健全农田保护的政策法规。 珍惜每一寸土地是我国的一项基本国策。我国后备可垦荒地资源有限,要强化土地资源的管理,控制耕地资源数量减少。土肥工作者要紧密配合并参与土地利用总体规划的制定,采取有力措施,制止滥用耕地,有计划地继续开展宜农荒地的开发和围垦海涂、复垦工矿废地等方面的工作。积极参与农田保护立法工作,宣传珍惜每一寸土地,认真执行土地法,划定基本农田保护区和建立地力补偿制度。做到培肥地力工作有法可依,有章可循,优奖劣罚。

重点搞好中低产田开发和综合治理。 我国通过土壤普查,基本查清了土壤类型、分布、主要障碍因素和肥力状况。要有计划地改良占全国耕地面积2/3的中低产田,要把重点放在薄地、盐碱地、水土流失区、风沙土等地区。贯彻养用结合、综合治理的方针,即必须树立大农业的思想,实行用地和养地相结合,改良和利用相结合,生物措施和工程措施相结合,有机肥和无机肥相结合,地力建设和良种良法相结合,当前和长远利益相结合,大面积改造治理中低产田,提高土地的利用率和生产率。坚持实行山、水、田、林、草、路综合治理,采用现代化节水、节能、节肥技术,保护农田生态平衡,不断提高土壤肥力,变中低产田为高产田,高产田更高产,从而保证农业高产、优质、高效,探索出具有中国特色的现代化农业模式。

防止土壤侵蚀,保持生态平衡。我国是世界上土壤侵蚀严重的国家之一。据水利部数据显示,2020 年全国水土流失面积达 269.27 万 km^2,沙漠化土壤现有面积约 261.16 万 km^2。必须控制土壤侵蚀,保持生态平衡。

重视有机肥开发,提高优化配方施肥水平。土壤肥力是土壤质的特征,它与有机物质有密切联系。2019 年农业农村部"关于加大有机肥(生物有机肥)推广使用力度,推动农业高质量绿色发展的建议",使有机肥料工作有了新的进展和突破。我们要继续贯彻有机肥和无机肥相结合的肥料工作方针,不断改进施肥技术,改变群众中重用地轻养地,重化肥轻有机肥,重氮、轻磷、不信钾的传统习惯,大力开发有机肥,逐步调整三要素比例,进一步提高优化配方施肥技术水平。

加强土肥技术推广和服务体系建设。土肥技术推广和服务体系是土壤肥料学科科技兴农的希望所在。要把试验、示范、培训、推广结合起来,创造条件,加强土肥机构建设,不断提高技术人员的政治和业务素质,进行产前、产中、产后的系列服务,拓宽服务领域,增强自身发展能力,更好地为实现农业现代化而努力奋斗。

良好的生态环境既是最公平的公共产品,也是最普惠的民生福祉。党的十八大以来,以习近平同志为核心的党中央将生态文明建设放到治国理政的重要位置,以"绿水青山就是金山银山"理念为先导,推动我国生态环境保护发生历史性、转折性、全局性变化,助力实现经济结构更优、生态环境更好、生活质量更高。这一理念将为建设美丽家园、美丽中国,实现社会主义现代化强国宏伟目标提供源源不绝的内在动力,从而助力开创新时代中国特色社会主义事业新局面。

能力培养

当地农业生产基本情况调查

1. 调查准备

通过网络查询、期刊查阅、图书借阅等途径,了解我国土壤有哪些基本类型。

2. 调查活动

通过走访当地农业生产管理部门、农业技术人员、当地有规模的农场和有代表性的农户等,了解以下情况:

(1) 当地现代农业有哪些主导产业?

(2) 当地主要种植的作物有哪些?

（3）当地主要的土壤类型有哪些？

（4）当地主要使用的肥料有哪些？

3. 调查报告

通过本次农业生产基本情况调查，写一份调查报告，不少于 500 字，包括目前当地农业生产的现状及其未来发展前景。

随堂练习

1. 名词解释：土壤；土壤肥力；有效肥力；潜在肥力；肥料。

2. 根据土壤的形成过程不同，可将土壤分为哪几种类型？

3. 根据肥料的成分和性质不同，可将肥料分为哪几种类型？

4. 如何区别自然肥力和人为肥力、有效肥力和潜在肥力？

5. 土壤肥料工作在实现农业现代化中的任务是什么？

项 目 小 结

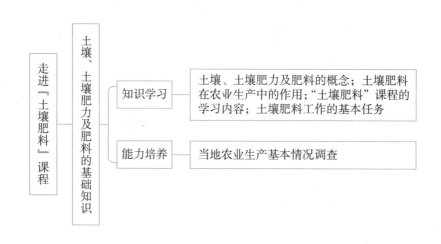

项 目 测 试

一、名词解释

土壤；自然土壤；农业土壤；土壤肥力；肥料；有机肥料；无机肥料；生物肥料。

二、单项选择题

1. 影响土壤形成的自然成土因素有母质、气候和（　　　）。

A. 水分　地形　时间　　　　　　B. 生物　水分　时间

C. 生物　地形　时间　　　　　　D. 生物　水分　地形

2. 土壤四大肥力因素是(　　)。

A. 水分　养分　空气　温度　　　　　B. 水分　肥力　空气　热量

C. 肥力　空气　热量　生物　　　　　D. 空气　热量　生物　温度

3. 按肥料的成分和性质不同,把肥料分成(　　)。

A. 有机肥料　无机肥料　生物肥料

B. 堆肥　沤肥　绿肥

C. 氮肥　磷肥　钾肥

D. 有机肥料　无机肥料　有机无机复混肥料

4. 下列均属于有机肥的是(　　)。

A. 粪尿肥　厩肥　固氮肥　绿肥　　　B. 厩肥　堆沤肥　尿素　绿肥

C. 堆沤肥　绿肥　根瘤菌肥　磷矿粉　D. 粪尿肥　厩肥　堆沤肥　绿肥

5. 下列均属于化肥的是(　　)。

A. 硫酸铵　尿素　过磷酸钙　固氮肥

B. 碳酸氢铵　硝酸铵　磷矿粉　碳酸氢钙

C. 尿素　硝酸铵　磷矿粉　硝酸钾　根瘤菌肥

D. 硫酸铵　尿素　磷矿粉　硫酸钾

三、判断题

1. 土壤的本质是疏松表层。　　　　　　　　　　　　　　　　　　　　　(　　)

2. 植物生产是农业生产最基本的生产。　　　　　　　　　　　　　　　　(　　)

3. 肥料是农业生产最基本的生产资料。　　　　　　　　　　　　　　　　(　　)

4. 肥料有改良土壤、提高土壤肥力的作用。　　　　　　　　　　　　　　(　　)

5. 合理灌溉是提高植物产量和品质的有效措施。　　　　　　　　　　　　(　　)

四、简答题

1. 土壤肥料在农业生产中有哪些重要作用?

2. 通过"土壤肥料"课程的学习,应该掌握哪些知识和技能?

项 目 链 接

土壤调查、土地类型与土地评价

民以食为天,食以地为源。土壤资源是人类可利用的最基本的自然资源,是保障粮食安全的基础。我国有关部门虽然开展了各类与耕地相关的评价工作,形成了极具我国特色的耕地质量等别评定成果,但受制于陈旧、精度不高的土壤普查成果,以及停留在国家和地区层面的、体系和成果不完整的土地类型研究,我国的土地管理,尤其是耕地质量评定成果精度不高,无法适应现代农业精准管理需要。在此背景下,有必要述评我国土地评价发展脉络及土壤调查中存在的问题,进而展望未来发展土壤普查、土地类型基础上的评价工作,完善路径,以支撑生态文明建设,国土科技创新和资源数量、质量、生态"三位一体"的自然资源管理目标对耕地评价的新需求。

1. 土壤调查、土地类型与土地评价的逻辑关系

土壤调查是认识土壤的基础性工作,通过实地勘查,观察记载土壤所处的环境,掌握土壤发生、分类、分布、利用、改良等状况。土地评价的目的在于评估现在的土地利用状况,揭示不同利用方式的后果,提出可能的用途及其经济、社会可行性和可持续性等。

土壤调查在研究土地质量尤其是耕地质量问题时,显得尤为重要,它是获取待评价土地属性的主要途径之一。依据1988年倪绍祥先生翻译的英国学者D. Dent等的《土壤调查与土地评价》,土壤调查的目的不只是编绘土壤图,土壤调查与土地评价之间并无严格的界限,区别只在于着重点和方法不同而已。土壤调查是土地利用管理的科学决策基础,土地评价则直接服务于土地规划和管理。倪先生在译后记中阐明,土壤是组成土地的基本的和重要的因素,土壤与土地有非常密切的联系,土壤分类单元应是土地评价的基础。

1992年倪先生编写出版的《土地类型与土地评价》,继承发展了联合国粮食及农业组织(FAO)《土地评价纲要》的有关内容,将土地类型学与土地评价的实践相结合,凸显了土地评价必须建立在充分的土地类型认知基础上,才能真正做到尊重自然法则,科学合理地评价土地、使用土地。之后他又指出,土地分类及土地评价研究是查明土地资源质量的重要手段,作为土地科学的核心组成内容之一,其研究成果在国土资源管理、区域规划和城市规划、生态环境保护以及工程建设等众多领域得到了越来越广泛的应用。

2. 停滞不前的土壤调查

土壤调查是我国的一项基础性调查。1958年至1960年,我国组织开展了第一次土壤普查,提出全国第一个农业土壤分类系统。1979年正式启动第二次全国土壤普查,以成土条件、成土过程及其属性为土壤分类依据,采用5级分类制,形成不同分类相应的土壤图、土壤类型图等专题图,至1990年前后才全面完成土壤普查工作汇总,并由县区级土壤图逐级缩绘形成1:100万土壤图,建立了中国土壤分类系统,为我国开展农地的评价提供了大量的第一手土壤资料。

1986年,国际上启动1:100万世界土壤图和土地数字化数据库(SOTER)计划,20世纪90年代SOTER概念引入中国,在中国科学院南京土壤研究所及有关院校,分别开展了大中比例尺SOTER研究,2010年初步定量构建出中国1:100万SOTER地体单元。之后,农业、国土和环保有关部门都未曾开展过较大规模的土壤资源调查。虽相继实施了"测土配方施肥工程""全国性多目标生态地球化学调查"和"全国土壤污染调查"等重大专项,对于掌握

土壤、土地的养分状况和地球化学特征及点位污染信息具有重要意义,但由于各类专项调查目标不同、方法各异,各部门分头实施,数据零散,共享不足,导致这些数据成果无法更好地服务于管理工作。

3. 各执己见的耕地评价

土地评价是解析土地质量的分异,优化土地配置和利用,开发、管理土地的重要手段。其中,耕地评价备受关注,以国土部门组织开展的农用地分等定级最具有代表性。1989 年国家土地管理局(现为自然资源部)拟定了《农用土地分等定级规程(征求意见稿)》。2005 年由国土资源部(现为自然资源部)土地整治中心牵头,北京师范大学、中国地质大学(北京)、中国农业大学分别对东部、中部、西部省级农用地分等成果进行汇总,历经几年的努力,终于在 2009 年形成了全国耕地质量等别评定国家级汇总成果。2012 年 10 月,国土资源部联合多所高校和机构研究制定的《农用地质量分等规程》等三项国家标准正式实施,这是农地评价领域的第一个国家标准。

同期,相关部门也大力推进了土地、土壤的调查评价。2005 年,中国地质调查局启动多目标区域地球化学调查工作;2006 年,国家环境保护总局(现为生态环境部)启动了以土壤重金属、农药残留、有机污染物等为主要内容的全国土壤环境质量状况调查与评价工作;2012 年,农业部(现为农业农村部)推动完成耕地地力调查与质量评价工作,并在 2016 年制定发布《耕地质量等级》国家标准;2014 年,国土资源部以二次调查及土地变更调查数据,制定了以限制性指标为约束的耕地后备资源调查评价体系,完成了新一轮耕地后备资源调查评价工作。

由于部门职责不同,分工各异,一直以来对于农用地质量(主要是耕地质量)的概念界定、表征指标选择、评价技术方法都有所不同。环境保护部门的环境调查主要突出土壤环境状况和面源污染防控;地质调查系统以土地地球化学的元素水平来量化评价土地质量,但调查点位密度不高,适合于宏观的区域土地质量分析;农业部门主导的耕地质量等级评价侧重服务于土壤肥力管理;国土部门推进的耕地质量等别评定,考虑了气候条件的地域分异下的标准耕作制度差异、生产潜力差异及全国耕地质量的统一可比问题,目标是耕地数理、质量、地类核产能保护。从整体上看,各部门耕地质量评价虽然体系不同,但不同评价结果在解释耕地质量时具有互补性。

4. 新时期相关工作新要求

2017 年,中共中央、国务院印发《关于加强耕地保护和改进占补平衡的意见》(中发〔2017〕4 号),进一步强调加强耕地质量调查评价与监测,建立健全耕地质量和耕地产能评价制度,完善评价指标体系和评价方法,定期对全国耕地质量和耕地产能水平进行全面评价并发布评价结果。2018 年 2 月,《第三次全国土地调查实施方案》(简称"三调")提出全面掌握耕地数量、质量、分布和构成。中发〔2017〕4 号文件和"三调"方案的出台,为相关耕地资源管理工作带来了机遇和挑战。

近年来,全球粮食供应体系受到巨大冲击。我国作为人口第一大国和制造业大国,也作为世界最大的农产品进口国,在国际农产品禁止出口或价格攀升的贸易环境下,面临着很大的压力。在此背景下,深化耕地质量评价体系,识别需要高强度保护的优质耕地区域和等级提升潜力大的地区,在数量、质量和生态三方面防控粮食安全风险,对于实施最严格的耕地保护制度,落实"藏粮于地、藏粮于技"战略具有重要意义。

同时,只有土地利用现状类型,没有土地类型数据,土地利用规划和土地用途管制的基础是不牢固的。因此,开展土地类型调查是科学开展耕地评价,编制国土空间规划,服务自然资源管理的客观需求。

基于此,我国的耕地调查亟待继承和发展土地类型学的土地综合体分级、分类管理的思想,融合最新的土壤调查、监测及耕地土壤环境调查的数据成果,实质性重构科学、完整和实用的"三位一体"保护目标的耕地质量内涵和质量评价体系,以适应国家治理能力现代化和自然资源国土空间规划管制、产权管理和粮食安全、食物安全风险管控需求。条件成熟时,推进相应的耕地质量评定国家标准修订,将为更科学地推进第三次国土资源调查中的耕地质量专项调查提供重要支撑。

5. 启动新的土壤调查,夯实类型学基础成为时代新使命

耕地是保障粮食安全、生态安全和国土安全的重要战略资源。土壤普查、土地类型调查是科学认识和评价耕地资源乃至自然资源的基础性科技工作。受制于土地类型研究工作的中断,我们不能从各个尺度去审视耕地资源单元的环境结构层次高低,无法识别它作为综合体的资源背景属性。它处在什么地貌类型下?是否具有地带性特征?它的地球物理和化学的性质,跟哪些因素或哪些范围的土地构成了不可分割的整体,从而休戚与共?

启动第三次土壤普查工作,可以夯实耕地质量管理的土壤资源基础信息,并制定统一的耕地质量评价标准,是支撑我国耕地"三位一体"保护监管的前提。科学谋划土地类型研究工作,可以避免只重视数量而忽视质量和生态监管的弊病。基于土地类型调查的耕地评价,是永久基本农田、生态红线和城市发展边界三线划定的基础,因此,也是编制国土空间规划、实施用途管制制度的重要依据。

在自然资源部统领自然资源和规划管理的背景下,将土壤资源调查纳入自然资源调查,摸清各类土地资源的土壤性质,对于科学评价自然资源的适宜性、限制性、潜力等,以及科学规划国土空间,具有重要的现实意义。

综上所述,夯实土壤普查、土地类型研究基础,创新耕地评价和监测体系,能够为构建自然资源数量、质量、生态"三位一体"综合监管体系提供基础研究支撑。

项目 2

土壤的形成和物质组成

项目导入

今天是 2023 年 10 月 20 日（星期三），气温 -2~12 ℃，天气晴朗。上午 10 点，老师带领农艺 201 班学生来到了校内西侧实习场的 2 号大棚，今天第三、四节课是蔬菜种植实践课。根据班级人数（20 人）分成 5 组，每组 4 人，开始种地了（设施栽培）！

老师：从大棚的东侧开始，每组学生用米尺量出 5m 长、2m 宽的地块，组与组之间留出 50cm 宽的作业道。今天实践课的步骤是，第一步整地，第二步做畦，第三步播种，第四步覆土。准备好的蔬菜种子有白菜、生菜、菠菜、香菜、油菜、茼蒿共 6 种，每组播种 2~3 种蔬菜。课程要求整地做畦要平整，播种覆土要均匀。以后根据蔬菜的生产情况进行田间管理，最后收获的蔬菜要称重，按蔬菜总重量的高低录入期末成绩。

同学们争先恐后地干了起来！

大家认真地听从老师的指挥，整地，做畦，播种，覆土。经过同学们 20 多天的精心管理（除草、浇水、松土），每组均收获了不少蔬菜（小白菜、生菜、菠菜、香菜、油菜、茼蒿）。

老师：同学们！你们种下的不仅仅是蔬菜，更是希望、是梦想，收获的是成功、是喜悦。

通过这次实践课的学习，同学们应该懂得了，只有一分耕耘，才有一分收获。希望同学们在今后的学习和生活中，勤劳，勇敢，积极认真地对待任何事情，相信你们的未来会更加美好！

在本项目中，重点学习土壤物质组成的基本知识；掌握土壤质地的概念、类型及农业生产特性；土壤生物的种类及作用；土壤有机质的种类、作用和转化过程；理解土壤水分的类型、有效性及田间验墒方法；土壤空气的组成、特点及通气性；了解土壤胶体的概念、种类及性质。

本项目将要学习：(1) 土壤的形成；(2) 土壤的固相组成；(3) 土壤水分与土壤空气；(4) 土壤胶体。

任务 2.1　土壤的形成

任务目标

知识目标：1. 了解土壤的形成过程。

2. 了解主要成土矿物和岩石的种类。

3. 掌握土壤母质的形成过程及成土因素。

技能目标：1. 会分析本地区成土母质的类型及特性。

2. 能进行土壤质地的田间简易鉴别。

3. 能进行不同土壤质地的改良。

素质目标：1. 加强生态文明教育，践行绿水青山就是金山银山的理念。

2. 了解节约资源和保护环境的基本国策。

知识学习

我国幅员辽阔，地形、气候条件复杂，植被类型繁多，广大农民素有精耕细作之习惯。因此，在自然和人为成土因素的深刻影响下，形成了类型众多、性质各异的土壤。研究认识土壤的形成、组成、类型、性质及其肥力发生发展的规律，对于因地制宜培肥改土、合理利用土壤资源，具有重要意义。

自然界的矿物岩石经风化作用及外力搬运形成母质，母质经成土作用形成土壤。因此，研究土壤肥力特征必须从主要的成土矿物岩石和母质入手。

一、主要成土矿物和岩石

（一）主要成土矿物

矿物是一类天然产生于地壳中，具有一定化学组成、物理性质和内部构造的单质或化合物。它是土壤矿物质的来源。

矿物的种类很多，目前已经发现的在 3 000 种以上，但与土壤有关的不过数十种。现将几种主要成土矿物的种类、化学成分、风化特点和分解产物列于表 2-1。

表 2-1 主要成土矿物

序号	种类			化学成分	风化特点和分解产物
1	石英			SiO_2	不易风化,是土壤中砂粒的主要来源
2	正长石			$K[AlSi_3O_8]$	较易风化,风化后产生高岭土、二氧化硅和盐基物质,特别是正长石含钾较多,是土壤中钾素和黏粒的主要来源
2	斜长石			$n\,NaAlSi_3O_8 \cdot m\,CaAl_2Si_2O_8$	
3	白云母			$KAl_3Si_3O_{10}(OH)_2$	白云母抗风化,黑云母易风化,均易形成黏粒,是土壤中钾素和黏粒的主要来源
3	黑云母			$K(MgFe)_3[AlSi_3O_{10}](OH,F)_2$	
4	角闪石			$Ca_2Na(Mg,Fe)_4(Al,Fe)[(Si,Al)_8O_{22}(OH)_2]$ $Ca(Mg,Fe,Al)[(Si,Al)_2O_6]$	易风化,风化后形成黏粒,并释放出盐基性养分
4		种类	名称		
4		岩浆岩(火成岩)	花岗岩与流纹岩		
4			正长岩与粗面岩		
4			辉长岩与玄武岩		
4			闪长岩与安山岩		
4		沉积岩(水成岩)	砾岩		
4			砂岩		
4			页岩		
4			石灰岩		
4		变质岩	片麻岩		
4			板岩		
4			石英岩		
4			大理岩		
4	辉石				
5	橄榄石			$(Mg,Fe)_2[SiO_4]$	易风化,风化后形成蛇纹石
6	方解石			$CaCO_3$	易风化,是土壤中碳酸盐和钙、镁的主要来源
6	白云石			$CaMg(CO_3)_2$	
7	磷灰石			$Ca_5[PO_4]_3(F,Cl)$	风化缓慢,是土壤中磷素的主要来源

续表

序号	种类	化学成分	风化特点和分解产物
8	赤铁矿	Fe_2O_3	易风化,是土壤中红色的来源
	褐铁矿	$2Fe_2O_3 \cdot 3H_2O$	易风化,是土壤中黄色或棕色的来源
	磁铁矿	Fe_3O_4 或 $FeO \cdot Fe_2O_3$	难风化,风化后形成赤铁矿、褐铁矿
	黄铁矿	FeS_2	易风化,是土壤中硫的来源
9	高岭石	$(OH)_8Al_4Si_4O_{10}$	是长石、云母风化后形成的次生矿物,是土壤中黏粒的主要来源
	蒙脱石	$(OH)_4Al_4Si_8O_{20} \cdot nH_2O$	
	水云母	$K_y[Si_{8-2y}Al_{2y}]Al_4O_{20}(OH)_4$	

(二) 主要成土岩石

岩石是一种或数种矿物的集合体。根据岩石的成因可分为三类。

1. 岩浆岩

岩浆岩由岩浆冷凝而成。其共同特征是没有层次和化石。岩浆侵入地壳,在深处逐渐冷凝而形成的岩石称为侵入岩,由于其冷却慢,因此结晶粗,如花岗石、正长岩;岩浆冲破地壳或喷出地面而冷凝形成的岩石,称为喷出岩,由于其冷却迅速,因此结晶很细、多孔、呈斑状结构,如玄武岩。

2. 沉积岩

由各种先成的岩石经风化、搬运、沉积、重新固积而成或生物遗体堆积而成的岩石,称为沉积岩。如砾岩、砂岩、页岩、石灰岩。其共同特征是有层次性,常含有化石。

3. 变质岩

岩浆岩或沉积岩在高温高压下,使矿物重新结晶或结晶重新排列而形成的岩石,称为变质岩。如片麻岩、石英岩、大理岩、板岩。它的特征是为片状组织,岩石致密、坚硬、不易风化。

现将常见的主要成土岩石列于表2-2。

表2-2　主要成土岩石

种类	岩石名称	矿物成分	风化特点和分解产物
岩浆岩(火成岩)	花岗岩与流纹岩	两种岩石的矿物成分近似,主要含石英、正长石、云母及少量角闪石等	含二氧化硅65%以上,称为酸性岩。花岗岩易发生物理变化,风化后石英变成砂粒,正长石变成黏粒,故形成的土壤母质砂黏适中,钾素较多,酸度较大。流纹岩颗粒较细,不易产生物理风化,形成的土壤母质呈酸性或弱酸反应

续表

种类	岩石名称	矿物成分	风化特点和分解产物
岩浆岩（火成岩）	正长岩与粗面岩	正长岩主要含正长石,粗面岩由正长石和角闪石等组成	含二氧化硅 52%~65%,为中性岩。较易风化,风化后形成大量的黏土矿物,砂粒较少,含钾素较多
	辉长岩与玄武岩	辉长岩主要由辉石和少量角闪石和黑云母组成,玄武岩主要由辉长石、斜长石组成	含二氧化硅 45%~52%,为基性岩（碱性岩）。易风化,风化物较黏,含 Ca、Mg、Fe 等盐基较多
	闪长岩与安山岩	主要由斜长石、角闪石组成。有少量的云母和辉石	为中性岩,易风化,与酸性岩相比,风化后形成的土壤母质含黏粒较多,砂粒较少,Ca、Mg 等盐基成分较多
沉积岩（水成岩）	砾岩	由直径大于 2 mm 的碎石砾胶结而成	圆形石砾胶结而成的不易风化,角砾岩易风化,风化后土壤母质多含砂粒与石砾,养分贫乏
	砂岩	由 0.1~2 mm 的砂粒胶结而成	不易风化,风化后形成的土层薄,砂粒多
	页岩	由黏土经压实脱水和胶结作用硬化而成	易风化,风化后形成的土壤母质多含黏粒,养分含量较多
	石灰岩	由 $CaCO_3$ 沉积胶结而成	易风化,主要是化学溶解作用。形成的土壤土层薄,质地黏重,有石灰反应,钙质丰富,抗酸力强
变质岩	片麻岩	由花岗岩经高温高压变质而成	岩石结构为片状,整体看去有条带状特征。对土壤影响与花岗岩类似
	板岩	由泥质页岩变质而成,较粗而脆	风化,形成的土壤较黏
	石英岩	由砂岩变质而成	极硬,机械与化学稳定性均强,不易风化。风化后常形成砂质土或砾质土。质地粗,营养元素贫瘠
	大理岩	由石灰岩变质而成	性质与石灰岩相同

从表 2-1、表 2-2 可看出,不同的岩石和矿物具有不同的组成和结构形态,它与土壤的化学组成和物理性质有密切关系。首先,岩石和矿物对土壤质地的影响较深,如在花岗岩、石英岩、片麻岩、砾岩地区的土壤,因岩石含石英较多,抗风化力强,形成很多砂粒,质地偏砂,通透性好,但保水保肥能力差,而在玄武岩、页岩地区的土壤,因岩石中含有较多的黑云母、角闪石、辉石、橄榄石等易风化的深色矿物,形成较多黏粒,所以土壤偏黏,通透性差,但保水保肥能力强。其次,岩石和矿物对土壤矿物养分含量的影响也大,如母质中含正长石、云母较多时,土壤含钾素较多;含有磷灰石矿物,则土壤中磷素含量高;含辉石、角闪石、橄榄石和褐铁矿,则土壤中的钙、镁、铁等养分较多;含石英多则土壤中养分含量较为贫乏。最后,岩石和矿物对土壤酸碱反应也有一定影响,如石灰岩地区,由于岩石内含碳酸钙多,形成的土壤多偏碱性;花岗岩地区的土壤,由于含有较多酸性硅酸盐,土壤多偏酸性。

二、土壤母质的形成

(一)岩石的风化

风化是指岩石、矿物在外界因素和内部因素的共同作用下,逐渐发生崩解和分解的过程。按其作用因素和风化特点,可分为物理风化、化学风化和生物风化三种。

1. 物理风化

物理风化指外力作用使岩石、矿物发生崩解破碎,但不改变其成分和结构的过程。

(1)温度作用　影响物理风化的因素主要是温度。由于季节和昼夜温差,岩石热胀冷缩,岩石因表面和内部及各种矿物膨胀和收缩的程度不同而产生裂纹。天长日久,岩石即破碎崩解为小块乃至碎屑。

(2)结冰作用　岩缝中的水结冰,对周围岩石产生的巨大压力使岩石破碎。

(3)磨蚀作用　水流、大风挟带砂石对岩石的强力撞击摩擦,冰川移动过程中的深刻磨蚀等,都可加速岩石的崩解破碎。

物理风化的结果,岩石变为碎屑,形成了较疏松的堆积物,增大了表面积,产生了通透性,但颗粒较大,不具毛细管作用(简称毛管作用)。物理风化为化学风化的进行创造了更好的条件。

2. 化学风化

化学风化指岩石、矿物在水、二氧化碳等因素作用下,发生化学变化,产生新物质的过程。

(1)溶解　即固态可溶性盐类被水溶解,变为溶液中的离子。岩石中的矿物绝大部分是复杂的硅酸盐和铝硅酸盐,溶解度很小,但在漫长的地质年代,日积月累,其溶解量却十分惊人。

(2)水化　指无水矿物与水化合生成含水矿物的作用。如铁矿与不同数量的水结合成不同的水化物[赤铁矿(Fe_2O_3,红色)、赤褐铁矿($2Fe_2O_3 \cdot H_2O$,红棕色)、针铁矿($Fe_2O_3 \cdot H_2O$,黄棕色)、褐铁矿($2Fe_2O_3 \cdot 3H_2O$,棕黄色)、褐铁矿($Fe_2O_3 \cdot 2H_2O$,黄色)],从而使土壤呈现出不同颜色。又如硬石膏($CaSO_4$)与水结合成石膏($CaSO_4 \cdot 2H_2O$)。矿物水化后,体积增大,硬度降低,溶解度也有所增大,从而有利于矿物岩石进一步分解和崩解。

(3)水解　是由水分子解离出来的 H^+ 对矿物的分解作用。CO_2 溶于水的碳酸化作用,可使矿物彻底分解,其产物的成分和性质都有很大变化,并将养分释放出来。水解过程是矿物养分有效化过程,也是化学风化中最基本最重要的作用。

① 含钾矿物水解　含钾矿物水解形成次生黏土矿物和可溶性盐供植物吸收,即养分有效化过程。如:

$$K_2Al_2Si_6O_{16}+H_2O \longrightarrow KHAl_2Si_6O_{16}+KOH$$

（正长石）　　　　　　（酸性铝硅酸盐）

$$KHAl_2Si_6O_{16}+H_2O \longrightarrow H_2Al_2Si_6O_{16}+KOH$$

$$H_2Al_2Si_6O_{16}+5H_2O \longrightarrow H_2Al_2Si_2O_8 \cdot H_2O+4H_2SiO_3$$

（高岭石）

② 含磷矿物的水解

$$Ca_3(PO_4)_2+H_2CO_3 \longrightarrow 2CaHPO_4+CaCO_3$$

$$2CaHPO_4+2H_2CO_3 \longrightarrow Ca(H_2PO_4)_2+Ca(HCO_3)_2$$

③ 含钙矿物水解　石灰岩水解后形成的盐类易淋失。如：

$$CaCO_3+H_2O+CO_2 \longrightarrow Ca(HCO_3)_2$$

石灰岩风化过程常形成喀斯特地貌,并往往形成许多奇特壮观的溶洞和岩洞。

（4）氧化　岩石中最易被氧化的是各种含铁矿物,如黄铁矿（FeS_2）被氧化可形成硫酸亚铁（$FeSO_4$）,菱铁矿（$FeCO_3$）被氧化后可形成氢氧化铁[$Fe(OH)_3$]等。其反应如下：

$$4FeCO_3+6H_2O+O_2 \longrightarrow 4Fe(OH)_3+4CO_2$$

$$2FeS_2+2H_2O+7O_2 \longrightarrow 2FeSO_4+2H_2SO_4$$

$$4FeSO_4+10H_2O+O_2 \longrightarrow 4H_2SO_4+4Fe(OH)_3$$

化学风化的结果,使岩石进一步分解,产生一批次生黏土矿物,它们颗粒很细,开始具有吸附能力和毛管现象等。同时产生了部分易被植物吸收的可溶性化合物（如 Ca、Mg、Fe、K 的盐类）,为土壤保肥和保水、供水提供了物质基础。

3. 生物风化

生物风化是指岩石矿物在生物及其分泌物或有机质分解产物的作用下,进行的机械破碎和化学分解过程。植物能够通过其根系生长对周围产生强大的机械压力而直接使岩石崩解,如常见山上岩缝中生长的树木,就有这种作用。更重要的是生物（包括植物和微生物）在生命活动过程中所产生的二氧化碳和有机酸,溶于水后,极大地促进了化学（实际为"生物化学"）风化的进行。

自然界的物理风化、化学风化和生物风化作用,绝不是单独进行的,而是相互联系、相互促进的,只是在不同条件下,各种因素作用强度不同而已。

（二）母质的类型及分布规律

在自然条件下,岩石矿物经风化破碎形成的疏松堆积物,称为母质。母质虽有新的性质,不同于岩石,但还不能称为土壤,因为母质保持养分不完全,它进一步发展即成为土壤,故母质是形成土壤的物质基础,所以又称成土母质。风化物极少留存在原地,往往受风、水、重力和冰川等作用,搬运后沉积下来,形成类型多样、性质各异的成土母质,它对土壤的形成及其肥力特性,将产生深刻影响。根据母质的来源、沉积条件和分布规律,通常可以把母质分为以下几个类型。

1. 残积物

残积物指残留在原地未经搬运的基岩风化物。一般均分布于山顶地势比较平缓且不易受到侵蚀的部位。它的特点是颗粒粗、堆积层薄,且混杂有大小不等的石砾。在残积物上发育的土壤,一般土层较薄,肥力较差,常以发展林木种植为主。

2. 坡积物

坡积物是由山坡上部的风化物经雨水和重力的搬运,在山坡的中下部堆积而成的。它的特点是粗细颗粒混存,岩屑碎块具有棱角,母质层较厚,无明显的层次性,通透性较好。在此母质上发育的土壤,肥力尚好,多用来种植果树和其他经济林木。

3. 洪积物

洪积物是由山洪搬运并在山前平缓地区沉积的岩石风化物,多呈放射状分布,形似展开的折扇。其特点是靠近山谷出口处,沉积物堆积厚,颗粒粗,向外堆积物逐渐减少,颗粒变细,透水性减弱,肥力提高。洪积扇的上部一般为果树区,中下部坡度小,又适于井灌,多为农业区。

4. 冲积物

冲积物指风化物经河流侵蚀、搬运而沉积在两岸的物质。其中大面积的冲积扇、冲积平原、河口三角洲等母质主要特征如下。

(1)成层性　在垂直方向上具有层理性,同一层次的颗粒有均一性,土体或砂或黏或砂黏相间。

(2)成带性　在水平方向上,上游沉积的颗粒较粗,越往下游颗粒越细,在同一地段,则"近河床砂,远河床黏"。冲积层比较深厚,养分含量丰富,在此母质上发育的土壤,肥力较高,面积很大,常常是主要的农业区。如我国东北平原、黄淮海平原、长江中下游平原以及珠江三角洲、成都平原、渭河平原、黄河河套平原,都是由冲积母质构成的。

5. 湖积物

湖积物指由湖泊的静水沉积而成的物质。其特点是沉积层深厚而层次不明显,质地偏黏,并夹杂有湖泊中生活的藻类、水草和某些水生动物遗体。有机质和矿质养分含量都很丰富,有时形成泥炭。由于湖积物地下水位较高,常常处于还原条件下,使湖泥呈蓝灰色 $[Fe_3(PO_4)_2 \cdot 8H_2O]$ 或青灰色($FeCO_3$),这是湖积物的一个重要特征。在湖积物上发育的土壤一般肥力较高。洞庭湖、鄱阳湖、太湖等湖泊周围的耕地,大部分是我国的高产农田。

6. 海积物

海积物指江河携带的大量泥沙入海后受到潮水的顶托沉积于海岸附近,并因海陆变迁而露出海面的沉积物质。常见的沿海滩涂就是这种母质。海积物颗粒粗细各地不一,有全为砂粒的砂丘,有全为较细的沉积物,并含有盐分,地下水矿化度较高。因此,海积物上发育的土壤必须经过围垦脱盐才能用于农业生产。

7. 风积物

风积物是由风力搬运来的泥砂堆积而成的,一般分为砂丘和黄土两大类。砂丘与砂岗为砂粒经风力搬运堆积而成的。黄土母质是第四纪沉积物的一种,成因复杂,说法不一。如我国北方的黄土就是风积母质,但也有部分黄土堆积后,又经河流搬运而成为风积—冲积母质。风积物的颗粒粗细均匀,其分选性比冲积母质更明显,越近风源,颗粒越粗,但层次性不如冲积母质。我国北方风成黄土粉砂粒含量高达75%左右,质地匀细,又因受碳酸钙的胶结作用,其土体可形成很高的峭壁。

8. 第四纪红色黏土

第四纪红色黏土又称红土母质。它是古代冰川运动融化后堆积的碎屑物质。其特点是母质层深厚,质地黏重,呈酸性反应,剖面中常有黄白相间的网纹层,还有一些大小不等的砾石,养分较缺。其是红壤的重要母质类型之一。

三、土壤的形成

风化过程形成的母质再经过成土过程才能形成土壤。成土过程的实质是母质在多种因素的综合作用下,其内部进行有机物质合成与分解为主体的物质和能量的迁移、转化过程。由于自然环境条件不同,各成土因素的作用强度有很大差异,因而形成了多种多样的土壤类型。

(一) 成土因素

1. 母质

母质是土壤固相部分的基本材料和物质基础,是植物矿质营养元素的最初来源。如前述及,母质对土壤的物理化学性质和肥力有明显的影响。

2. 气候

气候是主要的环境因素,对土壤形成关系密切的气候要素主要是热量和降水。它与矿物岩石的分解、物质淋溶与淀积等均有密切的关系,不同的气象条件下生长着不同的生物类群,形成了不同类型的土壤。气候对土壤的形成、性质、形态都有深刻的影响。

3. 生物

生物是土壤形成的主导因素。生物除积极参与岩石风化外,还在土壤形成中进行着有机质的合成与分解,只有当母质中出现了微生物和植物时,土壤的形成才真正开始。

生物有创造养分的能力。在原始土壤形成过程中,首先在岩石风化壳表面出现一些藻类和自生细菌(包括自生固氮菌),开始了生物风化和有机物积累过程,固氮微生物吸收空气中的分子态氮,转化为含氮有机物,称为生物固氮,从而使母质中有了氮素。接着,地衣、苔藓植物相继出现,产生较多的有机物和有机酸,并出现极薄的腐殖质层,为高等绿色植物的生长创造了较好的条件。

植物有选择吸收和集中养分的能力。在原始土壤上,草本和乔灌木植物相继出现并大量生长,创造更多的有机物质。由于高等绿色植物根系独特的分布和选择吸收,把分散的养分富集到土壤表层,然后,这些植物残体又被微生物分解、释放养分,再被高等绿色植物吸收,如此循环往复,使有限的养分无限地利用,改善了母质原结构和理化性质,最终使其发生了质变而形成土壤。从这个意义上来说,没有生物也就没有土壤。

4. 地形

地形是间接的环境因素,它是指一定范围内地表起伏状态的外貌。地形一方面影响同一地带的水热再分配,从而加快或延缓气候因素对土壤形成的作用;另一方面影响母质或土壤中物质的再分配。总之,地形改变了气候与生物的效应,从而影响土壤的发育。

5. 时间

时间是成土作用的强度因素,各种成土因素作用于土壤,都因时间的增长而加强,这可称为土壤的绝对年龄。土壤发育阶段上的新老之差,称为相对年龄,可把土壤区分为发育阶段上不同的土类。一般成土时间越久,土壤发育的程度越深,土壤发生层的分化越明显,土壤与母质的性质差异就越大。在土壤系统发育上,随着时间的推移,土壤按其本身的运行规律,不断地向深层次的发育阶段演化。

此外,人类的生产活动对土壤的形成影响也很大。人类对自然因素和土壤形成的积极干预,在一定程度上改变了自然因素的影响,可以加速土壤形成过程,使土壤肥力朝着人们预期的方向发展。

(二) 耕作土壤的熟化

耕作土壤的熟化是指自然土壤(生荒地)被开垦利用,或曾经开垦利用过又抛荒的土壤(熟荒地)再被开垦利用,通过人类耕作、轮作、施肥、灌排等一系列生产技术措施,改善土壤的理化、生物特征,定向地培育土壤的过程。这个过程以人为因素为主导,人为、自然因素综合作用,是土壤中自然成土过程和耕作成土过程相互作用的过程,它决定着耕地土壤的发生发展方向。依据自然规律改土培肥,土壤越种越肥,而违背自然规律,破坏土壤资源,会使地力退化。

能力培养

当地主要成土矿物、岩石和母质的识别

1. 目的要求

能识别当地主要成土矿物、岩石和母质,掌握其特征及其对土壤肥力的影响。

2. 训练准备

根据班级人数,按照每 4~5 人一组,每组准备以下材料和用具:地质锤、放大镜、比色瓷盘、比色卡、锄头、土钻、10%盐酸溶液、酸碱混合指示剂和钢卷尺等。

3. 内容方法

(1)主要成土矿物的观察 于室内对当地主要成土矿物逐个进行观察,重点观察其形态、颜色、光泽,参照表 2-3 确定矿物名称。

表 2-3 主要成土矿物的物理性质

名称	形态	颜色	条痕	光泽	硬度
石英	块状、粒状	无色、白及其他色	白色	玻璃、脂肪光泽	7
正长石	柱状、粒状	肉红、黄、白色	白色	玻璃光泽	6
斜长石	柱状、板状	白、灰白色	白色	玻璃光泽	6
白云母	片状	无色及各种浅色	无色	珍珠光泽	2~3
黑云母	片状	黑褐至黑色	白带绿色	珍珠光泽	2~3
角闪石	长柱状	黑绿至黑色	淡绿色	玻璃光泽	5~6
辉石	短柱状	黑绿至黑色	淡绿色	玻璃光泽	5~6
方解石	菱面晶体	白色为主	白色	玻璃光泽	3
石膏	块状、纤维状	无色、白色	白色	玻璃、丝绢光泽	2
石墨	块状	钢灰、黑色	暗灰到黑色	半金属光泽	1~2

(2)主要成土岩石的观察 于室内对当地主要成土岩石逐个进行观察。观察的方法是:首先根据三大类岩石——岩浆岩、沉积岩、变质岩的特征确定岩石的大类(表 2-4),然后根据主要的矿物种类及其他特征进一步确定岩石名称(表 2-5)。沉积岩还应仔细观察沉积物颗粒的粗细、胶结物质种类及碳酸盐反应的有无。

(3)主要成土母质的观察 于野外对当地成土母质进行以下项目的观察:母质所处的地形部位(如山顶、山坡、山脚、平原、河边等)及厚度、母质的砂黏性质(含砂粒、黏粒、石砾的情况)、碳酸盐反应的有无、水分状况、pH 及植被等。

有条件时,可先进行已知样品的观察,指导学生认真掌握当地主要成土矿物、岩石和母质的特征特性。在此基础上再进行未知样品的鉴别,以促进学生的掌握,并尽可能地使室内和野外结合进行。

表 2-4 三大类岩石的结构、构造和矿物成分

项目	岩浆岩	沉积岩	变质岩
结构	结晶结构	碎屑结构、泥质结构、化学结构、生物结构	结晶结构

续表

构造	以块状构造为主。喷出岩常具气孔、杏仁、流纹等构造	各种层理构造	大部分具片理构造,部分为块状构造(如石英岩、大理岩)
矿物成分	长石、石英、辉石、角闪石、云母等	除石英、长石、云母等外,富含黏土矿物、方解石、白云母、有机质等	除岩浆岩、沉积岩的矿物组成外,含有变质矿物(如石榴子石、红柱石、绿泥石)

表 2-5　主要成土岩石的特征

类型	名称	主要矿物	构造	颜色	碳酸盐反应	其他
沉积岩	砾岩	石英细粒	成层	黄、红、紫、灰色	不定	较坚硬、粗糙
	砂岩				不定	
	页岩	黏土	薄层	各种颜色	不定	不坚硬
	石灰岩	碳酸钙	成层	白、灰、浅红、灰黑色	强烈	坚硬、致密
岩浆岩	花岗岩	石英、长石、云母	块状	浅灰、肉红色	无	晶体明显、坚硬
	流纹岩	石英、长石、云母	流纹状	砖红、粉红、灰白色	无	斑晶
	安山岩	斜长石、角闪石	气孔、杏仁构造	灰、灰绿、浅绿色等	无	结晶颗粒较细、斑状结构
	闪长岩	斜长石、角闪石	块状	灰白、灰绿色	无	结晶颗粒大、较坚硬
	玄武岩	斜长石、辉石	气孔、杏仁构造	深灰、黑灰、黑色	无	斑状结构、斑晶细小
	辉长岩	斜长石、辉石	块状	深灰、黑灰、黑色	无	中粒至粗粒结构
变质岩	片麻岩	石英、长石、云母	片麻状	黑白带状相间	无	坚硬
	石英岩	石英	块状	白、灰白、黄、红色	无	极坚硬
	板岩	与页岩相似	板状	深灰、黑色	无	颗粒很细、打击时有清脆之声
	大理岩	方解石、白灰石	块状	白、灰、绿、红、浅黄色	强烈	晶质

随堂练习

1. 当地主要成土矿物有哪些？各有何特点？
2. 简述当地主要成土母质的类型、特征及其分布规律。
3. 根据观察结果,分析当地主要成土母质与土壤肥力的关系。

任务 2.2 土壤的固相组成

任务目标

知识目标：1. 掌握土壤的基本物质组成。

2. 了解土粒的分级标准及各级土粒的性质。

3. 掌握土壤质地的概念及分类。

4. 掌握土壤有机质的概念、组成及作用。

技能目标：1. 能进行土壤样品采集与制备。

2. 能进行土壤质地的田间简易鉴别。

3. 能进行土壤有机质的调节和土壤质地的改良。

素质目标：1. 了解节约资源和保护环境的基本国策。

2. 培养人与自然和谐共生的理念。

3. 培养懂农业、爱农村、爱农民的三农情怀。

知识学习

要认识土壤并研究其肥力的演变，必须了解组成土壤基础物质的性质及其相互关系，并采取相应的措施改善土壤组成的质和量，从而提高土壤肥力。土壤由固体、液体、气体三部分物质组成，常称为"三相"物质，即固相、液相、气相，它们之间的容积比例称为"三相比"，如图 2-1 所示。

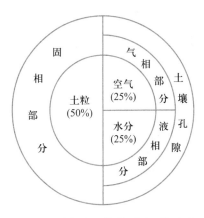

图 2-1 旱地土壤物质组成示意

组成土壤的三相物质中，固相物质——土粒，含有矿物质和有机质，以及土壤生物。固相的体积约占土壤总体积的一半，其中矿物质是主体，可占固相体积的 90% 以上，它好似土壤的"骨架"。有机质则好似"肌肉"，包被在矿物质的表面，它约占土壤固相体积的 10%，但对土壤性状和肥沃与否影响极大。

土壤液相是极其稀薄的溶液，其主要成分是水分，存在并运动于土壤孔隙之中，好似"血液"一样，是三相物质中最活跃的部分。土壤气相部分是土壤空气，它充满那些未被水分占据的孔隙。土壤水分和土壤空气的体积之和约占土壤总体积的一半，两者是相互消长的，即水多气少，水少气多。水、气之间的比例主要受水分变化的制约。土壤中三相物质的比例是土壤各种性质产生和变化的基础。调节土壤三相物质的比例，是改善土壤不良性状的重要手段,也是调节土壤肥力的依据。

一、土壤矿物质土粒

在农业土壤中,矿物质占土壤固相质量的95%以上,有机质仅占5%以下,同时还含有少量的土壤生物。土壤固相是土壤的基本物质组成,决定着土壤一系列物理和化学性质。

（一）土壤矿物质土粒的分类

土壤中的矿物质土粒按其成分可分为两大类。

1. 原生矿物

原生矿物是指由岩浆直接冷凝而成的矿物。这种矿物在风化过程中没有改变成分和结构,只是被破碎成大小不同的颗粒。如石英、长石、云母、角闪石、辉石、磷灰石。由表2-1可知,原生矿物中含有作物生长发育所需要的各种矿物质营养元素。原生矿物抗风化能力由强到弱的顺序是:石英>白云母>长石>黑云母>角闪石>辉石。一般浅色矿物不易风化,含有和释放矿物质养分较少;深色矿物容易风化,含有和释放矿物质养分较多。所以,原生矿物的风化产物是植物最初的矿物质营养源。

2. 次生矿物

次生矿物指原生矿物在风化、成土过程中新生成的矿物,它的化学成分和性质都不同于原生矿物。土壤中次生矿物主要有层状铝硅酸盐类,如高岭石、蒙脱石、伊利石等;铁、铝、硅的氧化物及其含水氧化物,如针铁矿、水铝石等。这些次生矿物颗粒细小,具有胶体特性,称为黏土（粒）矿物,能影响土壤许多重要的物理、化学性质,在农业生产上具有重要意义。

（二）土壤矿物质土粒的分级、组成与性质

1. 土粒的分级

岩石矿物在风化、迁移和成土过程中,形成大小不等、形状各异的颗粒,由于土粒大小不同,在性质上差异很大。为了研究和使用方便,通常根据土粒直径大小及其性质的变化,将土壤矿物质土粒划分成若干等级,称为土壤粒级。同一粒级范围内土粒大小相同或相近,性质基本一致;不同粒级间土粒大小和性质均有明显的差异。一般粒级划分为黏粒、粉粒、砂粒、石砾和石块五级。具体分级标准,在不同分类方案中不尽统一,现行国际制的特点是十进位制,相邻各粒级的粒径相差均为10倍,分级少而易记,但分级人为性强。目前,国内多采用卡庆斯基制（简称卡制）,其特点是将粒径小于0.01 mm的称为物理性黏粒,粒径0.01~1 mm的称为物理性砂粒,粒径大于1 mm的土粒称为石砾,粒径大于3 mm的称为石块。然后按照物理性砂粒和物理性黏粒的相对比例作为质地分类的基本依据。卡庆斯基制土粒分级标准见表2-6。

表 2-6 卡庆斯基制土粒分级标准

颗粒名称			土粒直径/mm
物理性黏粒	黏粒	胶　粒	<0.000 1
		细黏粒	0.000 1~0.000 5
		粗黏粒	0.000 5~0.001
	粉粒	细粉粒	0.001~0.005
		中粉粒	0.005~0.01
物理性砂粒		粗粉粒	0.01~0.05
	砂粒	细砂粒	0.05~0.25
		中砂粒	0.25~0.5
		粗砂粒	0.5~1
石砾			1~3
石块			>3

2. 各级土粒的组成与性质

（1）矿物组成与化学成分　土粒的大小不同,其矿物组成、化学成分与性质也不一样。从表 2-7、表 2-8 中可以看出:不同粒径土粒的矿物组成、化学组成和性质具有一定的规律性。一般土粒越粗石英含量越多,其化学成分主要是 SiO_2,土粒渐细则石英、长石含量逐渐减少,云母、角闪石增多, SiO_2 越来越少。

表 2-7 各级土粒的矿物组成　　　　　　　　单位:%

土粒直径/mm	石英	长石	云母	角闪石	其他
<0.005	10	10	66	7	7
0.005~0.01	63	8	21	5	3
0.01~0.05	74	15	7	3	3
0.05~0.25	81	12		4	3
0.25~1	86	14			

表 2-8 各级土粒化学成分比例　　　　　　　　单位:%

土粒直径/mm	P_2O_5	K_2O	CaO	MgO	Fe_2O_3	Al_2O_3	SiO_2
<0.002	0.4	4.9	1.6	1.0	13.2	21.5	53.2
0.002~0.01	0.1	4.2	1.6	0.3	5.1	13.2	74.2
0.01~0.04	0.2	2.3	0.8	0.3	1.5	5.1	89.4

土粒直径/mm	P_2O_5	K_2O	CaO	MgO	Fe_2O_3	Al_2O_3	SiO_2
0.04~0.2	0.1	1.5	0.5	0.1	1.2	2.0	94.0
0.2~1	0.05	0.8	0.4	0.6	1.2	1.6	93.6

从表 2-8 中可以看出,随土粒由细变粗,P_2O_5、K_2O、CaO、MgO、Fe_2O_3、Al_2O_3 等含量有明显降低,而 SiO_2 含量则相反,是由少变多,这种明显变化的现象突出表现在土粒直径在 0.01 mm附近时。可见,土壤颗粒越细,即土粒直径小于 0.01 mm 的细粒越多,硅含量越少,而 P、K、Ca、Mg、Fe 等营养元素含量明显增加,反之,土粒直径大于 0.01 mm 的细粒越多,则营养元素越少。说明土粒越细,所含养分越多。

（2）各级土粒的性质　不同粒级土粒的理化性质有很大差异,土粒由细变粗,土粒的比表面积（指单位质量或体积土粒的总表面积,用 cm^2/g 或 cm^2/cm^3 表示）急剧降低。因此,同等质量的土粒,颗粒越细,土粒的比表面积越大,除通气性、透水性逐渐减弱外,吸湿性、胀缩性、黏着性、可塑性、持水能力和阳离子吸收性均逐渐增强。

不同粒级的土粒各有其特性,并对土壤肥力产生一定的影响,简述如下。

• 黏粒　颗粒细小,土粒比表面积大,土粒表面吸湿性和吸肥性均强。由于粒间孔隙小,毛细管（以下简称毛管）性能很强,所以有明显的毛管作用,透水缓慢,排水困难,通气不畅,保水能力强。黏粒有较强的黏结力、黏着力和可塑性、胀缩性。黏粒本身含养分丰富,保肥力也强,有效养分的储量较多。

• 粉粒　颗粒大小介于砂粒和黏粒之间,光滑如粉。它的很多性质也介于砂粒和黏粒之间,开始出现黏着性、可塑性和胀缩性。粉粒具有一定的持水力、吸水力及毛管作用,通透性较差,含矿物质养分较多,具有一定的保肥性。

• 砂粒　主要是石英颗粒,颗粒粗大,土粒比表面积小,毛管性能微弱,无可塑性、黏结性和黏着性,所以土粒的表面吸湿性较弱,易溶性养分容易流失。又因土粒之间孔隙较大,湿时不膨胀,干时不收缩,通透性强而吸肥性、保肥性均较差,矿物质养分较缺乏。

（三）土壤质地

1. 土壤质地的概念

自然界中的土壤,不可能由单一粒级的土粒组成,而是由各种不同粒级的矿物质土粒按一定比例组成的。土壤中各粒级土粒所占的比例及其所表现出的物理性质称为土壤质地,即土壤砂黏程度。它是土壤的一种较稳定的自然属性,在生产实践中常作为认土、用土和改良土壤的重要依据。在有机质含量少的情况下,土壤质地是影响土壤肥力高低及耕性好坏的一个决定性因素。

2. 土壤质地的分类

我国农民常用的土壤名称,很多都是反映质地特点的,但地区性很强,经常出现同土异名或同名异土的现象,对农业科技工作者来说,土壤质地需要有一个统一的分类标准。

土壤质地分类是在土粒分级的基础上进行的,是按土壤中各级土粒的构成情况,人为划分成的几个类别。在同一质地类别中,各粒级构成相近,因而所表现的各种性质也颇相似。我国多采用卡庆斯基质地分类制。

卡庆斯基质地分类制是按物理性黏粒(小于 0.01 mm)和物理性砂粒(大于 0.01 mm)的比例不同,把土壤质地划分为砂土、壤土和黏土三类,共九级,见表 2-9。

表 2-9　卡庆斯基土壤质地分类制

质地名称		灰化土	草原土壤、红壤、黄壤	碱化土、碱土
		物理性黏粒(直径<0.01 mm)/%		
砂土	松砂土	0~5	0~5	0~5
	紧砂土	5~10	5~10	5~10
壤土	砂壤土	10~20	10~20	10~15
	轻壤土	20~30	20~30	15~20
	中壤土	30~40	30~45	20~30
	重壤土	40~50	45~60	30~40
黏土	轻黏土	50~65	60~75	40~50
	中黏土	65~80	75~85	50~65
	重黏土	>80	>85	>65

卡庆斯基质地分类制的特点是对粒级考虑得比较概括,只分为物理性黏粒和物理性砂粒两个粒级。由于物理性黏粒和物理性砂粒之和为 100%,所以分类标准只列出物理性黏粒或物理性砂粒一项即可。另一特点是对不同类型的土壤确定其质地类别时,采用的标准是不同的。

3. 不同质地土壤的农业生产特性

不同质地土壤,其农业生产特性有很大的差异。

(1)砂土类　此类土壤砂粒多,土粒粗,比表面积小,大孔隙多,小孔隙少,粒间孔隙大,通气、透水性好。蓄水保肥、耐肥能力差,砂土养分含量少,有机质分解快,易脱肥,施用速效肥料后往往肥力猛而不稳长,养分易流失。化肥用量大时易"烧苗"。土壤潜在养分含量低。由于通气性好,土壤氧气充足,有机肥分解快,肥效快而短,不利于土壤有机质积累。土温易于提高且变幅较大。因为水少气多,所以土温升降速度快,昼夜温差大,有"热性土"之称。这些肥力特性,使得早春种子出苗快,晚秋土温下降快,易发生冻害。

土壤疏松,黏结性弱,无可塑性,适耕期长,耕作时省力,不起坷垃,易于耕作,耕作质量好。泡水后易"闷砂",出现淀浆板结,给水稻插秧带来困难,所以水稻栽插时要随耙随插。由于潜在养分少,养分释放快,在农业生产上的反映是种子出苗快,发小苗而不发老苗,作物后期易脱肥。后劲不足,"看十成,收八成"。

针对砂土的特性,在管理上要及时灌溉,多施有机肥,以改善土壤理化性状。施化肥以少量多次为宜,并且要注意后期追肥。同时,应选用耐旱、耐瘠的植物和品种,一般适宜种植薯类、瓜类、豆类、芝麻、花生、果树等。

(2) 壤土类   此类土壤含粗细土粒比例适宜,粒间孔隙大小比例适当,其性状介于砂土和黏土之间,兼有两者的优点,砂黏适中,通气、透水性良好,保水保肥力强,有机质分解得较快,土温较稳定,耕性良好。总之,水、肥、气、热比较协调,有利于植物生长,适宜种植各种作物,既发小苗,又发老苗,是农业上较理想的一种土壤质地类型。

(3) 黏土类   此类土壤黏粒较多,颗粒细,比表面积大,粒间孔隙小而总孔隙度大,毛管作用强,故特性与砂土相反,通气、透水性差,土体内排水不良,易受涝。保肥力、耐肥力较强,潜在养分含量高。由于黏土水多气少,不利于潜在养分的转移吸收,所以有效养分含量并不高,但后效长,故有"发老苗,不发小苗"的特点。应加强管理,避免作物贪青晚熟。有机质分解较慢,有利于有机质积累,肥效稳长后劲足;黏土水多气少,土温升降速度慢,昼夜温差变幅小,比较稳定,早春不易升温,有"冷性土"之称。黏质土壤黏结力、黏着力强,可塑性大,有"三蛋土"之称:湿时似泥蛋,干时似铁蛋,不干不湿似肉蛋。这些肥力特性在农业生产上的反映是:湿时泥泞,"天晴一把刀,落雨一团糟",适耕期短,耕作后大坷垃多,耕作费劲,耕性差,耕作质量差。作物不宜达到苗齐苗全,但肥效稳长,发老苗不发小苗,结实率、千粒重较高。这类土壤适宜种植小麦、水稻、玉米、高粱、豆类等生长期长、需肥量大的作物。

4. 土体质地层次及评价

在土壤的垂直剖面上,质地层次的排列状况称为土体质地层次。土体质地层次与土壤肥力水平有密切关系。现以华北地区常见的几种土体质地层次为例,说明不同土体质地层次与生产能力及肥力状况的关系。

(1) 砂盖垆   即上砂下黏,上砂是指上部的根系活动层,有 20~30 cm 细砂土—轻壤土;下黏是指在根系活动层之下,有 30~50 cm 的轻壤土—中壤土。这种质地层次有"蒙金土"之称,它既能满足作物前后期对土壤水分和养分的要求,又利于耕作管理,是一类良好的土体质地层次。

(2) 垆盖砂   上层 30~40 cm 为中壤土以上土层,下层为砂土—砂壤土。它既不利于幼苗出土,又不能保证后期水分和养分的供应,整地质量差,为不良土体质地层次。

(3) 漏砂土或夹砂土   通体为粗砂层,称为漏砂土。如 30~40 cm 处夹粗砂层,称为夹砂土或腰砂土。由于漏水漏肥,为不良土体质地层次。

（4）泻汤土　通体质地黏重，或上部 30~50 cm 为中壤土—重壤土，下层为黏土。这种土体质地层次最差。它既不利于出苗，又不利于植物生长。春旱季节，旱象重;雨季，排水不畅，遭涝害。由于泡水后泥泞如泻汤，故有"泻汤土"之称。

（5）夹黏土　土体有中位或深位黏土夹层存在（土体 30~60 cm 深处出现黏层为中位，大于 60 cm 处出现黏层为深位），可增强土壤蓄水、保肥及抗旱防涝能力。据中国科学院南京土壤研究所研究，大于 2 cm 厚度的黏土夹层，可减缓水分的运行，超过 10 cm，可阻止地下水上升。因此，在盐碱地区如有中位或深位的黏土夹层，可以防止土壤盐分上升到耕层。当然，土壤一旦盐化，此层由于妨碍淡水下渗，会降低洗盐效果。

水田由于滞水耕作，不存在黏结性、黏着性、可塑性问题。因此，通体中壤土和重壤土也是较好的质地层次，过砂和过黏的质地是不良质地层次。

5. 土壤质地的改良与利用

对于不良土壤质地的改良，据各地经验，可采用以下措施。

（1）增施有机肥料　通过增施有机肥料，提高土壤有机质的含量来改良土壤质地。因为土壤有机质的黏结力比砂粒强，比黏粒弱，所以增加有机质含量，可增加砂土的团聚力，而降低黏土的黏性，有机肥料中的腐殖质可促进团粒结构的形成，调节土壤水、肥、气、热状况，从而改善土壤结构和耕性。

（2）客土法　通过砂掺黏、黏掺砂的办法，可以改良土壤质地，改善耕性，提高土壤肥力。客土用量，可以根据本地客土的颗粒组成以及要求达到的质地标准（一般掺后旱田应为砂壤至轻壤土）来进行估算。因为客土需要大量人力物力，所以要强调就地取材，并有计划地逐年进行。用河泥、塘泥、草皮泥也可调节土壤质地。如砂层下有较黏的土层或黏层下有较砂的土层，可用"翻淤压砂"或"翻砂压淤"办法改良质地。

（3）引洪放淤，引洪漫砂　利用洪水中所挟带的较细土粒，改良砂质土壤。利用洪水中所挟带的砂粒改良黏质土壤。

（4）因土种植，综合治理　不同质地的土壤在因土种植时，还要因土耕作、施肥、灌溉与排水，进行科学的田间管理。

砂土保水、保肥性差，应及时灌溉，雨后及时中耕保墒;在重施有机肥的基础上，速效肥的施用应掌握少施多次的原则，以防止养分过多流失和后期脱肥。需要做垄栽培时，应选择宽垄平畦;播种深度宜稍深，播后要镇压接墒;对于砂性极重特别是飞沙土，应从改善生态环境入手，注重植树造林，防风固沙，配合种草，增加地面覆盖，从根本上进行改良，方能较好地利用。

黏土通透性差，在地下水位较高的低洼田块，垄作时要窄垄高畦深沟，以利排水、通气、增温;耕作时，要掌握适耕期，精耕、细耙、勤锄，以提高耕作质量;黏质水田要尽量冬耕晒垡，以提高土温，协调水气矛盾;播种和插秧深度宜浅些，以利苗齐苗壮;施肥技术上要求在施用有机肥的基础上,掌握前促后控的原则,防止贪青徒长,降低结实率和千粒重;对地势低洼的田块,要特别注意排水通气,防止还原态有毒物质对作物的危害。

如果在离地表不深处有坚实硬盘或砂浆,阻碍作物根系(尤其是果树)下扎,则应深耕深刨予以破除。

二、土壤有机质

土壤有机质是以各种形态存在于土壤中的所有含碳有机化合物的总称,是土壤中有机化合物及一小部分生物有机体的总和,是土壤的重要组成部分,又是土壤肥力的物质基础,对土壤的理化、生物性质影响很大。自然土壤中,有机质来源于土壤中的各种植物残体和根系分泌物,以及生活在土壤中的动物和微生物的残体、分泌物及排泄物,还包括这些有机物分解和转化后形成的物质;而农业土壤中的有机质主要来源于人为施入的各种有机肥料、植物残留的根茬,还包括还田的秸秆和绿肥等。一般土壤有机质含量的变动范围在10~200 g。因此,土壤有机质含量是评价土壤肥沃性高低的一个重要指标,见表2-10。

表2-10　取自华北地区土壤耕层10.5 cm处有机质含量与肥力水平关系

肥力水平	低	较低	中等	较高	高
有机质含量/(g/kg)	<5	5~10	10~12	12~15	>15

(一) 土壤有机质的组成和存在状态

1. 土壤有机质的组成

组成土壤有机质的化合物有含氮有机化合物(以蛋白质为主)、糖类(单糖、纤维素、半纤维素)、木质素、单宁、树脂等,构成这些有机化合物的元素有碳(C)、氢(H)、氧(O)、氮(N),此外还含有灰分元素磷(P)、钾(K)、钙(Ca)、镁(Mg)、铁(Fe)、钠(Na)、硫(S)、铝(Al)、硅(Si)、锰(Mn)及少量的锌(Zn)、硼(B)、碘(I)、氟(F)等。

以上这些有机化合物和灰分元素,由于植物残体的器官、种类、年龄不同,差异很大。

土壤有机质中蛋白质和木质素含量比植物组织中的含量多,而纤维素和半纤维素含量较少。

2. 土壤有机质的存在状态

土壤中的有机质大致有以下四种存在状态。

(1) 新鲜有机质　刚进入土壤不久,基本未分解的动物和植物的残体,即保存原有形态的生物遗体。

(2) 半分解有机质　指进入土壤中的有机残体被微生物进行了一定程度的分解,失去了原来的形态特征,生物残体原组织已被破坏,多呈分散的暗黑色碎屑和小块,仍可从土壤中拣出。如泥炭等。

（3）腐殖质　腐殖质是指土壤中的动植物残体经过土壤微生物分解作用后,重新合成的一类特殊的复杂的有机化合物,它与矿物质土粒紧密结合,不能用机械方法分离出来。呈褐色或深褐色,保水保肥能力强,性质稳定,主要成分是胡敏酸、富里酸、胡敏素。腐殖质占土壤有机质的85%以上,是土壤有机质最主要的一种形态。

（4）非腐殖质　其主要是一些比较简单、易被微生物分解的蛋白质、糖类、脂类、有机酸、氨基酸、木质素、纤维素、半纤维素等高分子物质。

含有机质较多的土粒易与钙离子胶结,形成稳定性较强的球粒,直径一般为1~10 mm,称为团粒结构。团粒结构多的土壤既保水又透水,土壤空气和热量状况良好,有利于养分保蓄、供应,也有利于植物生长发育,是较理想的一种土壤结构。

（二）土壤有机质的转化过程

有机残体进入土壤后,在微生物的作用下,发生复杂的变化,可概括为矿质化和腐殖化两个过程(图2-2)。矿质化过程,实质上是有机质分解为简单的化合物(如 H_2O、CO_2、NO_3^-、NH_3、PO_4^{3-} 等)的过程。这个过程是释放养分的过程,也是消耗有机质的过程。腐殖化过程,实质上是有机质被转化为一类高分子有机化合物的过程。这个过程是积累有机质、贮存养分的过程。这两个过程在土壤中同时进行,其相对强弱,受环境条件影响。如在低温或干旱条件下,两个过程比在温暖湿润条件下慢。在

图2-2　土壤有机质转化示意图

通气良好的条件下,矿质化过程较快;在通气不良的条件下,腐殖化过程进行较顺利。生产上要采用耕作等措施调节土壤条件,使两个过程适当配合。

1. 矿质化过程

进入土壤的有机残体,其有机化合物可以归纳为不含氮有机化合物和含氮有机化合物两大类。

不含氮有机化合物包括糖类、脂肪、树脂、单宁及木质素等,这些物质因分子结构不同而分解难易程度不同,单糖最易分解,脂肪、纤维素、树脂及单宁分解很慢,木质素最难分解。不含氮有机化合物在通气条件下分解较快、较彻底,最终产物为 CO_2、H_2O,同时放出大量热能;在嫌气条件下分解较慢、分解不彻底,形成有机酸类和 CH_4、H_2 等还原性物质,脂肪、树脂会产生醌类或形成沥青,木质素抗分解而积聚起来。

土壤中的含氮有机化合物主要是蛋白质、腐殖质、氨基酸、尿素等。这些化合物较易分解,分解产物是植物氮素养分的主要来源。现以蛋白质为例加以说明。

（1）水解作用　蛋白质在微生物分泌的蛋白酶的作用下水解,产生氨基酸。

（2）氨化作用　氨基酸在微生物及其酶的作用下分解,释放出氨(在土壤中形成铵盐)。氨化作用在氧化或还原条件下均可进行。

$$CH_2NH_2COOH+O_2 \xrightarrow{\text{氧化}} HCOOH+CO_2+NH_3\uparrow$$

（氨基乙酸）　　　　　　（甲酸）

$$CH_2NH_2COOH+H_2 \xrightarrow{\text{还原}} CH_3COOH+NH_3\uparrow$$

（乙酸）

$$CH_2NH_2COOH+H_2O \xrightarrow{\text{水解}} CH_2(OH)COOH+NH_3\uparrow$$

（羟基乙酸）

生成的氨和土壤中的酸作用生成铵盐。铵盐中的铵离子易被植物吸收利用。

（3）硝化作用　即氨被氧化为硝酸的作用,这个作用分为两步。

第一步,氨在亚硝酸细菌作用下,氧化为亚硝酸:

$$2NH_3+3O_2 \xrightarrow{\text{亚硝酸细菌}} 2HNO_2+2H_2O+660\ kJ$$

第二步,亚硝酸在硝酸细菌作用下氧化为硝酸:

$$2HNO_2+O_2 \xrightarrow{\text{硝酸细菌}} 2HNO_3+176\ kJ$$

硝化作用是氧化作用,须在空气流通条件下进行。生成的硝酸与土壤中的盐基物质作用形成硝酸盐,硝酸离子易被植物吸收。

（4）反硝化作用　硝酸盐还原成氮气而损失氮的作用,多发生在通气不良和富含新鲜有机质的土壤中。在这种条件下,反硝化细菌利用硝酸盐来氧化有机质,使硝酸盐还原,反应式如下:

$$5C_6H_{12}O_6+24KNO_3 \xrightarrow{\text{反硝化细菌}} 24KHCO_3+6CO_2+12N_2\uparrow+18H_2O$$

另外,含磷有机质如核蛋白、卵磷脂等经过磷细菌作用,分解产生磷酸,被植物吸收利用:

$$\text{核蛋白质} \xrightarrow{\text{水解}} \text{核素} \longrightarrow \text{核酸} \xrightarrow{\text{水解}} \text{磷酸}$$

含硫化合物的分解:一些蛋白质和酶中都含有硫,它们分解时产生 H_2S,对植物有毒害作用。H_2S 在空气流通的情况下,可被硫化细菌氧化成为 H_2SO_4。H_2SO_4 与盐基离子作用形成盐类,是植物硫的来源。

矿质化过程的速率用矿化率来表示,即每年因矿质化而消耗的有机质占土壤有机质总量的质量分数。有机质矿化率为平均每年 2%～3%。

2. 腐殖化过程

土壤腐殖化过程,也就是土壤腐殖质的形成过程,是一个复杂的过程。一般认为腐殖质形成包括以下两个阶段：第一阶段，形成组成腐殖质的原始材料，如多元酚、醌、肽；第二阶段，合成腐殖质。

有机质形成腐殖质的数量用腐殖化系数表示。通常把一年内每克有机质（干重）分解转化成腐殖质的克数（干重）称为腐殖化系数。土壤的腐殖化系数为 0.3~0.5，旱田土壤较低，为 0.2~0.3，水田为 0.25~0.4。

腐殖质根据在不同溶剂中的溶解度和颜色，分为胡敏酸、富里酸和胡敏素三类。

（1）胡敏酸　胡敏酸也称褐腐酸，不溶于水，溶于稀碱；在酸液中沉淀，呈褐色或黑色。由碳、氢、氧、氮、磷、硫等元素组成，分子量大，分子结构复杂。它的一价盐易溶于水，二、三价盐不溶于水，常呈凝胶状态；可将细土粒胶结成团聚体，对培肥土壤有重要作用。

（2）富里酸　富里酸也称黄腐酸，既溶于碱，又溶于酸，是黄或淡棕色高分子化合物。其元素组成与胡敏酸相似，只是含碳比胡敏酸低，含氧比胡敏酸高，酸性比胡敏酸强，在土壤中有促进矿物分解及释放养分的作用。它的一、二、三价盐类均溶于水，缺乏对土粒的胶结作用。

（3）胡敏素　一般认为它主要是进入黏土矿物层间的小分子胡敏酸，经过干燥或冰冻作用，被封锁在黏土矿物的层间，不易与微生物接触，因而不易被分解。

总之，土壤腐殖质是一系列成分复杂、性质稳定的高分子有机化合物的总称。它是一种黑色的胶体物质，有巨大的比表面积，表面带有大量的负电荷，能吸附大量的水分子和阳离子，从而增加土壤的保水性和保肥性；它的黏结力、黏着力都比黏粒小，比砂粒大，所以增加腐殖质的含量能降低黏土的黏性，改善其耕性，同时可改善砂土的松散性；腐殖质中的胡敏酸，与两价以上的盐基离子形成的盐类不溶于水，是形成土壤微结构和水稳性团粒结构不可缺少的物质；腐殖质中含有丰富的氮素，是土壤氮素的重要来源。

3. 影响有机质转化的因素

有机质的转化是在微生物作用下进行的。凡是影响微生物活动的因素，就会影响有机质转化。

（1）有机残体碳氮比　有机质中碳素与氮素总量之比即为碳氮比。碳和氮是组成微生物体细胞的成分，同时，微生物的活动还需要一定数量的有机碳作为能源。微生物组成自身的细胞需要吸收 1 份氮和 5 份碳，还要 20 份碳作为生命活动的能源。也就是说，微生物在生命活动中，需要有机质的碳氮比约为 25 : 1。如果小于 25 : 1（如豆科绿肥、腐熟的有机肥料），则微生物分解快，释放氮素供植物利用。当有机质碳氮比大于 25 : 1 时，则因氮不足，不仅把分解释放出来的氮全部用完，还要从土壤中吸收无机氮，用来组成自身细胞。这种情况下，微生物与植物强烈争夺氮素养分，影响植物生长。一般禾本科碳氮比为（80~100）: 1，豆科为（25~45）: 1。因此，禾本科植物秸秆直接还田要施入一定量速效氮肥以调节碳氮比。

（2）土壤水、气状况 水与气在土壤中是互为消长的，水、气的多少直接影响土壤有机质转化的方向和速度。土壤水少气多时，有利于矿质化作用，有机质分解迅速；土壤水多气少时，有利于腐殖化作用，积累腐殖质，有时产生有机酸和还原性物质。一般来讲，微生物活动最适宜的含水量是田间持水量的60%~80%。

（3）土壤温度 在适宜的土壤含水量下，土壤微生物活动的最适宜温度在25~35 ℃范围内。土温低于0 ℃时，微生物的活动趋于停滞；土温在0 ℃以上时，微生物的活动随温度的升高而增强，到10 ℃以上则活动强度明显加大，直到最适宜的温度为止。这种现象在有机质分解初期最为突出。土温高于45 ℃时，大多数微生物的活动受到明显抑制。

（4）土壤酸碱度 多数微生物最适宜活动在中性或弱酸、弱碱性环境中，其pH为6.5~8.0。真菌适于酸性环境，放线菌适于偏碱环境，过酸或过碱都不利于微生物活动。因此，要改良过酸或过碱土壤，以促进有机质转化。

（三）土壤有机质的作用和调节

1. 土壤有机质的作用

（1）提供植物养分 土壤有机质中含有植物所需的各种营养元素，不仅含有碳、氢、氧、氮、磷、钾、钙、镁、硫等大量元素，而且含有铁、锰、硼、锌、铜、钼、氯等微量元素。植物光合作用所需的CO_2来自大气，而大气中的CO_2也需要由土壤有机质矿质化释放来补充。

（2）能够增加土壤保水、保肥能力 腐殖质带正、负电荷，可以吸附阴、阳离子，避免养分随水流失。一般腐殖质的阳离子交换量是矿质黏粒胶体阳离子交换量的几倍甚至几十倍。腐殖质疏松多孔，又是亲水胶体，吸水率至少在150%，高的可达400%~600%，而一般黏粒吸水率只有50%~60%。所以，腐殖质含量高的土壤，保水、保肥能力强。

（3）能够改善土壤物理性质 土壤腐殖质是良好的胶结剂，有利于土壤结构的形成，特别是新鲜腐殖质，在Ca^{2+}的作用下，可形成水稳性团粒，调节土壤水、肥、气、热状况。

腐殖质的黏结力比黏粒小11倍，黏着力比黏粒小一半，但大于砂粒。因此，腐殖质可使黏土变疏松，使砂土分散性降低，从而改善土壤通透性和耕性。

（4）能够促进微生物活动 增加土壤有机质含量，不仅能增加微生物数量，而且为土壤微生物提供充足的营养和能源。微生物活动旺盛，营养物质转化快，供肥能力强。

（5）其他作用 刺激植物生长发育，消除土壤中农药残毒及重金属污染物的毒害等。

2. 土壤有机质的调节

要发挥有机质培肥土壤的作用，一方面要增加土壤有机质的来源，另一方面必须处理好有机质在土壤中的积累和分解的关系。既要保证土壤基础肥力，不断提高有机质含量，又要调节有机质分解速度，满足植物营养要求。主要措施如下。

（1）坚持给土壤补充新的有机质 增加有机质来源，给土壤补充新的有机质，是培肥土壤、提高土壤肥力的关键措施。

● 大力发展养畜积肥。据测定,一头猪从出生开始养到 8 个月,可排泄粪尿 2 050～4 350 kg;一匹马每日排粪尿约 15 kg,每年粪尿总产量约 5 000 kg,用土或秸秆垫圈,每年可积马厩肥约 10 000 kg。牛的粪尿排泄量在家畜中是最多的,圈内饲养时,如用稻草和青草垫牛栏,一头牛每年可积牛栏粪约 10 000 kg,而用土垫圈,每年可积圈粪 15 000 kg 以上。

● 种植绿肥作物和放养绿萍。绿肥是一种很好的肥料,不仅可增加与更新土壤有机质的含量,还有生物固氮、富集养分、生物覆盖等独特作用。尤其在目前我国人均耕地少、农村燃料缺乏、饲料不足的情况下,发展绿肥是必走之路。

稻田养绿萍是解决绿肥与粮食作物争地矛盾的一个好方法,在长江中下游及长江以南广大地区,已有大面积发展。

● 秸秆还田。秸秆还田是一项迅速提高土壤有机质含量的有效措施。秸秆直接还田,不仅节省劳力、资金和省去运输过程,而且可促进土壤结构形成,保存氮素,促进难溶性养分的溶解等,比施用腐熟的有机肥有更好的效果。秸秆直接还田应注意适当施入速效氮肥,否则会产生秸秆分解缓慢或虽分解,植物却产生黄苗缺氮的现象。

● 广开肥源,充分利用各种废液、废渣等。

(2) 调节土壤有机质的积累与分解　其主要是通过耕作、排灌等措施,调节土壤水、气、热状况,控制有机质转化的方向,即矿质化与腐殖化的强度。如耕作能增强土壤的通气性,促进有机质的矿质化分解。若减少土壤的搅动,则可增加有机质的累积。

三、土壤生物

(一) 土壤微生物

1. 土壤微生物的概念

土壤微生物是指土壤中形体微小、结构简单,肉眼看不见的微小生物。土壤微生物具有种类多、数量大、繁殖快、活性强的特点,其主要分布在耕作层中的根际附近。土壤微生物包括细菌、放线菌、真菌、藻类、原生动物和病毒。其中,细菌的数量最多,分布最广,特别是聚居在距绿色植物根系几厘米的范围内的微生物群——根际微生物,与植物营养的关系最为密切。

根据土壤微生物对氧气的依赖程度,可将其分为好气性、嫌气性、兼气性三类。在空气流通的环境下才能生活的,称为好气性微生物,真菌、放线菌及大部分细菌属于这类微生物;不喜欢或不能在空气流通的条件下生活的,称为嫌气性微生物,如甲烷细菌;有无空气均能生活的,称为兼气性微生物,如氨化细菌。

2. 土壤微生物的作用

土壤微生物在生命过程中,对土壤中许多矿物质和有机质进行转化,可丰富植物营养,提高土壤肥力,主要表现在以下几方面。

（1）分解有机质,形成植物可吸收的无机盐类,供给植物养分。

（2）合成土壤腐殖质,改善土壤结构和理化性质,培肥土壤。

（3）固定大气中的游离氮素,供给植物氮素营养,如根瘤菌、自生固氮菌等。

（4）把植物不能吸收的矿物质(如磷矿粉、骨粉、含钾矿物等)分解转化成植物可吸收的状态,如磷细菌、钾细菌等。

土壤中还有一些有害微生物,如各种病原菌,能使动、植物得病;如反硝化细菌,能把硝酸盐还原成氮气而损失土壤中的氮元素。

（二）土壤动物

土壤中小动物种类很多,包括蠕虫、蚂蚁、蜗牛、蜈蚣、蚯蚓、线虫、螨类、某些鱼类(水田)等,其共同参与了对有机残体的撕碎、搅动和搬运,使这些粉碎的残体与土壤掺和,又进一步促进了微生物的分解作用。还有些小动物以植物残体作为食料,在吞食过程中,也能使植物残体起一些化学变化,如蚯蚓的粪便含有丰富的养分。

能力培养

一、土壤样品的采集与制备

1. 训练准备

根据班级人数,按照每4~5人一组,分为若干组,每组准备以下材料和用具:土钻、小土铲、铅笔、米尺、圆木棍、标签、广口瓶、土壤筛、天平、木板、布袋、塑料布或油布等。

2. 操作步骤

选择校园内种植农作物、蔬菜、花卉、果树、树木、牧草等场所,进行表2-11中的全部或部分内容进行操作。

表2-11　土壤样品采集与制备

操作环节	操作规程	操作要求
合理布点	（1）布点方法:为了保证样品具有代表性,采样前确定采样点数。采样点可根据地块面积的大小,按照一定的路线进行选取;采样的方向应该与土壤肥力的变化方向一致,采样线路一般可分为对角线法、棋盘法和蛇形法三种(图2-3)。	（1）面积较大、采样点数多、地势起伏不平、肥力不均匀的地块,应采用蛇形法布点;面积中等、采样点数较多(10点以上)、地形较整齐、地势平坦、肥力略有差异的地块,可采用棋盘法布点;面积较小、采样点数少、地势平坦、肥力均匀、地形端正的地块,可采用对角线法布点。只有多布点样,采集的土才具有更充分的代表性。

操作环节	操作规程	操作要求
合理布点	（2）采样点数确定：为了保证采样点"随机""均匀"，应避免特殊取样；一般以 5~20 个点为宜。面积小于 10 亩的，取 5~10 点土样混合；面积为 10~40 亩的，取 10~15 点土样混合；面积大于 40 亩的，取 15~20 点土样混合。 （3）采样时间：根据土壤测定需要，应随机采样。供养分测定使用的土样可在播种前采集混合样品，供缺素诊断使用的土样，应在发病植株根部附近采集，单独测定，并和正常土样对比；为了掌握养分变化和生长规律，可按作物不同生育期定期取样；为制定施肥计划供施肥诊断使用的土样，在前茬作物收获后或施基肥、播种前采集土样，以了解土壤养分的动态变化和施肥效果	（2）每个采样点的选取是随机的，尽量分布均匀，每点采取土样的深度尽量一致，土样的重量才能基本一致。 （3）将各点土样尽力混合均匀，以提高样品的代表性。 （4）采样点要避免田埂、路边、沟边、堆肥地段、各种农业设施附近及各种特殊地形地貌部位
正确取样	在选定采样点上，先将 2~5 mm 厚表土及杂物刮去，然后用土钻或铁锹垂直入土深达 20 cm 处（图 2-4）；用小铁铲挖一个一铲宽、20 cm 深的小坑（图 2-5），坑壁修成垂直光滑面，再从光面用小铁铲切下约 1 cm 厚的土片（尽量保证土片上下厚度一致），然后集中起来，混合均匀；每点的取土深度、重量尽量一致；如果是用来测定微量元素而进行的取土采样，则要避免使用含有所要测定的微量元素的工具，以免对所测数据的真实性造成影响	取土方式、取土深度要一致，土样选取应具有充分的代表性
样品混合	将采集的各点土样倒入准备好的土盘中，粗略捡去植物的残枝落叶、小动物的虫壳尸体、石砾石块等杂质，混合均匀，然后采用四分法（图 2-6）去掉多余的土壤，直至取得所需数量适宜为止，一般每个混合土样的质量以 1 kg 左右为宜	四分法，即把各点采集的全部土样放在干净塑料布或油布上，捏碎、混匀、摊成方形，中间画"十"字分成四等份，然后按对角线去掉两份，若土量仍多，可将留下的土样混合均匀，再反复进行四分法，直至剩下 1~1.5 kg 的土样为止。 四分法操作时，注意将初选剔杂后的土样混合均匀，摊开时土层要平整，土层薄厚要一致

操作环节	操作规程	操作要求
装袋写标签	将采好后的土样装入布袋中,用铅笔写好标签,标签一式两份,一份系在布袋外,一份放入布袋内。标签注明采样地点、日期、采样深度、土壤名称、编号及采样人姓名等,同时做好采样记录	装袋时以多半袋约 1 kg 为宜
风干剔杂	从田间采回的土样要及时放在样品盘里,将土样内的根系、虫壳、石砾等杂质仔细认真剔除,捏碎土块,摊成薄薄一层,置于干净整洁的室内通风自然晾干	将土样放置在阴凉处风干即可,严禁暴晒,并注意防止酸碱气体及灰尘污染,同时要经常翻动
磨细过筛	进行物理分析时,取风干样品 100～200 g,放在木板上用圆木棍压碎,然后通过 18 目筛(1 mm),留在筛上的土块,仍倒在木板上,重新压碎,如此反复进行,至全部土壤过筛。最后留在筛上的碎石要保存,以备计算砾石质量百分数用。把筛下的土样均匀盛入广口瓶中备用	石砾和石块少量可弃去,量多时必须收集起来,称重,计算其质量百分数,以备在计算养分含量时要考虑;过 18 目筛后的土样经充分混匀后,供测定 pH、速效养分等用
装瓶储存	将处理好的土样装入广口瓶后,瓶子的内外均要附上标签,写明土样编号、土壤名称、采样日期、采样地点、采样深度、筛孔号、采集人姓名等;制备好的样品要妥善保存,如果需要长期保存,可用石蜡封好瓶口	在保存期间避免日光、高温、潮湿及酸碱气体等的影响,有效期 1 年

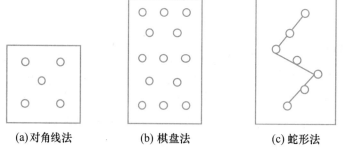

(a) 对角线法　　　(b) 棋盘法　　　(c) 蛇形法

图 2-3　土壤采样点分布法

注:图中○代表采样点。

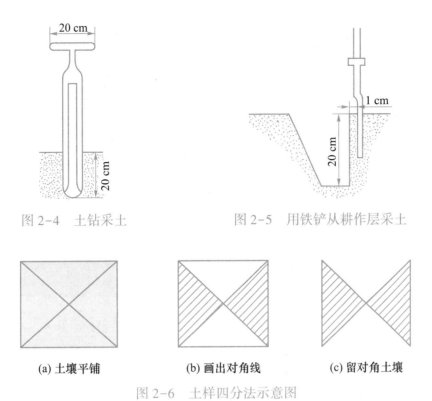

图 2-4　土钻采土　　　　　图 2-5　用铁铲从耕作层采土

(a) 土壤平铺　　　　　(b) 画出对角线　　　　　(c) 留对角土壤

图 2-6　土样四分法示意图

3. 问题处理

训练结束后,完成以下问题。

(1) 土壤样品采集有何重要意义?

(2) 土样采集方法有哪几种? 各适合在什么情况下采用?

(3) 为什么说土壤采集中使用随机采样和四分法可以提高土壤样品的代表性?

(4) 在土样采集与制备过程中,应注意哪些事项?

二、土壤质地的田间简易鉴别

1. 训练准备

准备好砂土、壤土、黏土等土壤样本。根据班级具体人数,按照每3~5人一组,分为若干组,每组准备以下材料和用具:小土铲、小桶、喷壶、铅笔等。

2. 操作步骤

可以选择校园内种植农作物、蔬菜、花卉、果树、树木、牧草等区域采集待测土壤样品,按照表2-12中的内容进行操作。

表 2-12   土壤质地的判断

操作环节	操作规程	操作要求
干测法	取玉米粒大小的干土块,放在拇指和食指之间摩擦,使土粒研碎,根据指压时间长短和摩擦时的感觉来判断	应拣出土样中植物的根、茎、叶和其他杂质等。 干测法判断标准见表 2-13
湿测法	取一小块土,放在手中捏碎,用喷壶喷入少许水,以土粒充分浸润为宜(水分过多或过少均不适宜),根据能否搓成球、条及弯成圆环时是否有断裂等情况加以判断	湿测法判断标准见表 2-14。 搓球或搓条时,先将土样压碎后,加适量水,好像和面一样,充分捣碎调和均匀,把土壤搓成团
结果判断	(1) 按照先摸后看、先砂后黏、先干后湿的顺序,对已知质地的土壤手摸感知其质地。 (2) 先摸后看就是根据手感和目测情况,感知有无坷垃、坷垃多少和软硬程度。质地粗的土壤一般无坷垃,质地越细坷垃越多、越硬。砂质土壤比较粗糙、无滑腻感,黏质土壤正好相反	加入的水分必须要适当,以不黏手为最佳,将调和好的土样放在两手之间,搓成小球,其直径约 1 cm,随后把小球搓成长条,然后弯曲成环状。最后将环形压扁呈片状,根据断裂情况和指纹是否明显等加以判断

表 2-13   土壤质地野外指感法判断标准(干测法)

土壤质地	肉眼观察形态	土壤干燥时的状态	在手中研磨时的感觉
砂土	几乎全部由砂粒组成	粗糙、松散的单个土粒	感觉全是砂粒,手指研磨时沙沙作响
砂壤土	以砂粒为主	粗糙,有少量细土粒	感觉主要是砂,稍有土的感觉,用手轻压土块易散碎,手指研磨时有响声
轻壤土	砂多,有少量细土,占二三成	用手压碎土块,相当于压断一根火柴棒的力	干土块稍用力挤压即碎,手捻有粗糙感,黏质颗粒增多,搓时仍有沙沙声
中壤土	还能看到砂粒,黏粒增多	干土块稍用力才能挤碎,粉末粗细不均匀	砂粒和黏粒的比例大致相同,略感粗糙
重壤土	几乎看不到砂粒	干土块用手压碎较费力,砂粒比例减少,黏粒比例增多	少有粗糙感,呈面粉状,有细腻感

续表

土壤质地	肉眼观察形态	土壤干燥时的状态	在手中研磨时的感觉
黏土	看不到砂粒	干土块很硬,手压不碎,锤击也不能成为粉末状	有滑腻的感觉

表 2-14　土壤质地指感法判断标准(湿测法)

土壤质地	肉眼观察形态	湿时搓成土球 (直径 1 cm)	湿时搓成土条 (2 mm 粗)
砂土	几乎全是砂粒	不能成球,用手捏可成团,但松手即散	不能成片,不能挤成扁条
砂壤土	以砂为主,有少量细土粒	能搓成不稳定的土球,轻压即碎	不能搓成片,勉强搓成不完整的短条,不能挤成扁条
轻壤土	砂多,细土占二三成	可成球,压扁时边缘裂痕多而大	较难成薄片,可搓成 3~5 mm 粗的小土条,勉强挤成扁条,轻轻提起即断
中壤土	还能看到砂粒	可成球,压扁时边缘有裂痕	可挤成扁条,弯成 2 cm 直径圆圈时易断
重壤土	几乎看不到砂粒	可成球,压扁时边缘仍有小裂痕	可成条,摇动不易断,弯成圆环时无裂痕,将圆环压扁时有裂痕
黏土	看不到砂粒	可成球,压扁后边缘无裂痕	可成条,摇动不断,弯成圆环时无裂痕,将圆环压扁时也无裂痕

3. 问题处理

训练结束后,完成以下问题。

(1) 测定土壤质地有何意义?

(2) 土壤质地手测法有哪几种方式? 确定各种质地的标准是什么?

三、土壤有机质测定——重铬酸钾氧化还原比色法(速测法)

1. 训练准备

根据班级具体人数,按照每 5 人一组,分为若干组,每组准备以下材料和用具:60 目土样(采集种植农作物、蔬菜、花卉、果树、树木、牧草等区域的土壤制备的),白瓷比色盘,20 mL 试管,1 mol/L $\frac{1}{6}$ 重铬酸钾,无色浓硫酸(相对密度 1.84),5% 葡萄糖等。

2. 操作步骤

土壤有机质测定的操作环节、规程和要求如表 2-15 所示。

表 2-15　土壤有机质测定

操作环节	操作规程	操作要求
称量	（1）称取重铬酸钾（$K_2Cr_2O_7$）49.04 g 溶于蒸馏水中，稀释到 1 000 mL。 （2）称葡萄糖 5.0 g，溶于 100 mL 蒸馏水中	葡萄糖溶液易变质，不宜存放过久
配制标准溶液	按表 2-16 所列 5% 葡萄糖溶液和水的用量比例，配制成各级有机质浓度的标准溶液	
制作标准色阶	向各级标准溶液中依次各加入 2.5 mL 1 mol/L $\frac{1}{6}$ 重铬酸钾溶液和 5 mL 浓硫酸，各取 5 滴分别放入白瓷比色盘中，加水 2 滴即成标准色阶	色阶的色调由橙色、黄色、绿色至深绿色，逐级加深。本法是利用浓硫酸与水反应时放出的热来加温的
测定	称取 60 目土样 0.5 g，放入 20 mL 试管中，加入 2.5 mL 1 mol/L $\frac{1}{6}$ 重铬酸钾水溶液，摇匀，迅速加入 5.0 mL 浓硫酸，立即摇动 1 min（小心不使溶液溅出），静置 30 min 后，用橡皮头滴管吸取上层清液 5 滴，滴入白瓷比色盘中，加水 2 滴稀释，搅匀，与标准色阶进行比色	浓硫酸的腐蚀性很强，使用和储存时都要十分小心，并严禁将水倒入浓硫酸中。硫酸废液也不能随意倒入农田，以防危害作物。 土壤有机质用重铬酸钾-硫酸溶液氧化时，橙红色的重铬酸根离子（$Cr_2O_7^-$）被还原成绿色的铬离子（Cr^{3+}），土壤有机质含量少时，剩余的重铬酸钾较多，溶液近于橙黄色；有机质含量高时，剩余的重铬酸钾少，生成的铬离子多，溶液近于绿色
结果	记录比色读数。 土壤有机质（%）= 比色读数 × 校正系数（0.8）	土壤有机质的含碳量与葡萄糖不同，土壤有机质也不像葡萄糖那样容易氧化。因此，把葡萄糖当作土壤有机质的标准色阶时，势必产生误差，一般数值偏高，但仍可反映土壤有机质含量之间的差别

表 2-16　葡萄糖配制的有机质标准溶液

有机质含量/%	0	0.5	1.0	1.5	2.0	2.5	3.0	3.5	4.0	4.5
5%葡萄糖用量/滴	0	1	2	3	4	5	6	7	8	9
水的用量/滴	10	9	8	7	6	5	4	3	2	1

3. 问题处理

训练结束后,完成以下问题。

用速测法测定有机质,其结果为什么要乘校正系数?

随堂练习

1. 名词解释:土壤三相比;矿物质粒级;土壤质地。
2. 说明各种质地土壤的农业生产特性及利用特点。
3. 常见土壤质地层次有几类?各有何特点?哪种层次质地最好?
4. 改良土壤质地常用哪些技术措施?
5. 土壤生物对土壤肥力有何重要作用?
6. 有机质在土壤中是如何转化的?有机残体 C/N,土壤水、气状况,土壤温度和酸碱度对有机质转化有什么影响?
7. 简述土壤有机质的作用和调节措施。

任务 2.3　土壤水分与土壤空气

任务目标

知识目标:1. 掌握土壤水分的类型及其有效性。

2. 掌握土壤含水量的表示方法。

3. 了解土壤空气的组成、特点。

4. 理解土壤通气性的概念。

技能目标:1. 理解土壤水分测定原理及简单的测定方法。

2. 明确验墒技术与各种墒情标准。

3. 能通过农业技术措施进行土壤墒情调节。

4. 能通过农业措施调节土壤通气性。

素质目标:1. 了解退耕还林、退耕还草等控制水土流失措施的意义,坚持生态和经济兼顾发展的理念。

2. 通过土壤水分测定实践,提高组织、交流和协作的能力。

📖 知识学习

土壤的液相组成即土壤水分,土壤水分是组成土壤的主要成分,也是土壤肥力的重要影响因素之一,而且是最积极、最活跃的因素,植物生长、微生物的活动、有机物质的合成与分解必须有水才能进行。另外,土壤水分的变动,对土壤空气、温度和有效养分的含量都起直接的促进和抑制作用。因此,了解土壤水分的性质及其移动规律,调节土壤中有效水的含量,是生产中很重要的一个环节。

土壤空气既是土壤的气相组成,也是土壤的肥力因素。土壤空气对土壤的形成和变化,植物生长、微生物活动、养分的转化等土壤理化过程和生物学过程都有极其重要的影响。

一、土壤水分的类型及其有效性

(一) 土壤水分的类型

当水进入土壤后,受到土壤中各种吸力的作用,即土粒表面的吸附力、毛管孔隙的毛管力和重力等。由于水分受到的吸力不同,因而形成不同的水分类型,并具有不同的性质。

1. 吸湿水

干燥的土壤借助土粒表面的分子引力吸附空气中的气态水,称为吸湿水。风干土所含水分即为吸湿水。吸湿水受土粒表面的吸引力很强,具有固态水性质,无溶解能力,常温下不能移动,因此它是植物不能利用的无效水。

土壤吸湿水的含量,首先决定于空气的相对湿度。相对湿度越高,土壤吸湿水越多。当空气中水汽达到饱和时,土壤吸湿量达最大值,此时的土壤含水量称为吸湿系数。另外,吸湿水量的多少还和土壤质地、有机质含量有关,土质越黏,有机质含量越高,土壤吸湿水越多。

2. 膜状水

吸湿水达到最大时,土粒的剩余吸附力还可吸附一部分液态水,在土粒周围形成水膜,称为膜状水。膜状水能从水膜厚的地方向水膜薄的地方移动(图 2-7),但速度很慢。膜状水外层水距土粒中心相对较远,受到的引力较小,可以被植物利用,为有效水。在可利用的膜状水未消耗完之前,植物就会因缺水而萎蔫。植物发生永久萎蔫时的土壤含水量,称为萎蔫系数或凋萎系数。

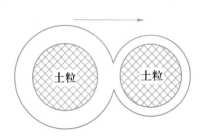

图 2-7 膜状水移动示意图

3. 毛管水

在土壤毛管孔隙(当量孔径一般为0.02~0.002 mm)中由毛管引力吸持的水分,称为毛管水。

毛管水可以上下左右移动,能全部为植物吸收利用,又具有溶解各种养分的能力,是土壤中最宝贵最有效的水分。

通常根据毛管水与地下水有无连接的情况,分为毛管悬着水和毛管上升水两种(图2-8)。

(1)毛管悬着水 多出现在干旱的山区、岗坡地或平原地势较高的土壤中,其地下水较深,降水或灌水后,上层土壤借毛管力所保持的水分,与地下水不连接,就像悬挂在上层土壤中一样,所以称之为毛管悬着水。一

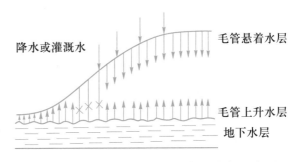

图2-8 不同地形部位上毛管水分布示意图

般把毛管悬着水达到最大量时的土壤含水量称为田间持水量。它是有效水的上限。当土壤水分达到田间持水量时,再继续降水或灌溉,只能增加深层渗漏或流失,并不增加田间持水量。因此,这个数值是干旱地进行灌溉、计算灌水量的一个重要依据。

(2)毛管上升水 毛管上升水指地下水沿土壤毛管上升,被毛管引力保持在土壤中的水分。它与地下水相连接,当水分被植物吸收或蒸发以后,可由地下水得到补充。

从地下水面到毛管上升水所能达到的最大高度,称为毛管水上升高度,它随地下水位的升降而变化。毛管水上升的高度与速度也与土壤中毛管的粗细有关,毛管孔径越小,毛管引力越大,毛管水上升高度越高。因此,土壤质地是影响毛管水上升高度与速度的主要因素。砂土的毛管水上升速度快而高度低;壤土的毛管水上升速度快,高度也最大;黏土的毛管水上升速度慢,高度也有限,这是由于土壤孔隙小于0.001 mm时,水分堵塞孔隙而不显毛管作用。若地下水含可溶性盐分较多,毛管水上升高度是引起土壤盐渍化的关键。不同质地土壤毛管水上升高度见表2-17。

表2-17 不同质地土壤毛管水上升高度(约值)

土壤质地	砂土	砂壤土	轻壤土	中壤土	重壤土	黏土
毛管水上升高度/m	0.5~1.0	2.0~2.5	2.2~3.0	1.8~2.2	<3.0	<0.8~1.0

4. 重力水

在重力的作用下,沿土壤非毛管孔隙间向下渗漏的水分称为重力水。重力水是可以被植物吸收利用的。在水田,重力水是水稻生长的有效水,应设法保持重力水,防止漏水过快。在旱地,重力水很快渗漏到耕作层以下,不能持续供给植物利用,是无效水,是多余水,其长

期存在会引起植物根系呼吸困难而死亡。

(二) 土壤水分的有效性

土壤水分的有效性是指土壤水分能否被植物吸收利用及其难易程度。植物能够吸收利用的水分称为有效水。土壤有效水的下限为萎蔫系数,上限为田间持水量。所以,田间持水量与萎蔫系数之差就是土壤有效水最大含量,如图 2-9 所示。

图 2-9　土壤水分有效性示意图

二、土壤含水量的表示方法

(一) 土壤含水质量分数

土壤含水质量分数指土壤中水分重占干土重的百分比例,计算时以 105~110 ℃下烘干土重为基数。

$$土壤含水质量分数 = \frac{湿土重 - 烘干土重}{烘干土重} \times 100\% = \frac{水分重}{烘干土重} \times 100\%$$

(二) 土壤含水体积分数

土壤含水体积分数指土壤中水分的体积占土壤体积的百分比例。它可以说明土壤水分占据土壤孔隙的程度和土壤中水、气的比例。在常温下,土壤水的密度为 1 g/cm³,则土壤水的质量与其体积的值相等。土壤含水体积分数可由下式求得:

$$土壤含水体积分数 = \frac{水分的体积}{土壤体积} \times 100\% = 土壤含水质量分数 \times 容重$$

例如:土壤含水质量分数为 20%,土壤容重为 1.2,其含水体积分数为:

$$水(体) = 20\% \times 1.2 = 24\%$$

若该土壤总孔隙度为 52%,则土壤空气占的体积分数为:

$$52\% - 24\% = 28\%$$

(三) 土壤相对含水量

土壤相对含水量指土壤含水量占田间持水量的质量分数。它能说明土壤毛管悬着水的饱和程度、有效性与水汽状况。通常植物生长的适宜含水量都以土壤相对含水量来表示。公式为:

$$土壤相对含水量 = \frac{土壤含水量}{田间持水量} \times 100\%$$

（四）土壤墒情及田间验墒

北方农民把土壤中含水分多少称为土壤墒情。在耕种前或植物生长期间，根据土壤湿润程度、颜色的深浅及握在手中的感觉来判断墒情，称为验墒。一般把土壤墒情分为汪水、黑墒、黄墒、潮干土、干面土五个类型。土壤墒情的种类及性状见表2-18。

表 2-18　土壤墒情类型及性状（轻壤土）

类型	土色	含水量/%	相当于田间持水量/%	湿润程度（手捏）	性状和问题	措施
干面土	灰—灰白	<8	<30	干，无湿润感觉，手捏散成面，风吹飞动	含水量过低，种子不能出苗	必须先浇后播
潮干土	灰黄	8~10	30~45	潮干，半湿润，捏不成团，手无湿印，有些微温暖的感觉	水分不足，是播种的临界墒情，由于昼夜墒情变化，只有一部分种子出苗	抗旱抢种，浇水补墒后再种
黄墒	黄	10~20	45~70	湿润，手捏成团，落地散碎，手微有湿印和凉爽之感	水分、空气都适宜，宜于耕作、播种	适时播种，注意保墒
黑墒	黑—黑黄	20~23	70~100	潮湿，手捏成团，落地不散，手有湿印	水分相对稍多，氧气稍嫌不足，为适宜播种的墒情上限，能保苗	适时播种，稍加散墒
汪水	暗黑	>23	>100	湿，表土汪水，手握有水滴出	水过多，空气少，氧气不足，不宜播种	排水散墒

土壤墒情随土层深浅而有变化，因此，验墒时不仅看表层，有时还要看下层。通常把1 m以内的墒情分为：表墒（0~20 cm）、底墒（20~50 cm）、深墒（50~100 cm）。田间验墒时，先量干土层厚度，再分层取土验墒。若干土层在3 cm左右，而其下墒情还好（黄墒），则可播种，并适宜植物生长；若干土层厚达6 cm，且其下墒情也差，则影响播种和植物生长；若干土层厚达10 cm，则旱情严重，植物生长受到抑制，应及早采取有效措施。

三、土壤气态水运动

(一) 水汽凝结

土壤中的液态水在较高温度下可汽化为水汽。因此,土壤孔隙中的水汽经常处于饱和状态。水汽能从温度高、水汽密度大的地方,向温度低、水汽密度小的地方移动。随着昼夜和季节的变化,土壤上、下层温度常有明显差异,水汽压也随着发生变化,从而引起土体内水汽的移动,产生水汽的凝结和夜潮。冬秋季节表土温度低,下层温度高,下层水汽向表层移动,并凝结聚积,当表土冻结后,附近水汽压降低,于是下层水汽继续向上移动,附着在冰粒上继续凝结,使冻层不断加厚。大气中的水汽也可向冻层凝结水分。在干旱地区,据研究,这种水汽的凝结量每年可达 70 cm 以上。春季,由于气温迅速回升,土壤水分的蒸发损失急剧加大,此时应及时采取顶凌耙糖等重要的保墒措施。

(二) 土壤水分的蒸发(跑墒)

土壤水分以水汽状态向大气散失的现象称为土壤蒸发或跑墒。

土面水分能不断蒸发,必须具备三个条件:第一,经常有热能到达地面以满足水分汽化所需汽化热;第二,土表水汽压高于大气压;第三,土表能经常得到下层水分的供应。前两个是气象条件,主要决定于太阳辐射、气温、风速、空气相对湿度等,称为大气蒸发力;后一条主要决定于土壤导水性质。

随着蒸发的进行,土壤湿度由大变小,土壤蒸发率(单位时间从单位土面蒸发的水量)也逐渐降低。据研究,从田间持水量开始,土壤蒸发可分为三个阶段。

(1) 大气蒸发力控制阶段(速率不变阶段)(Ⅰ阶段)　此时土壤含水量高,水分以毛管水形态运行至蒸发面,可源源不断地补偿土面蒸发而散失的水分,故蒸发速度不变。此阶段蒸发的速度和损失的水量主要决定于大气条件与土面状况。高温、多风、干燥天气,蒸发速度快,损耗水分多,此阶段维持时间短;反之,无风、湿润天气或地表有覆盖物,蒸发速度慢,耗水量少,持续时间长。因此,雨后或灌水以后及时中耕松土或覆盖地面是减少土面蒸发的重要措施。

(2) 土壤导水率控制阶段或蒸发速率递减阶段(Ⅱ阶段)　该阶段土面蒸发速率随土壤含水量减少而急剧下降。土壤蒸发强度主要决定于土壤导水特性,而不仅仅决定于大气条件。一般黏重而结构差的土壤,毛管连续性好,水分可不断运行至蒸发面,增强土壤蒸发。质地较轻或结构良好的土壤,空气孔隙多,毛管连续性差,导水率低,蒸发速率下降。因此,一切削弱土壤水分向蒸发面运行的措施都可降低土壤蒸发。如中耕松土切断表土与下面土层的毛管联系,就可减少水分蒸发。其他措施如覆盖地面、喷施保墒剂、改善土壤结构,也可减少水分蒸发。

（3）扩散控制阶段（Ⅲ阶段） 表土形成干土层后,其下湿润土层的水分不能以液态水的形式导向地面,只能在干土层以下汽化,水汽由干土层的孔隙扩散到大气中去。由于湿润土层所形成的水汽量不多,而且水汽要经过曲折的孔隙才能扩散到大气中,因此,该阶段损失水量很少。研究表明,只要形成 1~2 cm 的干土层,就能显著降低蒸发速率。该阶段的保墒措施是通过镇压,压实地表,形成密实土层,以抑制水汽向大气中扩散。土面蒸发变化情况如图 2-10 所示。

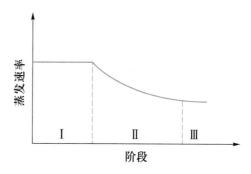

图 2-10 土面蒸发变化情况示意图

在一些平原地区,由于地下水位比较高,土壤水分受地下水补给,使蒸发过程长期稳定在Ⅰ、Ⅱ阶段,长期的强烈蒸发,往往导致土壤盐渍化。

四、土壤水分的调节

(一) 灌溉与排水

土壤水分不足或过多的情况下,灌溉和排水是调节土壤水分的根本措施。灌溉应大力发展井灌和喷灌、滴灌,山区应以水库塘坝蓄水灌溉为主。

低平地区地下水位过高,根层土壤通气不良时,应建立排水渠道或开沟排水。

在生产上,有时需要计算每亩（1 亩 ≈ 666.7 m²,本书下同）土壤应灌溉的水量,即灌水定额。

$$灌水定额(m^3/亩) = [田间持水量(\%) - 土壤实际含水量(\%)] \times 土壤容重(t/m^3) \times$$
$$土壤计划湿润深度(m) \times 666.7(m^2)$$

式中,土壤计划湿润深度是指旱地在灌水后,期望达到的土层湿润深度。它随作物根系活动深度、土壤性质、地下水位等因素而变化。一般在作物生长初期计划湿润深度为 0.3~0.4 m;随着作物的生长和根系的发育,需水量不断增加,计划湿润深度也逐渐加大,最大深度一般不超过 0.8~1 m。在地下水位高、有盐碱化威胁的地区,计划湿润深度不宜大于 0.6 m。

［例］某土壤田间持水量为 20%,土壤容重为 1.2 t/m³,现测知土壤含水量为 10%,要把 1 m 深土层的含水量提高到田间持水量,则每亩应灌水量为:

$$灌水量 = (20\% - 10\%) \times 1.2 \times 1 \times 666.7 = 80(m^3)$$

(二) 最大限度截留降水,减少水分的非生产性消耗

在山区应修筑梯田、水平阶地、鱼鳞坑等。大搞农田基本建设,实行山、水、林、田、路综合治理,最大限度截留降水。

通过增施有机肥,可改良土壤质地与结构,改善土壤透水性和保水性,增加水分的渗入,而且能降低萎蔫系数或提高田间持水量,增加有效水含量。

我国农民有很多蓄水保墒的宝贵经验,主要有秋耕、顶凌耙地、中耕、镇压等。

秋耕主要是切断心、底土的毛管联系,使之不向土表导水,减少水分蒸发。再者,表土耕翻后,加强收蓄自然降水或灌水的渗入能力。

顶凌(春)耙地是我国北方农民在土壤刚解冻时(日化夜冻)即开始耙地,使地表形成一层疏松的干土层,以切断土壤毛细管,减少水分蒸发的保墒措施。

中耕松土即破除土表的板结状态,可增加水分渗入和减少上下毛管的联系,减少水分蒸发,也就是群众说的“锄底下有水”“锄头底下三分雨”的道理。

镇压可使表土变紧实和孔隙变细,联结上下毛细管,使底墒能较快地向上流动。所以,只有在表土较干而底土较湿润时,镇压才能起到提墒作用(习称“勾墒”)。一般在三种情况下镇压:第一,早春表墒不足,压紧压碎(镇压)表土后应耙松土面,以保上层的墒不再损失;第二,秋耕地过于疏松或有坷垃,在播前镇压;第三,播后镇压,以利种子吸水,同样也应在镇压后松土保墒。

五、土壤空气的组成和特点

土壤空气的组成与近地面大气基本相似,由于土壤生物活动的影响,与大气相比又有一定差异,土壤空气与大气组成的体积分数比较见表 2-19。

表 2-19 土壤空气与大气组成的体积分数比较   单位:%

气　体	氮(N_2)	氧(O_2)	二氧化碳(CO_2)	其他气体
近地面大气	78.08	20.94	0.03	0.95
土壤空气	78.80~80.24	18.00~20.03	0.15~0.65	0.95

土壤空气的特点主要表现在:

(1) 土壤空气中 CO_2 含量高,O_2 含量略低。这主要是土壤中生物呼吸和有机质分解时,都要消耗 O_2,放出 CO_2 的缘故。

(2) 土壤空气中水汽含量高。因为土壤含水量都超过最大吸湿量,所以土壤空气接近水汽饱和状态。

(3) 土壤空气中有还原性气体,如甲烷(CH_4)、硫化氢(H_2S)、氢气(H_2)等。这些气体多出现在表土严重板结或渍水,致使土壤通气不良的环境,是有机物质在嫌气条件下分解产生的。

(4) 土壤空气的成分和数量,随季节和土层深度的不同而有明显差异。如 CO_2 冬季含量少,夏季含量最高。土层越深,CO_2 含量越多,O_2 含量越少。

六、土壤通气性及其调节

土壤通气性是指土壤允许气体通过的能力,也就是土壤空气与近地面大气进行交换的程度。只有通气性好的土壤才能顺利地进行气体交换。

土壤与大气间气体交换的方式有两种,即整体流动和扩散。

气体的整体流动,指土壤空气在温度、气压、风、降水或灌水等因素影响下,整体排出土壤,同时大气也整体进入土壤。当土壤温度高于大气温度时,土壤空气受热膨胀而被排出土壤。大气下沉,通过土壤孔隙渗入土壤,使土壤空气得以更新。大气压升高时,土壤空气被压缩,并有新鲜空气进入土壤;大气压降低时,则污浊空气排出。风、降水也有类似的作用。这种整体交换的方式影响有限,不是交换的主要方式。

气体扩散是引起土壤空气与大气交换的主要方式。扩散是指土壤空气分子由浓度大(或分压大)处向浓度小(或分压小)处的运动。由于土壤空气中 CO_2 含量高于大气,因此,CO_2 由土壤向大气扩散,而大气中的 O_2 向土壤中扩散,直至各部分气体的分压或浓度趋于平衡时为止。由于土壤空气中 CO_2 不断产生、O_2 不断消耗,所以,这一交换永远不会停止。

土壤空气与大气的交换,主要是通过非毛管孔隙进行的,所以,土壤通气性好坏主要决定于孔隙的大小及其连通性。过小的、被阻塞的孔隙都不能进行通气。例如,黏土总孔隙度虽然较大,但多为小孔隙,所以,土壤通气不良。高产土壤要求空气孔隙不低于 10%。凡是影响土壤孔隙状况的因素,如土壤结构、土壤质地、松紧状况和含水量等,都是影响通气性的重要因素。因此,改良土壤质地、增施有机肥料、改善土壤结构、中耕松土破除板结层、灌溉排水等,都是改善土壤通气性的主要措施。

能力培养

一、土壤水分测定

1. 训练准备

根据班级人数,按每 3~5 人一组,分成若干组,每组准备以下材料和用具:天平(感量 0.01 g)、恒温干燥箱、带盖铝盒、骨勺、量筒(10 mL)、乙醇(95%~98%)、滴管、玻璃棒、火柴、小刀、土钻、土壤样品等。

2. 操作步骤

土壤水分测定的方法很多,常用的有烘干法和乙醇燃烧法(表 2-20、表 2-21)。

表 2-20 土壤水分测定(烘干法)

操作环节	操作规程	操作要求
样品采集	用小铲子在田间挖取表层土壤 1 kg 左右,装入塑料袋子里,带回实验室备用	选取多样点随机采集,可以增加土样的代表性
称量空盒重量	用天平对洗净烘干的铝盒进行称重,记为铝盒重(M_0),并标记好铝盒和盒盖的号码	注意铝盒和盒盖要配套使用,避免混用
称量铝盒装入湿土重	将塑料袋中的土样倒在盆里,粗略将土样捏碎混合均匀;取 10 g 左右的土样装入已称重的铝盒中(约占铝盒容量 1/3),盖好配套的盖子,称重,记录铝盒加湿土重(M_1)	取样前应将土样内的根系、虫壳、石砾、石块等杂物剔除干净,以免影响测定结果。注意铝盒底、盖编号一致
烘干	将铝盒打开,盖子扣在实验台上,铝盒放在盖子上边,将铝盒和盖子一同放入烘箱中,在 105 ℃±2 ℃温度下烘 6 h 左右即可	在 105 ℃±2 ℃温度下,土样中的吸湿水从土壤表面蒸发,而结晶水不会破坏,土壤有机质也不会分解
称量铝盒装有干土重量	烘干结束后,关闭烘箱,待铝盒冷却至不烫手时,盖上铝盒盖子,放进干燥器中,待其冷却至室温后称重,记为铝盒加干土重,打开铝盒盖子,放入烘箱中再烘 2 h,冷却,称重至恒重(M_2)	(1) 冷却后及时称重,避免土样重新吸水。 (2) 数据记录在表 2-22 内
结果计算	平行测定结果用算术平均数表示,保留小数点后一位数。 土壤含水量 $= \dfrac{\text{水分重}}{\text{烘干土重}} \times 100\% = \dfrac{M_1-M_2}{M_2-M_0} \times 100\%$	土壤含水量可作为播种、排灌、耕作、施肥的依据,对指导农业生产有重大的意义

表 2-21 土壤含水量测定(乙醇燃烧法)

操作环节	操作规程	操作要求
样品采集	同烘干法	同烘干法
称量空盒重量	同烘干法	同烘干法

续表

操作环节	操作规程	操作要求
装入湿土后称重	将塑料袋中的土样倒在盆里,粗略将土样捏碎混合均匀;取15 g左右的土样装入已称重的铝盒中(约占铝盒容量1/3),盖好配套的盖子,称重,记录铝盒加湿土重(M_1)	同烘干法
乙醇燃烧烘干	将铝盒打开,盖子扣在实验台上,铝盒放在盖子上边,用滴管向铝盒土样中加入乙醇,至乙醇浸没全部土样为止,稍加振荡至土样均匀湿润,使土样表面平整,用火柴点燃铝盒内的乙醇,燃烧至火焰熄灭,稍加冷却;用滴管向铝盒土样中继续加入乙醇2~3 mL燃烧至火焰熄灭,反复燃烧2~3次至恒重即可。土样呈单粒松散即已干燥	此法适用于土壤有机质含量在50 g/kg以下的样品,不适用于有机质含量较高的土壤样品。注意勿使火柴掉入土样中。燃烧过程中防止土样损失,以免影响测量结果。乙醇燃烧快熄灭时,用玻璃棒轻轻翻动土样,以助其燃烧,土样呈单粒松散状态说明已燃烧彻底
燃烧成干土称重	燃烧结束后,待铝盒冷却至不烫手时,盖上铝盒盖子,冷却至室温后称重,记为铝盒加干土重(M_2)	(1)冷却后及时称重,避免土样重新吸水。(2)数据记录在表2-22内
结果计算	平行测定结果用算术平均数表示,保留小数点后一位数。 土壤含水量($M/\%$)计算: $$(M/\%) = \frac{水分重}{烘干土重} \times 100\% = \frac{M_1 - M_2}{M_2 - M_0} \times 100\%$$	平行测定结果的允许绝对相差: 含水量<5%,绝对相差≤0.2% 含水量在5%~15%,绝对相差≤0.3%,含水量>5%,绝对相差≤0.7%

表2-22 土壤含水量测定数据记录表

样品号	铝盒号	铝盒重	铝盒加湿土重	铝盒加干土重	烘干法含水量	乙醇燃烧法含水量
1						
2						
3						
4						
5						
平均值						

3. 问题处理

(1)根据表2-22的记录结果,计算土样含水量。

（2）乙醇燃烧法测定土壤含水量时应注意什么？

二、田间验墒

1. 训练准备

根据班级人数，按3~5人一组，分成若干组，到种植农作物、蔬菜、花卉、果树等地块，进行土壤田间验墒。

2. 操作步骤

土壤田间验墒见表2-23。

表2-23　土壤田间验墒

墒情	土壤颜色深浅	土壤湿润程度	含水量	手感
干面土	灰白	土壤较干，无湿润感觉，手捏散成土面，风吹飞动	8%以下，一般在凋萎系数以下	手握土壤不能成团
潮干土	发灰	潮干，半干半湿润，捏不成团，手无湿印，有些微温暖的感觉	在田间持水量的50%至凋萎系数	手握土壤勉强成团，但容易散开
黄墒	土壤颜色较黑墒浅，呈土黄色	土壤湿润，可捏成团，略有湿印，落地散开	在田间持水量的50%~70%	手握土壤成团，但不牢固，从1 m左右高处将土团丢在地上，大约有一半土团散开。手上留有湿印，稍有凉爽的感觉
黑墒	土色深暗、发黑	潮湿，手捏成团，落地不散，手有湿印	较高，约占田间持水量的75%	松握土壤极易成团，扔在地上不易散开（砂土例外），在手上留有明显的湿印，感觉阴凉
汪水		表土汪水，手握有水滴出	很高，在田间持水量至饱和持水量之间	表土有汪水现象，手握湿土有水滴出

3. 问题处理

说明各类墒情的标准及水分的有效性。

随堂练习

1. 土壤水分有哪几种类型？哪种类型对植物生长发育的影响最为重要？

2. 试述吸湿系数、田间持水量、凋萎系数的概念。

3. 土壤含水量有哪几种表示方法？

4. 土壤水分蒸发分几个阶段？各阶段水分蒸发特点是什么？怎样保墒？

5. 简述土壤空气的组成和特点。

6. 何谓土壤通气性？土壤通气性如何调节？

任务 2.4　土 壤 胶 体

任务目标

知识目标：1. 了解土壤胶体的概念、种类。

　　　　　2. 了解土壤胶体的结构及性质。

技能目标：1. 能分析土壤胶体的性质。

　　　　　2. 能指导改善土壤有机质状况。

素质目标：1. 激发勇于探索未知世界,锲而不舍、努力进取的精神。

　　　　　2. 通过土壤胶体性质的学习,增强凝聚力、亲和力,培养严谨的科学态度和良好的团队合作精神。

知识学习

一、土壤胶体的概念和种类

从胶体化学范畴来说,一般把直径在 1~100 nm 范围内(至少在长、宽、高三轴中有一个在此范围内)的物质颗粒,称为胶体颗粒。这些颗粒均匀地分散在另一种物质中,构成胶体分散体系。土壤中有效粒径小于 1 000 nm(或 2 000 nm)的黏粒,已经具有胶体性质,所以把这部分黏粒称为胶体颗粒。

土壤胶体按其微粒组成和来源可分为三类。

(一) 无机胶体(矿质胶体)

无机胶体主要指土壤次生矿物中的黏粒矿物,它包括层状次生铝硅酸盐的黏粒矿物,如高岭石类、蒙脱石类、伊利石类(水云母类),以及铁、铝、硅等的氧化物或其水合物类的黏粒矿物,还包括土粒外面的胶膜。这一类胶体有结晶态的和无定形的。结晶态的有:水赤铁矿($2Fe_2O_3 \cdot H_2O$)、针铁矿($Fe_2O_3 \cdot H_2O$)、水铝石($Al_2O_3 \cdot H_2O$)、三水铝石($Al_2O_3 \cdot 3H_2O$)等。无机胶体对土壤吸肥保肥作用不大,对土壤磷素固定和耕作影响较大,见表 2-24。

表 2-24 三种主要黏土矿物的特性比较

特性	蒙脱石类	水云母类	高岭石类
颗粒大小/μm	0.01~1.0	0.1~2.0	0.1~5.0
形状	不规则片状	不规则片状	六角形片状
外表面	大	中等	较小
内表面	很大	中等	无
比表面积/(m²·g)	700~800	100~120	5~20
黏结性、可塑性	强	中等	弱
胀缩性	强	中等	弱
阳离子交换量/[m·e·(100 g)]	60~100	15~40	3~15

(二) 有机胶体

有机胶体主要是腐殖质,此外,还有各种高分子有机化合物,如蛋白质、纤维素、多糖等。它们分子量大,多带负电荷,吸附阳离子,如图 2-11 所示。由于易被微生物分解,要通过施用有机肥来补充。

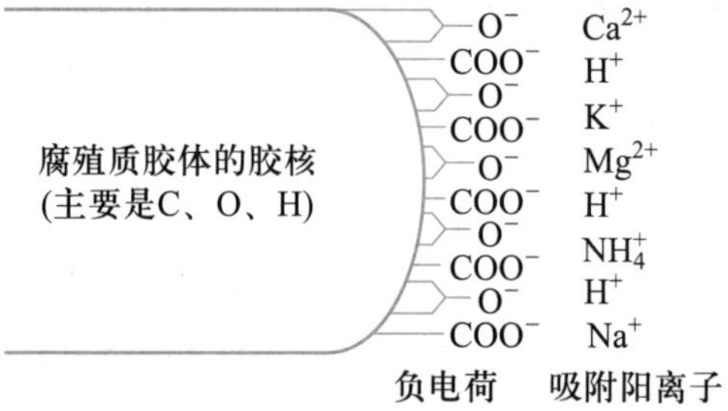

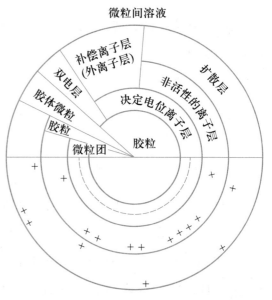

图 2-11 腐殖质胶体的离子吸附

(三) 有机-无机复合体

土壤中各种胶体很少是单独存在的,而是相互结合形成有机-无机复合体。据研究,土壤有机胶体有 50%~90% 是与矿物质胶体结合形成有机矿物质复合体。腐殖质以胶膜形式包被矿物质土粒,或进入黏粒矿物的晶层间。复合体的形成是土肥相融的结果,明显影响土壤结构的稳定和良好结构的形成。复合体有集中和保持氮、磷等养分的作用。

二、土壤胶体的结构

土壤胶体微粒主要由以下几部分组成 (图 2-12)。

(一) 胶核

胶核是胶粒的基本部分,由黏粒矿物、腐殖质等分子组成。

(二) 双电层

在胶核的外面,围绕着电性相反的两层离

图 2-12 土壤胶体微粒结构示意图

子,故称双电层。

1. 决定电位离子层

决定电位离子层是双电层的内层,它是胶核表面分子的解离或从溶液中吸附离子形成的。这层离子的电荷性质和数量,决定胶体带电的正负和电位的大小,它是土壤胶体吸收交换性能的决定因素。

2. 补偿离子层

补偿离子层是双电层的外层,是决定电位离子层从溶液中吸引电荷性质相反的离子构成的。受决定电位离子层引力强弱不同,分成以下两层。

(1) 非活性离子层　距离决定电位离子层近,受到的引力大,离子不能自由活动,只能随胶核移动,一般难以和粒间溶液中的离子进行交换。

(2) 扩散层　距离决定电位离子层远,受到的引力小,有较大的活动性,能和土壤溶液中的离子互相交换,从而把土壤溶液中的养分离子吸收保存起来。

三、土壤胶体的性质

(一) 有巨大的表面能

土壤胶体表面的分子因受周围分子引力的合力不为零,而具有表面能。表面能的大小取决于表面积的大小。一定质量的物体,颗粒越细,总表面积越大,表面能也越大。土壤胶体微粒极细,因而具有巨大的表面能,使土壤具有吸附分子态养分的能力。细土垫畜栏臭味立即消失,原因就是土壤胶体依靠表面能吸附了产生臭味的氨分子。

(二) 具有带电性

所有土壤胶体都带有电荷。一般土壤胶体带负电荷,在某些情况下也会带正电荷。胶体具有带电性,与土壤的保肥供肥性、酸碱性、缓冲性等密切相关。因此,土壤胶体是决定土壤肥力的最重要的基础物质,它深刻影响着土壤肥力。

(三) 土壤胶体的分散性与凝聚性

土壤胶体有两种状态,一种是均匀分散在水中的状态,称为溶胶;另一种是胶体微粒彼此联结在一起的状态,称为凝胶。由溶胶变成凝胶的状态称为胶体的凝聚作用;相反,凝胶分散成溶胶的状态称为胶体的分散作用。

土壤胶体多带负电荷,所以土壤溶液中的阳离子能使土壤胶体凝聚。阳离子的价数越高,同价离子半径越大,所产生的凝聚作用越强。土壤中常见阳离子的凝聚力大小依次如下:

$$Fe^{3+}>Al^{3+}>Ca^{2+}>Mg^{2+}>NH_4^+>K^+>Na^+$$

凝聚力弱的一价离子,浓度增大时,也可使溶胶变为凝胶。农业生产上利用干燥、冻结或晒田等方法增加土壤溶液的浓度,促进胶体凝聚,改善土壤结构。

胶体凝聚有可逆凝聚与不可逆凝聚。由一价阳离子(NH_4^+、Na^+ 等)引起的凝聚是可逆的;由二价和三价阳离子(Fe^{3+}、Al^{3+}、Ca^{2+} 等)引起的凝聚是不可逆的。这种凝聚形成的团粒结构具有水稳性,其中以 Ca^{2+} 的作用最明显。在碱土中由于胶体以交换 Na^+ 为主,胶体处于分散状态,使土壤结构不良。碱土施石膏,以 Ca^{2+} 交换 Na^+,就可使土壤胶体凝聚,改善土壤结构。

 能力培养

腐殖质提取与性质观察

1. 训练准备

根据班级人数,按照每 3~5 人一组,分成若干组,每组准备以下材料和用具:三角瓶、量筒、漏斗、漏斗架、烧杯、酒精灯、铁三脚架、水浴锅、试管、玻璃棒、滤纸、石蕊试纸、1 mol/L 盐酸溶液、1 mol/L 氢氧化钠溶液、1 mol/L 氢氧化铵溶液、1 mol/L 氯化钙溶液。

2. 操作步骤

通过土壤腐殖质的提取与性质观察(表 2-25),可以了解腐殖质胶体的主要性质,加深对腐殖质的认识。

表 2-25 腐殖质提取与性质观察

操作环节	操作规程	操作要求
腐殖酸溶液制备	取含腐殖质较多的土壤 10 g,放入三角瓶中,加入 10 mL 1 mol/L 盐酸溶液,充分搅拌,去掉其中碳酸钙,然后进行过滤,并用蒸馏水洗涤三次,将洗涤后的土壤移入烧杯中,并加 20 mL 1 mol/L 氢氧化钠溶液,摇匀,煮沸 10~20 min 再进行过滤,得到腐殖酸钠溶液	腐殖质加入酸碱时要注意安全
腐殖酸提取	取 4 mL 腐殖酸钠溶液,慢慢加入 1 mol/L 盐酸溶液 2 mL,使呈酸性(用 pH 试纸测定),并在水浴锅中加热,观察是否有沉淀	形成棕黑色沉淀
计算	将上面的液体进行过滤,将滤纸上的棕黑色物质用蒸馏水洗涤,然后加 10 mL 1 mol/L 氢氧化铵溶液溶散滤纸上的物质,用试管装滤液,并观察滤纸上的物质的变化。再向上述滤液中加入等量的 1 mol/L 氯化钙溶液,摇匀,静置 5 min,观察其变化	

3. 问题处理

(1) 观察加入氢氧化钠溶液后发生的现象并说明其原因。

(2) 观察滤液中加入盐酸溶液后发生的现象并说明其原因。

（3）观察滤纸上的物质加氢氧化铵溶液后发生的现象并说明其原因。

（4）观察滤液加入氯化钙溶液后发生的现象并说明原因。

随堂练习

1. 什么是土壤胶体？土壤胶体按其微粒组成和来源分为哪几类？

2. 土壤胶体的结构是什么样的？土壤胶体结构与土壤保肥性有什么关系？

项 目 小 结

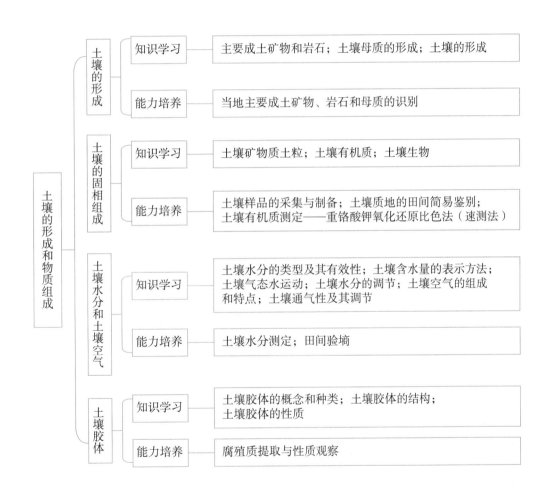

项 目 测 试

一、名词解释

土壤质地；田间持水量；萎蔫系数；土壤水分有效性；土壤墒情；跑墒；土壤胶体

二、单项选择题

1. 土壤中( )两相是相互矛盾、相互制约的。

A. 固相和液相　　　　B. 液相和气相　　　　C. 固相和气相　　　　D. 固相和胶体

2. 一般农田土壤有机质含量都在( )范围内。

A. 0.1%~5%　　　　B. 0.5%~1%　　　　C. 1%~5%　　　　D. 5%~20%

3. 土壤的基本特征是( )。

A. 含有有机质　　　　B. 具有肥力　　　　C. 具有孔隙　　　　D. 含有养分

4. 最适合微生物生命活动的有机残体的 C/N 是( )。

A. 5:1　　　　B. 10:1　　　　C. 25:1　　　　D. 60:1

5. 土壤颗粒越细,黏结性( )。

A. 越强　　　　B. 越弱　　　　C. 不变　　　　D. 变化不大

6. 土壤有机质在微生物的作用下分解为简单无机物的过程为( )。

A. 腐殖化　　　　B. 矿质化　　　　C. 有机质积累　　　　D. 氨化作用

7. 土壤腐殖质由( )组成。

A. 胡敏酸、富里酸、木质素　　　　　　B. 胡敏酸、富里酸、胡敏素

C. 单糖、富里酸、胡敏素　　　　　　　D. 胡敏酸、纤维素、胡敏素

8. 通常土壤空气中( )低于大气含量。

A. 二氧化碳　　　　B. 氧气　　　　C. 水汽　　　　D. 还原性气体

9. 土壤毛管水对作物( )。

A. 完全无效　　　　B. 部分有效　　　　C. 全部有效　　　　D. 不好说

10. 土壤空气中的二氧化碳分压高于大气中二氧化碳分压,二氧化碳从土壤向大气的运动称为( )。

A. 整体交换　　　　B. 蒸发　　　　C. 扩散　　　　D. 挥发

11. 土壤肥力受多种因素的限制,其中只有一部分在生产中表现出来了,这部分肥力称为( )。

A. 自然肥力　　　　B. 人为肥力　　　　C. 有效肥力　　　　D. 潜在肥力

12. 有"蒙金土"之称的土壤质地层次为( )。

A. 砂盖垆　　　　B. 垆盖砂　　　　C. 夹砂土　　　　D. 夹黏土

三、判断题

1. 土壤腐殖质表面带有大量的负电荷,能吸附阴离子,故腐殖质含量高的土壤保肥能力较强。　　　　　　　　　　　　　　　　　　　　　　　　　　　　　　( )

2. 土壤以嫌气性微生物活动为主时,有机质分解较快。　　　　　　　　　( )

3. 黏质土保水性较差,透水性较好。　　　　　　　　　　　　　　　　　( )

4. 砂质土有"发老苗不发小苗"之称。 （　　）

5. 砂质土养分含量丰富,有机质分解快。 （　　）

6. 蒸发率不变阶段是土壤保墒的重点。 （　　）

7. 毛管力的大小与毛管半径成正比。 （　　）

8. 土壤水分存于小孔隙中,土壤空气存于大孔隙中。 （　　）

9. 土壤含水量为田间持水量的 $60\%\sim80\%$ 时,适合大多数作物生长发育。 （　　）

10. 土壤容重与土粒密度的区别在于一定体积的土壤内是否包括孔隙。 （　　）

四、简答题

1. 简述土壤有机质的主要作用。

2. 简述土壤三相物质组成及其大体比例。

3. 简述土壤水分的类型及其对作物的有效性。

五、问答题

1. 针对三类土壤质地类型,逐一分析其农业生产特性,并提出合理的改良利用措施。

2. 有机质在土壤中是如何转化的？影响因素是什么？

六、计算题

某土壤田间持水量为 28%,当时土壤的自然含水量为 15%,土壤容重为 $1.5\ \text{g/cm}^3$,要使土壤含水量达到田间持水量的 85%,试计算 $1\ \text{hm}^2$、$1\ \text{m}$ 深土层的灌水量为多少立方米？

项目 3

土壤的基本性质

项目导入

今天是 2021 年 11 月 8 日(星期一),气温-6~-3 ℃,天气小雪转多云,上课时老师带领观光201 班 20 名学生来到校园西侧实习场温室大棚中,进行花卉扦插实训课教学。

老师:现在安排课代表将同学们分组,每 2 人为一组,共分成 10 组,每组提供 2 个花盆和若干花卉枝条。每组出一名同学用铁锹在玉米田间取些自然土壤放在平整的水泥地面上,另一名同学过筛去除杂质,作为基本土壤,然后加入 20% 左右的有机肥混合均匀,营养土即配置好。

老师:老师将在大棚中截取绿萝、吊兰、长寿花、天竺葵、多肉等花卉的嫩枝若干,发给同学们进行扦插。要求每个花盆中装入配制好的营养土,盛土量要适当,不要太满也不能太少,以土壤表面距离花盆上沿 3~5 cm 为宜,每个花盆扦插 3~5 个花卉枝条,每个枝条插入土中 2~3 cm,扦插好花卉枝条后,用水壶浇透水,在花盆的外壁贴好组别标签,将完成扦插的花盆摆放在阴凉的环境下(不可放在阳光直射的地方)。

同学们不怕脏、不怕累,将花盆装好土,插好枝条。同学们实训课良好的表现,得到了老师的表扬。

老师:业余时间要求同学们每天过来一次观察及管理(浇水),待缓苗后,统计成活率及长势。

通过本次实训课的实际操作,同学们发现土壤具有孔隙(浇水后土壤表面的高度会降低)、结构(土壤中固体颗粒的大小比例不同)和土壤肥力等不同的性质。

通过本项目的学习,理解土壤的孔性、结构性、耕性、温度、保肥性、酸碱性等物理化学性质及其与土壤肥力、植物生长的关系,并提出土壤理化性状的改良措施。

本项目将要学习:(1) 土壤的物理性质;(2) 土壤的化学性质;(3) 土壤温度。

任务 3.1　土壤的物理性质

任务目标

知识目标：1. 了解土壤孔性、土粒密度、土壤容重的概念，以及土壤结构的概念、类型与特点。

2. 理解土壤孔隙度及其类型。

3. 理解团粒结构与土壤肥力的关系。

4. 理解宜耕期的概念及衡量土壤耕性好坏的标准，以及土壤耕性与土壤物理机械性的关系。

技能目标：1. 能进行土壤孔隙松紧和土壤结构的调节。

2. 会进行土壤温度的测定。

3. 能进行土壤质地的改良。

素质目标：1. 深刻认识环境污染的严重性和环境保护的必要性。

2. 提高保持卫生、爱护自然的意识。

知识学习

一、土壤孔性

土壤中的土粒与土粒、土团与土团之间形成的很多弯弯曲曲、粗细不同、形状各异的孔隙，即土壤孔隙。土壤孔隙是容纳水分和空气的空间，大的可通气，小的可蓄水。为了满足植物对水分和空气的需要，一方面要求土壤有一定的孔隙数量，另一方面也要求土壤的大小孔隙比例适宜，这两方面内容就是土壤孔性。

土壤孔隙测定比较困难，一般需要通过土粒密度、土壤容重进行计算。

（一）土粒密度与土壤容重

土粒密度即土壤比重，指单位体积固体土粒（不包括粒间孔隙）的质量，单位为 g/cm^3。土粒密度主要决定于组成土壤的各种矿物的密度，由于多数矿物的密度在 $2.6 \sim 2.7\ g/cm^3$ 之间，因此，土粒密度一般取其平均值，即 $2.65\ g/cm^3$。又因为土壤固体部分还含有一定量的有机质，故有机质含量高的表土密度要小一些。

土壤容重指单位体积（包括粒间孔隙）原状土壤的干重，单位为 g/cm^3 或 Mg/m^3。

土壤容重与土粒密度的区别,在于容重是原状土壤体积,包括土壤孔隙的体积,而土粒密度中的土粒体积不包括孔隙在内。所以,土壤容重变化较大,而且总是小于土粒密度。土壤容重受土壤质地、结构、松紧状态及外界因素与人为活动的影响。一般旱地土壤容重在 $1.0 \sim 1.8 \text{ g/cm}^3$ 之间。

测定土壤容重有以下多方面用处。

1. 判断土壤松紧度

土壤容重小,说明土壤疏松多孔;反之,土壤紧实板结。土壤松紧度直接影响土壤肥力状况和植物生长发育。土壤容重过小,土壤过松,大孔隙占优势,虽易耕作,但根系扎不牢,保水能力差,易漏风跑墒。反之,土壤容重过大,土壤过于紧实,小孔隙多,通气透水性差,难耕作,影响种子出土和植物正常生长发育(表 3-1)。

表 3-1 土壤容重与土壤松紧度及孔隙度的关系

松紧程度	容重/(g/cm)	孔隙度/%
最松	<1.00	>60
松	1.00~1.14	60~56
适合	1.14~1.26	56~52
稍紧	1.26~1.30	52~50
紧	>1.30	<50

由于各种植物根系的穿透力不同,因此对土壤容重有不同的要求。棉花是双子叶植物,幼苗顶土力弱,要求容重较小的土壤条件,才能出好苗。如轻壤土,其容重 $1.0 \sim 1.2 \text{ g/cm}^3$ 时,棉花出苗较好,1.3 g/cm^3 时就差,大于 1.3 g/cm^3 时则出苗困难。小麦的根细长,芽鞘穿透力较强,较耐紧实土壤,容重在 $1.0 \sim 1.3 \text{ g/cm}^3$ 时出苗合适,若为 1.5 g/cm^3,虽能生长,但生长速度下降。甘薯、马铃薯等在紧实土壤中根系不易下扎,块根、块茎不易膨大,故在紧实黏土地上,产量低而品质差。果树中,李子树能忍耐较强的紧实度,容重在 $1.55 \sim 1.65 \text{ g/cm}^3$,还能正常开花结果。

不同土壤由于孔隙类型不同,植物对容重的要求不一样。如粗砂土,容重达 1.8 g/cm^3,根系还可生长。而壤土类,容重在 $1.7 \sim 1.8 \text{ g/cm}^3$,根系就很难下扎。黏土在 1.6 g/cm^3 时,就不能出苗扎根。

2. 计算土壤质量

用土壤容重可以计算每亩及每公顷耕层土壤的质量或一定体积土壤需挖土或填土的方数。

$$土壤质量(\text{kg}) = \frac{面积(\text{m}^2) \times 厚度(\text{m}) \times 容重(\text{Mg/m}^3)}{1\ 000}$$

式中,1 000 是换算成 kg 的系数。

[例] 1 亩土地,耕层厚度为 20 cm,容重为 1.15 Mg/m³(或 1.15 g/cm³),每亩耕层土壤总质量为:

$$\frac{1 \times 666.7(m^2) \times 0.2(m) \times 1.15(Mg/m^3)}{1\ 000} \approx 15 \times 10^4(kg)$$

3. 计算土壤各组分的数量

根据土壤容重,可以把土壤水分、养分、有机质和盐分等的含量,换算成一定面积和深度内土壤中的贮量,作为施肥灌水的依据。

如上例土壤耕层中全氮含量为 1 g/kg,则每亩耕层含氮总量(kg)为:

$$15 \times 10^4(kg) \times 1(g/kg) \times \frac{1}{1\ 000} = 150(kg)$$

(二) 土壤孔隙度及孔隙类型

1. 土壤孔隙度

土壤孔隙度是指土壤孔隙的容积占土壤总体积的体积分数。它是用来说明土壤孔隙数量的。求孔隙度的公式如下:

$$孔隙度(\%) = \left(1 - \frac{土壤容重}{土粒密度}\right) \times 100\%$$

由上式可见,土壤孔隙度与容重呈反比关系。容重越小,则孔隙度越大,反之则小。一般土壤的孔隙度在 30%~60% 之间,其中以 50% 左右或稍大于 50% 为好。

2. 土壤孔隙类型

土壤孔隙度只能说明某种土壤孔隙的数量,不能说明土壤孔隙的性质。因此,还要根据土壤孔隙的粗细分类。由于孔隙在土体中很复杂,要具体测量土壤孔隙的直径很难,一般按照吸出孔隙中的水所需要的吸力大小划分。所以,与一定土壤水吸力相当的孔径称为当量孔径。根据当量孔径的大小,土壤孔隙分为三类。

(1) 非活性孔隙(束缚水孔隙)　它是土壤中最细的孔隙,又称无效孔隙。当量孔径一般小于 0.002 mm,相应的土壤水吸力在 1.5×10^5 Pa 以上。孔隙中充满着被土粒牢固吸附的水分,移动很慢,极难被植物利用。无结构的黏土中这种孔隙多,通气、透水性差,植物根系伸展困难,耕作阻力大。

(2) 毛管孔隙　是被毛管水占据的孔隙,当量孔径为 0.02~0.002 mm,相应的土壤水吸力为 1.5×10^4~1.5×10^5 Pa,植物根毛和一些细菌也可进入。毛管水是最容易被植物利用的水分。

(3) 空气孔隙(非毛管孔隙)　孔隙较粗大,当量孔径大于 0.02 mm,相应的土壤水吸力小于 1.5×10^4 Pa。这种孔隙无保水能力,是空气流动的通道,是决定土壤通气好坏的指标。为了保证植物正常生长,旱地土壤要求土壤通气孔隙保持在 8%(按容积计)以上较为合适。

从土壤肥力条件看,要求土壤孔隙度 50% 以上,其中无效孔隙尽量少,通气孔隙度在 10% 以上为好。

(三) 土壤孔隙的调节

土壤孔隙状况受土壤质地、结构、松紧度、有机质含量及降雨、灌水、人为耕作等影响。因此,改变上述因素就可以调节土壤的孔隙状况。

1. 深耕、中耕松土

深耕及中耕松土后,土壤疏松,大孔隙增多,总孔隙度增加。一般深耕后土壤容重由 $1.42 \sim 1.56 \ \text{g/cm}^3$ 减少至 $1.28 \ \text{g/cm}^3$ 左右。

2. 增施有机肥

施用有机肥可以增加有机质含量,改善土壤结构,降低土壤容重,增加土壤孔隙度。据黑龙江省农业科学院试验,每亩施 $1.25 \times 10^4 \ \text{kg}$ 泥炭土培肥黑土,与不施的对照,经两年后测定,对照容重 $1.26 \ \text{g/cm}^3$,施泥炭土培肥的容重 $1.11 \ \text{g/cm}^3$,降低 $0.15 \ \text{g/cm}^3$,总孔隙度增加 4.6%,水稳性团粒比对照增加了 19.5%。

3. 改良土壤质地

黏土以小孔隙为主,孔隙度一般为 40%~60%;砂土以大孔隙为主,中砂土和细砂土孔隙度为 40%~45%,粗砂土为 33%~35%;壤土的孔隙度一般为 45%~52%。种植作物要求土壤孔隙大小比例适当(植物要求适宜的大小孔隙比为 1∶2~1∶3),有较多毛管孔隙,水气协调。因此,掺砂掺黏改良土壤质地亦可调节土壤孔隙。

二、土壤结构性

(一) 土壤结构的概念

自然界中土壤颗粒很少呈单粒存在。一般土粒团聚形成大小、形状不同的团聚体,称为土壤结构(或结构体)。土壤结构性是指土壤中结构体的形状、大小、排列和相应的孔隙状况等综合性状。土壤结构性影响土壤水、肥、气、热状况,影响土壤耕作和植物幼苗出土、扎根等。所以,土壤结构性是土壤的重要物理性质。

(二) 土壤结构的类型与特点

土壤结构的类型,通常是根据结构体的大小、外形以及与土壤肥力的关系划分的。常见的土壤结构有下列几种(图 3-1)。

1. 块状和核状结构

块状结构属立方体形,长、宽、高三轴大体相等。边角不明显,外形不很规则。直径大于 10 mm 的称为块状、大块状结构,北方农民称土壤的块状结构为"坷垃"。小于 10 mm 的为碎块状结构。块状结构多出现在有机质少、质地黏重的土壤中,如不在适耕期耕作,往往形

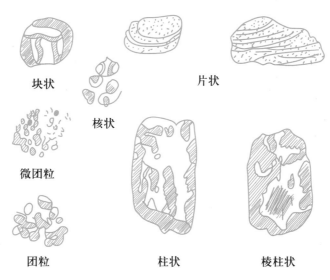

块状　片状　核状　微团粒　团粒　柱状　棱柱状

图 3-1　土壤结构类型示意图

成大量块状结构,造成大的孔洞,气体交换过速,助长蒸发,也称"漏风跑墒",还会压苗,使幼苗不能顺利出土,群众说"麦子不怕草,就怕坷垃咬"。但在盐碱地上有 2~3 cm 的坷垃,能起覆盖作用,减少含盐地下水的蒸发,减缓表土积盐。

若已形成块状,要注意在雨后适时耙耱、碎土;也可采取伏耕晒垡、秋耕冻垡的办法,利用干湿交替和冻融交替,使大土块自然散开。

核状结构与块状结构不同,其边面明显,有棱有角,即群众所说的"蒜瓣土",很硬,水泡不散,出现在缺乏有机质的心土层和底土层中。

2. 片状结构与板状结构

片状结构与板状结构横轴大于纵轴,呈扁平状,多出现在犁底层中,犁底层过厚,影响扎根和上下层水气交换,以及下层养分的利用,对植物生长不利。对水田来说,可减少水分渗漏,起托水托肥的作用。

表层土壤的结皮和板结,也属片状结构。结皮较薄,厚度不到 1 cm,雨后或灌水后在砂壤土到黏土表面都可形成。板状结构出现在缺乏有机质的黏重土壤表面,结皮较厚,达10 cm。板状结构影响土壤气体交换和水分下渗,也影响种子出土。雨后或灌水后适时中耕、耙耱即可破除。

3. 柱状结构和棱柱状结构

纵轴大于横轴成直立形,边面棱角明显的称为棱柱状结构,棱角不明显的称为柱状结构。这种结构多出现在黏重的心土层、底土层和碱土的碱化层中。这种结构坚硬紧实,外面常有铁锰胶膜包裹,根系难伸入,通气不良,结构之间裂成大裂缝,漏水漏肥,可通过施用有机肥,加深耕层进行改良。

4. 团粒结构

团粒是指近似球形、疏松多孔的小土团,直径为 0.25~10 mm。直径小于 0.25 mm 的称为微团粒。群众称这类结构为"蚂蚁蛋"或"米糁子"。团粒结构多出现在肥力较高的表土，是一种良好的结构。经水浸泡后不松散者称为水稳性结构。我国旱作土壤较少有典型的水稳性团粒结构，但有形状、大小近似团粒结构而水稳性较差的结构体，通常称之为粒状结构或团聚体结构。

5. 微团粒结构

微团粒结构又称微团聚体或微结构，直径为 0.25~0.001 mm，很多表土层都有这种结构。肥力高的水稻土浸水后，大的结构体能散成微团粒，造成"水土相融"，微结构显著增多，尽管多次耕耙仍然存在，土壤疏松绵软，有利于根系发展。微团粒内可闭蓄空气，外侧为自由水，为渍水条件下水气共存创造了条件，有利于根系呼吸和防止烂根。结构差的水稻土浸水后，结构体"化"不开，成大的僵块，或者分散成单粒而造成淀浆板结或浮泥，造成通气不良，不利于根系生长。因此，对水稻土来说，微团粒的多少，是衡量肥力高低的指标之一。

(三) 团粒结构与土壤肥力的关系

具有团粒结构的旱地，土壤水、肥、气、热等肥力因素协调，土壤肥力较高。因为团粒之间有大孔隙，团粒内部各土粒之间有小孔隙，大小孔隙比例适宜(1:2~1:3)，从而使团粒结构有很多优良性状。

1. 水、气协调

团粒结构土壤透水、透气性好，可大量接纳降水和灌水。而且当降水或灌水时，水沿团粒间大孔隙下渗，逐渐渗入团粒内部的毛管孔隙中保蓄起来。所以，团粒好似"小小水库"，多余的水继续下渗，湿润下边的土层，从而减少土壤的地表径流和冲刷侵蚀。雨过天晴，地表很薄一层团粒迅速干燥收缩，切断了上下毛细管的联系，减少了水分沿毛细管上升而蒸发损失(表3-2)。平时，团粒之间充满空气，团粒内部充满水分。故具有团粒结构的土壤，水、气供应协调。

表3-2　土壤结构和水分状况(降雨 26.1 mm 后)　　　　　　单位:%

时间	非团粒结构土壤的含水量	团粒结构土壤的含水量
降雨前	7.13	10.62
降雨后一昼夜	12.75	18.41
降雨后三昼夜	9.25	18.55

2. 既供肥，又保肥

团粒之间的大孔隙中有空气存在，好气性微生物活动旺盛，有机质矿质化迅速，能不断提供植物所需要的养分。而团粒内部小孔隙多，缺乏氧气，有机质进行嫌气分解，腐殖化过程占优势，则保存了养分和有机质。因此，团粒好似"小小的肥料库"。团粒结构土壤中的养分是由外层向内层逐渐释放的,这样既能不断地供应植物需要的养分,又能保证一定的积累。所以,具有团粒结构的土壤既能供肥,又能保肥。

3. 土温稳定,耕性好

团粒内部的小孔隙中保持有较多水分,水的比热容较大,温度不易升降,故具有团粒结构的土壤土温较稳定。

团粒结构的土壤疏松多孔,可以减少耕作阻力,提高耕作效率和耕作质量。

总之,具有团粒结构的土壤通气、透水、保水、保肥,扎根条件均好,能满足植物生长发育的需要,使植物能"吃饱、喝足、住得舒适",从而获得高产。因此,团粒结构是土壤最好的结构类型。

(四) 创造良好土壤结构的耕作措施

1. 深耕结合施用有机肥

深耕使土体破裂松散,最后变成小土团。但是深耕不能创造稳固的良好土壤结构。因此,必须结合分层施用有机肥,增加土壤中的胶结物,并使土肥相融,才能形成稳固的良好土壤结构。

2. 合理耕作

耕、锄、耙、耱、镇压等耕作措施运用适时适当,都有助于土壤团粒结构的形成。如伏耕晒垡、秋耕冻垡、犁冬晒白、雨后中耕破除板结、旱季镇压等,对创造良好土壤结构都是行之有效的措施。但进行不当,如在土壤过湿或过干时耕作,以及过于频繁镇压和耙耱,必然使土壤结构破坏,达不到形成良好土壤结构的目的。

3. 合理轮作

不同的植物及不同的栽培方式、耕作措施,对土壤的影响差异很大。如块根、块茎植物在土中膨大,使团粒结构被机械破坏。密植的植物因耕作次数少,覆盖度大,能防止地表风吹雨打,表土较湿润,加上根系的分割和挤压作用,有利于团粒结构的形成。但棉花、玉米等田块,由于中耕次数较多,土壤结构易被破坏。因此,进行合理轮作倒茬,能恢复和创造良好的土壤结构。另外,在轮作中加入一年生或多年生牧草,对创造良好的土壤结构有重要的作用。

4. 施用土壤结构改良剂

土壤结构改良剂是指能够将土壤颗粒黏结在一起形成团聚体的物质。包括天然土壤结构改良剂和人工合成土壤结构改良剂两种。从有机质、煤、泥炭等物质中提取的腐殖酸、多糖等胶结剂,属天然土壤结构改良剂;聚乙烯醇、聚丙烯酰胺及其衍生物等高分子有机化合物,具有类似腐殖酸的黏结土粒的能力,属人工合成土壤结构改良剂。人工合成土壤结构改良剂具有用量少、胶结力强、形成团粒迅速、抗微生物分解和维持时间长(2~3年)等优点,目前应用在花卉、蔬菜、烟草等作物生产上,已收到较好的经济效益。

三、土壤耕性

（一）衡量土壤耕性的标准

土壤耕性是指土壤耕作时反映出来的特性，它是土壤物理机械性的综合表现。

土壤耕性的好坏，根据以下三方面衡量。

1. 耕作难易程度

耕作难易程度指耕作时农具所受阻力的大小，它决定耕作效率及动力的消耗。耕作中，土壤对农具阻力大时，动力的消耗量大而耕作效率低，是耕性不良的表现。砂土耕作阻力小，省劲、省油、花工少；黏土则相反。群众形容易耕的土壤为"口松""土轻""绵软"，而耕作费劲的土壤为"口紧""土重""僵硬"。

2. 耕作后的质量好坏

耕性不良的土壤耕后起大坷垃，不易散碎，易漏耕重耕，耕后地面不平。相反，耕性好的土壤耕后疏松、细碎、平整，便于出苗扎根，有利于植物生长。

3. 宜耕期的长短

宜耕期指适宜耕作的时期。耕性好的土壤，雨后适于耕作的时间长，表现"干好耕，湿好耕，不干不湿更好耕"。耕性差的土壤，雨后适于耕作的时间短，一般只有 $1\sim2$ d，通常是早上软、下午硬、只有中午才好耕，群众称它为"时辰地"。

（二）土壤耕性与土壤物理机械性的关系

土壤物理机械性主要包括土壤的黏结性、黏着性、可塑性等。土壤耕性受这些性质的影响。黏结性是土粒由于分子引力互相黏结在一起的性质，这种性质使土壤不易被破碎。黏着性是土壤在一定含水量时，黏附外物的性质，这种性质增加土壤耕作阻力。土壤可塑性是土壤在一定湿度范围内，在外力作用下被塑造成各种形状，当外力消失、土壤干燥后，仍保持其变化的形状的性能。土壤刚开始表现可塑性时的最低含水量为可塑下限。土壤失去可塑性，开始呈流体时的最大含水量，称为可塑上限，可塑上、下限间的含水量范围称为可塑范围。土壤在可塑范围内耕作时，易形成僵硬的坷垃，土块不易破碎。

土壤物理机械性的强弱受土壤质地、结构、有机质含量及含水量等因素影响，而这些因素又都会影响土壤耕性。现分述土壤耕性受各因素的影响。

1. 土壤质地

黏质土壤比表面积大，土粒间分子引力大，黏结性、黏着性、可塑性强，因而质地黏重，土壤耕作阻力大，耕作质量差，宜耕期短。反之，砂质土壤土粒比表面积小，粒间分子引力小，黏结性、黏着性、可塑性弱，易耕作，宜耕期长。

2. 有机质含量

腐殖质分子为疏松的网络结构,黏结性、黏着性、可塑性比黏质土壤弱,比砂质土壤强。因此,腐殖质可改善黏质土壤的耕性,又可促进砂质土壤的团聚,提高耕作质量。

3. 土壤结构

团粒结构土壤疏松多孔,易耕易种,耕性良好。块状、片状及柱状等不良结构土壤,土质黏重,有机质缺乏,耕性差。

4. 土壤含水量

土壤物理机械性的强弱受土壤含水量的影响。土壤含水量很少时,黏结性强而不显黏着性和可塑性;随着含水量增加,黏结性减弱,黏着性、可塑性出现,并逐渐增强,以后又减小。所以,就土壤含水量来说,旱耕宜在可塑下限附近进行,湿耕宜在可塑上限以上进行。

土壤的宜耕期主要决定于土壤含水量。只要选择在适当含水量时耕作,耕性差的土壤也可获得较好的耕作质量。我国农民判断宜耕与否的方法如下。

(1) 看土色,验墒情。雨后或灌水后,地表呈"喜鹊斑"状态,外表白(干),里面暗(湿),外黄里黑,相当于黄墒至黑墒的水分,半干半湿,水分正适宜。

(2) 用手抓起二指深处的土壤,手握成团,但不黏手心,不成土饼,呈松软状态。松开土团自由落地,能散开,即为宜耕期。

(3) 试耕,不黏农具。土垡可被犁壁翻转抛散。

能力培养

一、土壤容重测定及孔隙度计算

1. 训练准备

根据班级人数,按照每 3 人一组,分成若干组,每组准备以下材料和用具:天平(0.01 g)、环刀(100 cm³)(图 3-2)、土铲、小刀、铝盒、乙醇或烘箱。

2. 操作步骤

土壤容重能表明土壤松紧度及孔隙情况,又可用来计算土壤孔隙度及单位面积一定深度土壤的质量,为计算土壤水分、养分、有机质等提供基础数据。通过实习掌握测定土壤容重和计算孔隙度的基本方法(表 3-3)。

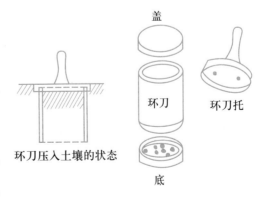

图 3-2　环刀示意图

表 3-3 测定土壤容重和计算孔隙度的基本方法

操作环节	操作规程	操作要求
样土采集	选定待测地块,挖 1 m 深剖面,分层采样,先用铁铲铲开采土之处,将环刀压入待测土层中。环刀进入土层时,不要左右摇动,保持自然状态。 用小刀切开环刀周围土壤,取出装满土的环刀,小心削平环刀上下端凸出的土,使其与环刀口相齐,并擦净环刀外面的土,带回室内	若是测耕层容重,则不挖剖面
称重	将装满土的环刀在室内称重(环刀+湿土)。 将环刀内土全部装入铝盒内,放入烘箱烘干,称量干土重。 用铝盒取土 5~10 g,放入烘箱烘干,或用乙醇燃烧法测定含水量。 将称重数据填入表 3-4	要测定 2 或 3 次求平均值
计算	$$土壤容重 = \frac{干土重}{环刀容积}$$	
	$$土壤孔隙度(\%) = \left(1 - \frac{土壤容重}{土粒密度}\right) \times 100\%$$	土粒密度按 2.65 g/cm³ 计算
	$$d = \frac{(m - m_刀) \times 100}{V \times (100 + \omega_样)}$$	式中 d——土壤容重,g/cm³; m——环刀重+湿土重,g; $m_刀$——环刀重,g; V——环刀体积,cm³; $\omega_样$——样品土壤含水量,%。 要测定 2 或 3 次求平均值

表 3-4 土壤容重测定记录

环刀号	环刀体积/cm³	环刀重/g	环刀重+湿土重/g	湿土重/g	土壤含水量/%	土壤容重/(g·cm⁻³)
1						
2						
3						
平均值						

3. 问题处理

(1)土壤容重有什么用处?

（2）测定容重为什么要测定含水量？

（3）如何测定土壤容重？

（4）经测定，某地块耕层厚度 20 cm，土壤容重 1.10 g/cm³，土壤密度 2.65 g/cm³，土壤有机质含量 10 g/kg。计算该地块土壤孔隙度及每亩耕层有机质含量。

二、土壤剖面观察及肥力评价

1. 训练准备

准备铁锹、土铲、剖面刀、折尺、铅笔、10% 盐酸溶液、标签、混合指示剂、白比色磁盘、记录本等。

2. 操作步骤

为了解土体上下各层的形态特征与理化性状，将土体自上向下垂直切开，这个自上而下的垂直切面称为土壤剖面。通过土壤剖面的形态特征观察，联系周围的自然条件（地形、气候）、水利设施、农业利用情况，初步分析该土的肥力状况，为确定用土、改土措施提供依据。通过实习，初步掌握野外土壤观测方法，能初步运用观测资料判断土壤肥力一般状况，为土壤改良提供意见。

（1）土壤剖面形态观察　土壤剖面观察的操作环节、规程和操作要求如表 3-5 所示。

表 3-5　土壤剖面形态观察

操作环节	操作规程	操作要求
剖面地点的选择和挖掘	剖面地点一般应选择在地块的中央，地点选好后，挖长 1.5～2 m、宽 1 m、深 1～2 m 的坑（图 3-3）。土层厚度不足 1 m 时，挖至母岩（形成土壤母质的岩石）；地下水位高时，挖至地下水	为准确鉴定某一土壤的农业生产性状，剖面地点位置应能代表这一土壤所处的地形部位、地下水状况、母质情况、农业利用情况。避免选择在路旁、沟旁、粪堆或人工搬动的地块。 （1）剖面观察面要垂直向阳。 （2）挖出的底土与表土分别堆放在土坑两侧。埋坑时仍然是底土在下、表土在上，以免打乱土层。 （3）观察面上方不要堆放土和踩踏。 （4）在垄作田，剖面要垂直垄作方向，使观察面能表现垄背、垄沟的不同土层结构。 （5）坑的后方挖成阶梯状，便于上下，工作方便

续表

操作环节	操作规程	操作要求
土壤剖面 形态观察	（1）土壤颜色观察：土壤颜色是土壤的物质组成和内在性质的外部表现，是土壤层次外表形态特征最明显的标志。观察时先确定主要颜色和次要颜色，表述时主色放在后面，如灰棕色即以棕色为主，灰色为次。观察时要用新鲜面。土壤颜色不均一时，要注意主色与杂色。野外因土壤含水量不同，显色不同。因此，晾干后，还要在室内进行统一比色，记载干土的颜色	将挖好的土壤剖面、观察面自上而下修成自然状态，根据剖面的主要形态特征（颜色、质地、结构、松紧等），划出土层，并量出各层的厚度，然后逐层观察和鉴定土壤的颜色、质地、松紧程度、结构、湿度、根系、新生体、侵入体和盐酸反应等。注意认真观察，准确描述并记录
	（2）土壤质地观察： ① 少砾质：砾石含量 1%～5%； ② 中砾质：砾石含量 5%～10%； ③ 多砾质：砾石含量 10%～30%	野外鉴别用手测法。 砾质土壤质地，要在原有质地名称前冠以砾质字样，如多砾质沙土、少砾质沙土等
	（3）土壤结构观察：按形态和大小划分，常见土壤结构有团粒状、粒状、核状、柱状、片状、块状等	用取土工具把土块挖出，让其自然散碎，或用手轻捏，使土块分散，观察其分散情况及碎块形状
	（4）新生体观察：常见的新生体有石灰结核、石灰假菌丝体、盐霜、盐晶体、盐结皮、铁锰胶膜、铁锈斑纹、铁锰还原的青灰色或蓝灰色条纹、铁锰结核、黏土矿物等。描述新生体时，要指明新生体的种类、形状、数量与出现的部位等	土壤新生体是土壤形成过程中产生的物质，它不但反映土壤形成过程的特点，而且对土壤生产性能有很大影响
	（5）土壤干湿度观察：分级标准如下。 ① 干：土样放在手中不感到凉意，用嘴吹有尘土扬起。 ② 润：土样放在手中有凉意，用嘴吹无尘土扬起。 ③ 湿润：土样放在手中有明显潮湿的感觉，放在纸上使纸变湿，并能捏成土团。 ④ 潮湿：土样放在手中使手湿润，并能捏成土团，但无水流出，捏时黏手。 ⑤ 湿：土壤水分过饱和，用手压土时，有水流出	通过干湿度观察，不但可以了解土壤的水分状况，而且有利于判断土壤颜色、松紧程度、结构等性质

续表

操作环节	操作规程	操作要求
土壤剖面形态观察	（6）土壤紧实度观察：根据土钻入土的难易，大致划分其标准如下。 ① 松：不加或稍加压力，土钻即可入土。 ② 较松：加压力时，土钻能顺利入土。 ③ 紧：土钻要用力时才顺利入土，取出稍难。 ④ 极紧：需用大力土钻才能入土，取出很困难	
	（7）碳酸钙反应测定：将 10% 盐酸溶液直接滴在土壤上，观察泡沫反应的强弱，预测碳酸钙的含量。其标准见表 3-6	
	（8）土体结构观察：土体结构包括潜育层、石灰结核层、黏盘层、铁盘层、沙砾层、盐碱层等。要记载这些层次出现的深度、厚度、形态特征及危害程度	土体结构又称土层排列，即不同土层在土壤剖面中排列的情况。它可以影响根系下扎、耕性和土壤水肥的保蓄与补给等。观察时还要注意障碍土层的出现，在土体中影响植物生长的土层都属障碍土层

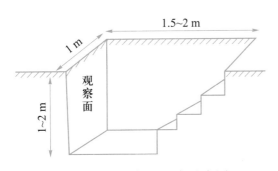

图 3-3　土壤剖面观察示意图

表 3-6　土壤碳酸钙反应的标准

反应强弱	反应现象	$CaCO_3$ 含量/%	符号
无反应	无泡沫，也听不见吱吱声	<1	-
弱反应	少量泡沫，发生缓慢，消失也快	1~3	+
中等反应	泡沫明显、较强，延续时间短	3~5	++
强反应	泡沫强烈，似沸腾状，延续时间长	>5	+++

（2）土壤肥力的初步评价　根据以上土壤剖面形态特征的观察,进一步分析土壤的保水、保肥、透气、透水、耕作难易程度和养分含量等生产性能,结合土壤所处的自然条件和人为措施,分析和评价土壤肥力。首先,地形影响气象要素到达地表的情况,它对水、热条件有重新分配的作用。地形倾斜处常发生地表径流,造成土壤侵蚀,不同坡向接受不同量的太阳能。其次,地下水位的高低与含盐与否,影响土壤水分的补给和土壤沼泽化和盐渍化的发生。因此,必须了解地下水的埋藏深度、变幅和水质,并通过底层土体结构,判断地下水不同时期借助毛管上升作用所能达到的高度,以及其对土壤水、气、热的影响。

土壤肥力的高低,不仅在于自然基础条件的好坏,而且在于人类改造作用的大小。因此,农田基本建设,特别是土地平整的程度,灌排设施的配套情况,以及种植方式与管理水平等,都直接或间接关系到土壤肥力的发挥。

最后,根据该土壤的优缺点、存在的问题,提出改良和利用的初步意见。

土壤剖面记录表见表 3-7。

表 3-7　土壤剖面记录表

剖面编号		土壤名称		调查时间		剖面所在地点		调查人	
Ⅰ　土壤剖面环境条件									
地形	成土母质	海拔	自然植被	农业利用方式	排灌条件	地下水位	侵蚀情况	地下水质	
Ⅱ　土壤剖面形态描述									
剖面图	层次	深度/cm	颜色	质地	结构	新生体 类别	形态	数量	干湿度	紧实度	pH	碳酸钙反应
土壤剖面综合评述									

3. 问题处理

训练结束后,完成以下问题。

（1）整理观察记录结果。

（2）对该土壤肥力进行初步分析和评价,提出改良意见。

随堂练习

1. 什么是土壤容重、土粒密度、土壤孔隙度? 测定土壤容重在生产上有何用处?

2. 某块地耕层厚度 20 cm,土壤容重为 1.20 g/cm³,求每亩耕层土重是多少千克。

3. 结合当地土壤现状,简述调节土壤松紧度的基本方法。

4. 什么是土壤结构? 常见的土壤结构有哪几种?

5. 什么是团粒结构? 团粒结构有哪些优越性?

6. 怎样培育良好的土壤结构?

7. 衡量土壤耕性好坏的标准是什么? 土壤耕性受哪些因素影响?

8. 什么是土壤宜耕期? 生产上如何判断?

任务 3.2　土壤的化学性质

任务目标

知识目标:1. 掌握土壤保肥性、酸碱性和缓冲性的概念。

2. 了解土壤吸收能力的类型。

3. 了解土壤阳离子交换量与盐基饱和度的概念。

4. 理解阳离子交换吸收在农业生产上的意义。

5. 理解土壤酸碱度与土壤肥力及植物生长的关系。

技能目标:1. 能分析土壤的吸收类型。

2. 会测定土壤酸碱度。

3. 能在农业生产管理中指导合理施肥。

素质目标:1. 树立正确的世界观和价值观,树立未来农业既是生态农业,也是健康农业
的理念。

2. 加强保护土壤、保护耕地的意识,增强科学合理开发使用土壤和肥料的信
念,培养学农爱农的热情。

3. 加强遵纪守法的理念。

知识学习

一、土壤保肥性

土壤的保肥性是指土壤吸持各种离子、分子、气体和粗悬浮体的能力,即吸收、保蓄植物
养分的能力。如粪尿盖土后,可以减小臭味;混浊水通过土壤渗流出来可以变清;化肥施入
土壤后可以被土壤保持而避免流失等,这些都是土壤具有吸收能力的具体表现。了解土壤

的保肥性原理,对合理施肥有极重要的意义。

（一）土壤吸收能力的类型

1. 机械吸收作用

土壤中细小的孔隙,具有机械阻留某些固体养分物质的能力,如细土粒、有机残体、粪渣等。这种情况如同过筛,比筛孔大的物质阻留在筛子上边。这种作用称为土壤的机械吸收作用。土粒越细,排列越紧密,土壤孔隙越细,阻留的能力越大。

2. 物理吸收作用(分子吸附作用)

土壤的物理吸收作用是指土壤胶体依靠巨大表面能的作用,对分子态养分的吸收能力。例如,圈肥、人粪施到大田与土壤混合后,就闻不到臭味了,这是由于土粒表面吸附了有臭味的氨分子,这样便可减少氨的挥发损失。土壤中细土粒越多,吸收作用越强。生产上常用细土垫圈,就是运用了土壤的物理吸收原理。

3. 化学吸收作用

某些可溶性养分与土壤中一些物质起化学作用,变成难溶性的化合物,被固定和保存在土壤中,这种作用称为化学吸收作用。如在北方含钙质的石灰性土壤,南方含铁、铝多的酸性土壤中,施用过磷酸钙后,可形成难溶性磷酸钙、磷酸铁、磷酸铝,植物不易吸收,而保存在土壤中。一般把这种情况称为磷的化学固定。这种作用降低了磷肥的有效性。

4. 生物吸收作用

植物和微生物根据需要选择吸收土壤中养分的过程,称为生物吸收作用。生物吸收具有选择、创造和集中养分的作用,对增加土壤肥力有重要的意义。

5. 离子的交换吸收作用(物理化学吸收作用)

离子的交换吸收作用是指土壤溶液中的离子与土壤胶体扩散层的离子进行交换的作用,有阳离子交换与阴离子交换两种作用。因为土壤胶体多带负电,所以,主要是阳离子在产生交换作用。

阳离子交换作用,指带负电荷的土壤胶体吸附的阳离子,与土壤溶液中的阳离子之间的交换作用。例如,土壤胶体中原来吸附 Ca^{2+} 和 K^+,在土壤中施入硫酸铵肥料后,由于硫酸铵在土壤溶液中解离为 NH_4^+ 与 SO_4^{2-},NH_4^+ 便与土壤胶体扩散层中的 Ca^{2+}、K^+ 进行交换,反应如下:

$$\boxed{土壤胶体}\!\!\!\begin{array}{c}K^+\\Ca^{2+}\\K^+\end{array}\!\!\!+2(NH_4)_2SO_4 \rightleftharpoons \boxed{土壤胶体}4NH_4^+ + K_2SO_4 + CaSO_4$$

通过交换,NH_4^+ 被土壤胶体吸收保存,从溶液中转移到土壤胶体上,Ca^{2+}、K^+ 进入土壤溶液,这一过程称为离子交换过程,即土壤的保肥过程。

阳离子交换作用是一种可逆反应,能向着两个方向进行,一般能很快达到平衡。如上式 Ca^{2+}、K^+ 为 NH_4^+ 所交换进入土壤溶液,当土壤溶液中 K^+ 浓度增大时,K^+ 又可重新为胶体吸收,把 NH_4^+ 交换回溶液中,供植物吸收利用。交换吸收作用是按等价交换原则进行的,如一个二价的 Ca^{2+} 需两个一价的 K^+ 来交换。

阴离子交换作用是指带正电荷的土壤胶体吸附的阴离子,与土壤溶液中的阴离子之间的交换作用。常见的阴离子吸附能力大小顺序是:

$$F^- > C_2O_4^{2-}(草酸根) > C_5H_7O_5COO^-(柠檬酸根) > H_2PO_4^- > HCO_3^- > H_2BO_3^- >$$

$$CH_3COO^- > SO_4^{2-} > Cl^- > NO_3^-$$

因此,$H_2PO_4^-$ 易被吸附固定;而 NO_3^- 易流失,一般不在水田中施用。

(二) 阳离子交换量与盐基饱和度

1. 阳离子交换量

土壤阳离子交换量指在一定 pH(pH=7)时,土壤胶体含有的交换性阳离子的总量。单位为 cmol/kg。土壤阳离子交换量是衡量土壤保肥力的主要指标。一般认为,阳离子交换量大于 20 cmol/kg 的土壤,保肥力强;10~20 cmol/kg 的土壤,保肥力中等;小于 10 cmol/kg 的土壤,保肥力弱。

土壤阳离子交换量受以下因素影响。

(1) 胶体数量 质地粗的砂质土壤,胶体数量少,阳离子交换量小;黏质土壤胶体数量多,阳离子交换量大。

(2) 胶体种类 胶体种类不同,交换量亦不同。有机胶体比矿质胶体大得多,因此,施用有机肥能增加土壤的保肥能力。

(3) 溶液 pH 同一土壤在碱性条件下比在酸性条件下阳离子交换量高。因为在碱性条件下,有利于胶体表面氢离子的解离,增加了胶体的负电荷量,从而使阳离子交换量增大。由此可见,提高土壤保肥能力,需要从改良土壤质地、增施有机肥料和调节土壤酸碱度方面着手。

2. 盐基饱和度

交换性阳离子可分为两类:一类是致酸离子,如 H^+、Al^{3+};另一类是盐基离子,如 Ca^{2+}、Mg^{2+}、K^+、Na^+、NH_4^+ 等。交换性盐基离子量占交换性阳离子量的百分比称为盐基饱和度。

$$盐基饱和度(\%) = \frac{交换性盐基离子量}{交换性阳离子量} \times 100\%$$

土壤胶体上交换性阳离子全部为盐基离子的土壤,称为盐基饱和土壤。有 H^+、Al^{3+} 时为盐基不饱和土壤。盐基饱和度为 70%~90% 的土壤较为理想。

(三) 阳离子交换吸收的意义

1. 协调土壤的保肥与供肥性

植物吸收利用的速效养分多呈离子态,易随水流失,由于土壤胶体具有交换吸收的作用,使一些养分能保存在土壤中,这就是土壤的保肥性。植物的吸收使溶液中某些可溶性养分减少后,胶体吸附的这些养分离子又可重新被交换转入溶液中供植物利用,这就是土壤的供肥性。也就是说,土壤胶体上吸附的离子养分可以保存在土壤中,也可被植物利用,既能保肥,又能供肥。

2. 交换性离子组成影响土壤物理性质

交换性 Na^+ 占土壤交换量的 15% 以上时,胶体呈分散状态,土壤物理性质明显恶化,结构被破坏,通透性不良,湿时泥泞,干时坚硬,耕性差。可施用石膏,通过离子交换作用,使 Ca^{2+} 交换出 Na^+,促进土壤胶结,从而改善土壤结构和物理性状。

3. 为科学施肥和改良土壤提供依据

各种土壤的阳离子交换量不同,也就是保肥能力不同。如砂土阳离子交换量小,保肥力差,施肥时要考虑少施、勤施,以免"烧苗"或使养分流失。上述钠质土壤通过施石膏改良,就是利用阳离子交换原理。

二、土壤酸碱性

土壤酸碱性是土壤的重要化学性质,它影响植物生长、微生物活动、土壤肥力及土壤的各种物理性质。

(一) 土壤酸碱性的概念

土壤中溶解有很多物质,其中有的能产生氢离子(H^+),有的能产生氢氧根离子(OH^-)。土壤溶液中 H^+ 浓度大于 OH^- 浓度时,土壤显酸性;OH^- 浓度大于 H^+ 浓度时,土壤显碱性,这种性质称为土壤的酸碱性。通常把土壤酸碱性强弱的程度称为土壤酸碱度。土壤中 H^+ 主要来源是:CO_2 溶于水形成的碳酸,有机质分解产生的有机酸,氧化作用产生的无机酸,施肥加入的酸性物质,土壤胶体吸附的 H^+、Al^{3+} 等。我国土壤一般表现为南酸北碱。

(二) 土壤酸度

1. 活性酸度

活性酸度指土壤溶液中游离的 H^+ 所表现的酸度,通常用 pH 表示。土壤的 pH 一般在 4~9 之间,多为 4.5~8.5,可分以下几级:

极强酸性　　　　pH<4.5

强酸性　　　　　pH 4.5~5.5

酸性　　　　　pH 5.5~6.5

中性　　　　　pH 6.5~7.5

微碱性　　　　pH 7.5~8.5

强碱性　　　　pH 8.5~9.5

极强碱性　　　pH>9.5

2. 潜性酸度

潜性酸度指土壤胶体上吸附的 H^+ 和 Al^{3+} 被交换下来,进入土壤溶液中显示的酸度。当它们未被交换下来时,并不显示酸性,所以称为潜性酸度,通常用厘摩尔每千克(cmol/kg)表示。

土壤中活性酸和潜性酸能互相转化,即潜性酸可被交换出来变成活性酸,活性酸也可被胶体吸附变为潜性酸。一般潜性酸数量比活性酸大得多。改良酸性土壤必须根据潜性酸的含量来确定石灰施用量。

（三）土壤碱度

土壤溶液中 OH^- 浓度超过 H^+ 浓度时,土壤呈碱性。OH^- 主要来源是土壤中的碳酸钠与碳酸氢钠等盐类的水解,以及胶体上交换性钠被交换到溶液中,使土壤 OH^- 增加而显碱性。土壤交换性钠是土壤产生碱性的主要因素。交换性钠占阳离子交换量的质量分数,称为土壤碱化度。它是土壤碱化程度的主要指标。

（四）土壤酸碱度对养分有效性、土壤物理性质及植物生长的影响

1. 土壤酸碱度对养分有效性的影响

土壤中的氮素主要是有机态的,有机质在接近中性的条件下矿质化作用最顺利,有效氮的供应也多。土壤中的磷在 pH 6.5~7.5 时有效性最高,pH 低于 6.5 时,土壤中含有较多的 Fe^{3+}、Al^{3+},与磷形成难溶性磷酸铁、磷酸铝,降低磷的有效性。当 pH 在 7.5~8.5 时,磷与土壤中的 Ca^{2+} 形成难溶性磷酸钙,有效性降低。pH 大于 8.5 时,形成可溶性碱金属磷酸盐而有效性增大,但土壤碱性过强不利于植物生长。

在酸性土壤中,钾、钙、镁易被淋洗而缺乏。铁、锰、铜、硼、锌在酸性土壤中有效性高,在碱性土壤中有效性低。

细菌、放线菌可生长在酸性、碱性、强碱性环境中,但强酸性环境不利于其生长;真菌不受酸碱环境的影响(图 3-4)。

2. 土壤酸碱度对土壤物理性质的影响

酸性或碱性过强的土壤,结构被破坏。酸性过强的土壤,Fe^{3+}、Al^{3+}、H^+ 使土壤胶结成大块,坚硬,不易破碎。碱性过强的土壤,Na^+ 过多,胶体分散,土壤结构被破坏。

3. 土壤酸碱度对植物生长的影响

植物本身的生理特点不同,对土壤的酸碱度亦有不同的要求和适应范围(表 3-8)。一

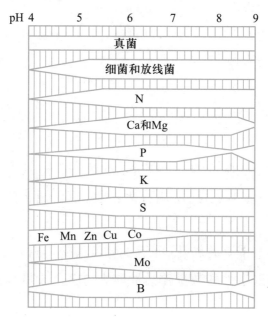

图3-4　矿质土pH与养分有效性及微生物活性的关系

般植物在中性或近于中性的土壤中生长得最好,有些植物对土壤酸碱反应比较敏感。根据植物的生长状况,能看出土壤的酸碱性,这些植物被称为指示植物。如酸性土壤指示植物有映山红、石松等,盐碱土指示植物有碱蓬、猪毛菜等。

表3-8　主要栽培植物土壤适宜的pH范围

大田作物		园艺植物		林业植物	
名称	pH	名称	pH	名称	pH
马铃薯	4.8~5.4	茶	5.0~6.0	松	5.0~6.0
甘薯	5.0~6.0	柑橘	5.0~7.0	桦	5.0~6.0
水稻	6.0~7.0	胡萝卜	5.3~6.0	栎	5.0~8.0
小麦	6.0~7.0	葡萄	5.5~7.0	槐	6.0~7.0
玉米	6.0~7.0	栗	5.6~6.0	桑	6.0~8.0
大豆	6.0~7.0	甘蓝	6.0~7.0	柳	6.0~8.0
大麦	6.0~7.0	番茄	6.0~7.0	榆	6.0~8.0
苕子	6.0~7.0	西瓜	6.0~7.0	白杨	6.0~8.0
甜菜	6.0~8.0	苹果	6.0~8.0	油桐	6.0~8.0
棉花	6.0~8.0	豌豆	6.0~8.0	泡桐	6.0~8.0
向日葵	6.0~8.0	桃	6.0~8.0	刺槐	6.0~8.0
甘蔗	6.0~8.0	梨	6.0~8.0		
紫苜蓿	7.0~8.0	杏	6.0~8.0		

续表

大田作物		园艺植物		林业植物	
名称	pH	名称	pH	名称	pH
		枣	6.0~8.0		
		核桃	6.0~8.0		
		柿子	6.5~7.5		

(五) 土壤酸碱性的调节

过酸、过碱的土壤都不利于植物生长,必须采取措施改良。改良酸性土壤最常用的是施石灰,因为石灰中的 Ca^{2+} 交换土壤胶体上的 H^+,使胶体吸附 Ca^{2+},改良土壤酸性。石灰用量按潜性酸计算,不宜用量过大,否则将引起土壤板结,降低磷素及铁、锰等元素的有效性。改良碱性过强土壤施用石膏($CaSO_4$)、硫黄(S)及黑矾($FeSO_4$)。

在酸性土壤上施用生理碱性肥料,如硝酸钠等;在碱性土壤上施用生理酸性肥料,如氯化铵、硫酸铵等,以及施用有机肥料,都有调节土壤酸碱性的作用。

(六) 土壤缓冲性

向土壤中加入酸碱物质后,土壤 pH 并不做相应的改变,而保持相对稳定的能力,称为土壤缓冲性。土壤具有缓冲性,可使土壤酸碱度经常保持在一定范围内。如果土壤没有缓冲能力,微生物和植物根系呼吸产生的 CO_2、施入的酸碱肥料、有机质分解产生的有机酸,都会引起土壤中 H^+ 与 OH^- 浓度的急骤变化,植物、微生物难以适应。

土壤缓冲能力与土壤质地及有机质含量有关。土壤质地由粗变细,缓冲能力增大;提高有机质含量,也可增加土壤缓冲能力。

　能力培养

土壤酸碱度测定

1. 训练准备

将全班学生按每 4 人一组分成若干组,每组准备以下材料和用具:玛瑙研钵、白瓷比色盘、滴管、玻璃棒、玻璃瓶、标准比色卡、塑料薄膜、白纸条等,并提前配制下列试剂。

(1) pH 4~8 混合指示剂　分别称取溴甲酚绿、溴甲酚紫及甲酚红各 0.25 g 于玛瑙研钵中,加入 15 mL 0.1 mol/L 的氢氧化钠溶液及 5 mL 蒸馏水,共同研匀,再加蒸馏水稀释至 1 000 mL,此指示剂的 pH 显色范围如表 3-9 所示。

表 3-9 pH 4~8 混合指示剂显色范围

pH	4.0	4.5	5.0	5.5	6.0	6.5	7.0	8.0
颜色	黄色	绿黄色	黄绿色	草绿色	灰绿色	灰蓝色	蓝紫色	紫色

（2）pH 4~11 混合指示剂 称取 0.2 g 甲基红、0.4 g 溴百里酚蓝、0.8 g 酚酞,在玛瑙研钵中混合研匀,溶于 400 mL 95% 的乙醇中,加蒸馏水 580 mL,再用 0.1 mol/L 氢氧化钠溶液调至 pH 7(草绿色),用 pH 计或标准 pH 溶液校正,最后定容至 1 000 mL,其显色范围如表 3-10 所示。

表 3-10 pH 4~11 混合指示剂显色范围

pH	4.0	5.0	6.0	7.0	8.0	9.0	10.0	11.0
颜色	红色	橙黄色	稍带绿	草绿色	绿色	暗蓝色	紫蓝色	紫色

2. 操作步骤

利用指示剂在不同 pH 溶液中显示不同颜色的特性,根据其显示颜色与标准酸碱比色卡进行比色,即可确定土壤溶液的 pH(表 3-11)。

表 3-11 土壤 pH 测定

操作环节	操作规程	操作要求
试样制备	取黄豆大小的待测土壤样品,置于清洁白瓷比色盘穴中,加指示剂 3~5 滴,以能全部湿润样品而略有剩余为宜,水平振动 1 min,静置片刻即可	为了测定方便、准确,应事先配制不同 pH 的标准缓冲液,每隔半个或一个 pH 单位为一级,取各级标准缓冲液 3~4 滴滴于白瓷比色盘穴中,加混合指示剂 2 滴,混匀后,即可出现标准色阶,用颜料配制成比色卡片备用
pH 测定	待试样稍微澄清后,倾斜瓷盘,观察溶液色度,与标准色卡比色,确定 pH	

3. 问题处理

训练结束后,完成以下问题。

（1）测定土壤 pH 对作物生产有何指导意义?

（2）如何正确配制不同 pH 混合指示剂?

随堂练习

1. 什么是活性酸度与潜性酸度?它们如何表示?

2. 根据 pH,土壤酸碱度分哪几级?

3. 土壤酸碱性是如何影响土壤肥力的? 怎样调节土壤酸碱性?

4. 什么是土壤缓冲性? 有何重要意义?

5. 土壤保蓄养分的方式有哪几种? 各有什么特点?

6. 举例说明土壤阳离子的交换作用。

7. 什么是土壤阳离子交换量? 它受哪些因素的影响? 与土壤肥力有什么关系?

8. 阳离子交换吸收有何重要意义?

任务 3.3　土 壤 温 度

任务目标

知识目标:1. 了解土壤热容量、土壤导热性、土壤散热性的概念。

　　　　　2. 理解影响土壤温度的因素。

技能目标:1. 会进行土壤温度的测定。

　　　　　2. 能在农业生产中指导土壤温度调节。

素质目标:1. 培养尊重科学、实事求是的精神,能运用辩证唯物主义方法论分析问题和解决问题。

　　　　　2. 提高组织、交流和协作能力,加强团队合作精神。

知识学习

温度是冷热的标志,土壤热量的大小往往用土壤温度表示。土壤温度状况对植物的生长,土壤微生物活动,养分的转化和土壤水分、空气的运动等有重要的影响。因此,土壤温度是重要的肥力因素之一。

一、影响土壤温度的因素

凡是影响土壤热量吸收与散发的因素,都会影响土壤温度,包括外界因素和内在因素两方面。外界因素包括纬度、海拔高度、坡向、坡度、地面覆盖等,这些都可影响太阳直接照射或土壤热量向大气散发。但是在相同外界条件下,各种土壤温度高低并不同,这是由于土壤三相物质比例、土壤质地、结构状况等内在因素不同,导致土壤热性质的差异。

(一) 土壤颜色

土壤颜色不同,对太阳辐射能的吸收和反射状况不同。深色土壤吸热多,反射少,在相同强度的太阳辐射下,比浅色土壤的温度高。

(二) 土壤热容量

土壤热容量有两种表示方法:一种是质量热容量,即单位质量土壤温度增减 1 ℃所需要吸收或放出的热量,单位为 J/(kg·℃)[焦耳/(千克·摄氏度)];另一种是体积热容量,即单位体积土壤温度增减 1 ℃所需要吸收或放出的热量,单位是 J/(m³·℃)[焦耳/(立方米·摄氏度)]。热容量大的土壤,温度稳定,受热不易升温,失热也不易降温;而热容量小的土壤则相反。土壤热容量与土壤三相物质组成有关(表 3-12)。

表 3-12 土壤各物质组成的热容量

土壤物质组成	黏粒和砂粒	有机质	土壤水分	土壤空气
质量热容量/[J/(kg·℃)]	0.74	2.50	4.20	1.00
体积热容量/[J/(m³·℃)]	2.0×10^3	2.7×10^3	4.2×10^3	1.2
密度/(kg/m³)	2.65×10^3	1.1×10^3	1.0×10^3	1.2

由表 3-12 可知,水的体积热容量最大,空气的体积热容量最小,两者相差 3 500 倍。由于土壤固相物质变化不大,水分与空气又同处在孔隙中,水多则气少,水少则气多,两者互为消长;空气热容量很小,所以,热容量主要取决于土壤含水量。如砂土含水量少,热容量小,容易升温,称为热性土;反之,黏质土含水量多,热容量大,不易升温,称为冷性土。农业生产上常利用排水、灌水来调节土壤温度。

(三) 土壤导热性

温度较高的土层向温度较低的土层传导热量的性质称为导热性。土壤的导热性用导热率来表示。导热率是指单位厚度土体,两端温度差 1 ℃时,每秒钟通过单位土壤截面的热量,单位为 J/(m·s·℃)[焦/(米·秒·摄氏度)]。导热率大,说明土壤热量易传导。白天表土吸热后易于向下层传导;晚上表土散热后,下层热量易于向上层传导,使表层土壤昼夜温差较小,表层与底层温差也较小。

土壤导热率与土壤三相组成比例有关:土壤矿物质土粒的导热率最高,土壤水的导热率次之,土壤空气的导热率最小。由于土壤矿物质数量变化较小,所以,土壤导热性主要由土壤水气状况决定。疏松多孔而干燥的土壤,空气多,导热率小。如土壤孔隙中含水量多,空气少,导热率则大。对不同质地土壤来说,黏重紧实的土壤,水多气少,导热率大;疏松的砂土,气多水少,则导热率小。

(四) 土壤散热性

土壤散热性是指土壤向大气散失热量的性能。土壤散热性与水分蒸发有关。土壤水分蒸发要吸收热量,故能降低土壤温度。土壤含水量越高,大气湿度越低,蒸发越强,土壤散热越多,土壤温度降低越快。所以,夏季灌水,加强蒸发促进散热,能降低土壤温度。

二、土壤温度的调节

调节土壤温度主要是通过调节土壤的热性质及土壤热量的吸收与散发过程来实现的。在不同季节、不同条件下,有不同的措施。

(一) 耕作与施肥

耕作可改变土壤松紧度和水气比例,从而改变土壤热性质,达到调节土壤温度的目的。如苗期中耕松土,可降低表土的热容量和导热性,白天土壤温度易上升,有利于植物生长;夏季中耕松土,则可缓和根层土壤温度上升,有利于根系活动。

施有机肥,可加深土壤颜色,增加吸热能力。在冷性土上施热性肥,如马、羊粪,在热性土上施冷性肥,都能调节土壤温度。

(二) 灌溉排水

夏季灌水能缓和土壤温度上升,入冬前灌水则可防止寒流危害。低湿涝洼地排除积水,能增温。早稻秧田"日排夜灌"可提高土壤温度,促进秧苗生长。盛夏酷热时,采用"日灌夜排",有利于降温,可避免水稻早衰。

(三) 覆盖和遮阳

覆盖遮阳可以阻截太阳直接辐射,减少吸热,防止土壤温度过高。早春和冬季覆盖能减少土壤辐射和蒸发散热,提高土壤温度。夏季覆盖遮阳可降低土壤温度。

(四) 向阳做垄

向阳做垄,则日间可提高对太阳辐射热的吸收,在早春提高土壤温度。

(五) 应用增温保墒剂

增温保墒剂是利用某些工业副产品(如沥青、油渣等)原料试制而成的。施用后在土面形成薄膜,阻止水汽通过,能抑制水分蒸发,减少热量散失,提高土温。

能力培养

土壤温度测定

1. 训练准备

选取当地一园林植物平整用地,准备测定土壤温度的仪器和工具,包括地面温度表、地面最高温度表、地面最低温度表、曲管地温表、计时表、铁锹、记录纸和笔。熟悉土壤测温仪器,即一套地温表,包含 1 支地面温度表、1 支地面最高温度表、1 支地面最低温度表和 4 支不同的曲管地温表。

将全班同学按每 4~5 人一组分成若干组,每组按固定时间定时进行观测。

2. 操作步骤

(1)地温表的安装　在选取的平整土壤上,划出面积为 2 m×4 m,地表疏松、平整、无草的平整裸地。首先了解地温表,其是一套管式玻璃水银温度表,温度刻度范围较大,为−20~80 ℃,每摄氏度间有一短格,表示半摄氏度。然后将地面温度表并排平放在地段中央稍偏东地面上,球部朝东。球部和表身皆一半埋入土中。由北向南依次放地面温度表、地面最低温度表(地面最低温度表是一套管式酒精温度表,它的构造特点是毛细管较粗,在透明的酒精柱中有一蓝色哑铃形游标。安装方法与地面温度表相同)、地面最高温度表(地面最高温度表是一套管式玻璃水银温度表,外形和刻度与地面温度表相似,安装方法与地面温度表相同),温度表之间距离为 5 cm。

将曲管地温表安置在距离地面温度表西侧约 20 m 区域:在该地段中央的东西线上,挖一段长 40 m 的沟,沟北壁向下垂直,自东向西方向伸展,与东西向南壁成 30°夹角,南壁随深度挖成与地面成 45°夹角的斜坡面,沟挖好后,用尺沿沟的南壁量出各地温表的水平位置。在北壁自东向西量出 5 cm、10 cm、15 cm、20 cm 地温表所需深度,4 支曲管温度表呈直线放置,相邻温度表之间距离为 10 cm。在 5 cm、10 cm、15 cm、20 cm 深度处各做一水平洞穴。洞的大小要比温度表球部稍大,按各深度把温度表放入沟内,并使球部嵌入北壁小洞,表身与地面成 45°夹角,再检查一遍深度和角度是否正确,然后小心填土。填土时应将原来挖出的土弄碎,并将草根、砖块等拾出,沟内填满土后,表面与整个地段相平,并压紧,露出土壤的部分要固定好,同时要保护好周围的自然环境。为了避免观测时践踏土壤,应在地面温度表北面约 40 m 处,沿东西方向设置一块长约 100 cm、宽约 30 cm 的栅条状踏板,供观测时用。地温表安装位置如图 3−5 所示,曲管地温表安装方法如图 3−6 所示。

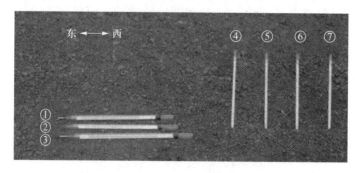

图 3−5　地温表安装位置

注:① 地面最高温度表;② 地面最低温度表;③ 地面温度表;④ 5 cm 曲管地温表;
⑤ 10 cm 曲管地温表;⑥ 15 cm 曲管地温表;⑦ 20 cm 曲管地温表。

（2）地温表的观测

① 观测时间　每日 02:00、08:00、14:00、20:00 定时观测。地面最高、最低温度表只在每日 20:00 观测一次并调整。

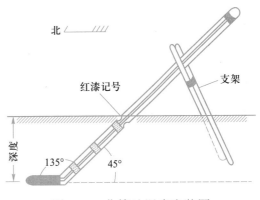

图 3-6　曲管地温表安装图

② 观测次序　按地面温度表、地面最低温度表、地面最高温度表、曲管地温表（按 5 cm、10 cm、15 cm、20 cm 深度的顺序）顺序观测。

③ 注意事项

a. 熟悉仪器的刻度。初次使用应先了解仪器的最小刻度。

b. 读数时视线要与刻度板垂直。读数要迅速，先读小数，后读整数。不要对着温度表球部呼吸或用手、灯等接触。

c. 不得将地面的三支温度表取离地面读数。地面的三支温度表被雪覆盖时，巡视时将地面的三支温度表放在雪面上，改测雪面温度。

d. 记录时，用铅笔填写记录纸，记录数据保留一位小数。

e. 每天最后一组记录读数后地面最低和最高温度表必须进行调整。（最低温度表调整方法：将球部抬高，表身倾斜，使游标滑动到酒精的顶端为止，放回时应先放表身，后放球部，以免游标滑向球部一端。最高温度表调整方法：用手握住表身中部，球部向下，手臂向外伸出约 30° 角，用大臂将表前后甩动，使毛细管内的水银落到球部，使示度接近于当时的干球温度。调整时动作应迅速，调整后放回原处时，先放球部，后放表身。）

f. 各种地温表及其观测地段应经常检查，保持干净和完好状态，发现异常应立即纠正。

3. 问题处理

（1）观测地温并计入记录表（表 3-13）。

（2）根据观测记录，分别绘出 02:00、08:00、14:00、20:00 的土壤温度变化曲线。

（3）根据记录的温度连续变化曲线说明土壤温度在一天中的变化规律。

表 3-13　土壤温度测量记录表

日期	时间	地面温度/℃			地下温度/℃			
		0 cm 地面温度	最低地面温度	最高地面温度	5 cm	10 cm	15 cm	20 cm

随堂练习

1. 试述土壤热容量、土壤导热性、土壤散热性的概念。

2. 影响土壤温度变化的因素有哪些？如何调节土壤温度？

项 目 小 结

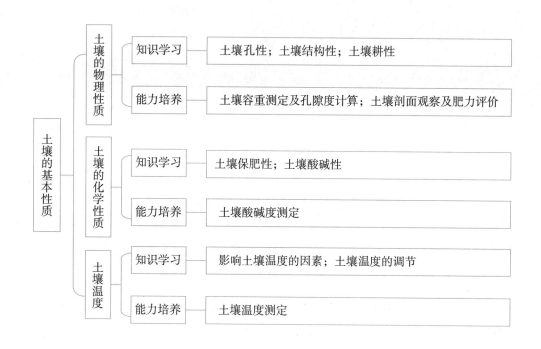

项 目 测 试

一、名词解释

土壤容重；土壤孔隙度；阳离子交换作用；土壤热容量；土壤耕性。

二、填空题

1. 根据当量孔径的大小，土壤孔隙分为_____、_____和_____三种类型。

2. 常见的土壤结构类型有_____、_____、_____、_____和_____等。

3. 土壤酸性常分为_____和_____两种类型，它们在土壤中可以相互转化。

4. 土壤具有一定的养分吸收能力。就其吸收方式而言，有_____、_____、_____、_____和_____五种。

5. 灌溉排水可以调节土壤温度:夏季灌水可以_____温;冬季灌水可以_____温。

6. 土壤的酸碱性可以用石灰或石膏进行调节:施用石灰可以改良_____性土壤;施用石膏可以改良_____性土壤。

7. 土壤阳离子的交换量与胶体种类有关。有机胶体的交换量_____于矿质胶体的交换量。所以,土壤有机质含量越高,阳离子交换量越_____,土壤的保肥性越_____。

8. 我国土壤酸碱状况的分布有一定的规律,一般表现为南_____北_____。

9. 土壤热容量与土壤水分关系密切。一般来说,土壤含水量越低,土壤热容量就越_____,土壤受热后就越容易_____温。

10. 土壤的基本性质有_____、_____、_____、_____和土壤酸碱性等。

三、单项选择题

1. 土粒密度与土壤容重,一般情况下是(　　　)。

A. 前者大于后者　　　B. 前者等于后者　　　C. 前者小于后者　　　D. 不好判断

2. 对植物生长来讲,适宜的土壤孔隙度以(　　　)为好。

A. <40%　　　　　　B. 40%左右　　　　　　C. 50%左右　　　　　　D. >60%

3. 土壤物理机械性包括黏着性和可塑性等。一般来讲,黏着性强的土壤,其可塑性(　　　)。

A. 强　　　　　　　　B. 弱　　　　　　　　　C. 中等　　　　　　　　D. 不变

4. 以下不能衡量土壤耕性的指标是(　　　)。

A. 耕作的难易程度　　B. 耕作后质量的好坏　　C. 耕作机械的好坏　　D. 宜耕期的长短

5. 最不易被土壤胶体吸附的阴离子是(　　　)。

A. $H_2PO_4^-$　　　　　　B. HPO_4^{2-}　　　　　　C. SO_4^{2-}　　　　　　D. NO_3^-

6. (　　　)是一种良好的土壤结构,多出现在肥力较高的表土。

A. 片状结构　　　　　B. 柱状结构　　　　　　C. 团粒结构　　　　　　D. 核状结构

7. 溶解在土壤溶液中的酸性物质被称为(　　　)酸。

A. 活性　　　　　　　B. 潜性　　　　　　　　C. 交换性　　　　　　　D. 水解性

8. 能够降低土壤温度的措施是(　　　)。

A. 早稻秧田"日排夜灌"　　　　　　　　　　B. 盛夏秧田"日灌夜排"

C. 施有机肥　　　　　　　　　　　　　　　D. 春季中耕松土

9. 以下不影响土壤阳离子交换量的因素是(　　　)。

A. 土壤胶体数量　　　B. 土壤胶体种类　　　　C. 土壤酸碱度　　　　　D. 土壤结构

10. 土壤中的磷在pH(　　　)时有效性最高,且有利于植物生长。

A. <6.5　　　　　　　B. 6.5~7.5　　　　　　C. 7.5~8.5　　　　　　D. >8.5

四、判断题

1. 土壤越疏松,土壤容重越大。 （　　）

2. 黏结性越大的土壤,耕作阻力越小。 （　　）

3. 土壤质地越黏,耕性越差。 （　　）

4. 施用有机肥,可以增加土壤有机质含量,改善土壤结构,提高土壤容重。 （　　）

5. "麦子不怕草,就怕坷垃咬"形容的是土壤的核状结构。 （　　）

6. 土粒密度与土壤容重的区别在于一定体积的土壤是否包括孔隙在内。 （　　）

7. 施用石膏和硫黄都可以改良土壤的酸性。 （　　）

8. 土壤孔隙度与容重成反比。 （　　）

9. 适于耕作的土壤含水量范围越宽,土壤宜耕期越长。 （　　）

10. 寒潮来前,熏烟、盖草可防止冻害。 （　　）

五、简答题

1. 简述土壤酸性和碱性的概念,以及土壤酸碱性的调节措施。

2. 简述土壤耕性的影响因素。

3. 结合当地土壤现状,简述土壤松紧度的调节措施。

六、问答题

1. 什么是土壤的团粒结构? 为什么说团粒结构是土壤良好的结构?

2. 分别从耕作、施肥、灌溉、排水等角度,分析调节土壤温度的基本原理。

项 目 链 接

时隔 30 多年,中国再次启动土壤普查意义重大

2022 年 2 月 16 日,国务院发布了《关于开展第三次全国土壤普查的通知》,在经历 30 多年的高速发展和高强度农业生产之后,中国再次启动土壤普查,服务粮食安全和"双碳"目标。新一轮土壤普查的准备工作和试点目前已经展开,全部工作将在 2025 年下半年完成。时任国务院副总理任本次普查的领导小组组长,农业部门和自然资源部门主要领导任副组长,凸显了政府对此次普查工作的高度重视。新一轮土壤普查也是土壤工作者的心声,早在 2005 年,就有知名土壤专家在两会上呼吁尽快开展新一轮的土壤普查。

在中国经历 30 多年高速度、长期较为粗放的经济发展后的今天,人们生活质量提高了,但是中国的土壤也经历了重大变化。土壤普查是认识和保护土壤资源的基础,将有助于保障粮食安全,并助力碳达峰、碳中和目标的实现。

一、中国的土壤调查概况

随着 19 世纪末现代土壤学的诞生,人类逐渐认识到陆地乃至近海生物的生存和繁衍依赖于地球表面平均厚度为 18 cm 的表土。相对于地球 6 371 km 的半径,它简直是比鸡蛋壳还薄的一层物质。但这一层薄薄的物质是地球上生命密度最大的地方,其中的微生物群落具有惊人的多样性和丰度,陆地上约 1/4 的生命体存在于土壤中。土壤中的各种生物驱动着地球的演化、不断分解地球上的废弃物和排泄物,让人类有粮食、能源,让人类有干净的水和空气。人类也认识到,要形成 1 cm 的表土需要数百年,而土壤的退化只要短短数十年,前者在人类的寿命尺度之外,而后者在人类的寿命尺度之内,直接影响着当代人的财富和健康。

1949 年以来,中国政府进行了两次全国范围的土壤普查和两次土壤污染状况调查。第一次土壤普查在 1959 年到 1960 年开展,主要是为了了解中国的耕地资源到底有多少、在哪儿,初步建立了一个土壤分类系统,摸清了耕地资源分布与土壤基本性状。对比第一次土壤普查,第二次土壤普查(以下简称"二普")范围更大、更精细。巨大的工作量加上交通、工作条件的限制,让调查过程从 1975 年持续到 1994 年,历时整整 20 年。其中,1975 年到 1978 年形成了"二普"的技术规程,完成了 3 个县的试点;1979 年到 1984 年基本完成了"二普";1985 年到 1994 年进行成果汇总。

"二普"采用"自下而上"的方式,从乡镇级开展调查采样,最终汇总全国。通过这次调查,中国第一次全面查清了全国土壤资源的类型、数量、分布、基本性状等,建立了中国土壤分类系统,并编制了《中国土壤》《中国土种志》等资料和图件,摸清了中低产田的比例、分布,以及影响植物生长的主要障碍类型,为改革开放后 40 多年农业综合开发、耕地开垦、中低产田改造、科学施肥、农业区划等提供了重要的基础支撑。

除了以上两次土壤普查之外,中国还分别在 2005 年和 2015 年开展了全国土壤污染状况调查和全国农用地土壤污染状况详查两次调查。前者从 2005 年 4 月持续至 2013 年 12 月,历经 9 年,实际调查面积达 630 万 km² 左右,并于 2014 年公布了《全国土壤污染状况调查公报》。公报显示,全国土壤总的采样点位污染超标率为 16.1%。污染类型以无机污染物(镉、汞、砷、铜、铅、铬、锌、镍)为主,占全部超标点位的 82.8%,有机污染物(六六六、滴滴涕、多环芳烃)次之。对照"二普"的结果,这些数据表明,30 多年的经济高速发展给中国的土壤带来较为快速的污染。2018 年完成的全国农用地土壤污染状况详查的结果也警示了部分区域存在的土壤污染风险。

虽然有了以上的调查结果,但"二普"已经过去几十年了,我国耕地利用方式发生巨变,与农业生产相关的土壤性质、剖面性状也产生很大的变化。同时,中国人口多、耕地少,为了粮食生产,过多地施用化肥,在占比 7% 的耕地上,消耗着全世界化肥生产总量的 33%。化肥的大量施用造成了土壤快速酸化、板结等问题。因此,众多土壤学家连续多年呼吁推动第三次土壤普查。

二、30多年来中国土壤的变化

除了上述两次普查和两次大规模调查，小规模、局部的调查和监测也一直在进行。这些调查和监测结果表明，30多年来中国土壤至少在以下三方面发生了变化。

（1）土壤重金属污染快速加重　以镉为例，在1990年出版的《中国土壤元素背景值》中，中国土壤镉的平均含量为0.097 mg/kg，非常接近自然背景值。2009年的一项研究指出，当时中国外源镉进入0~20 cm耕层的平均速率约为每年0.004 mg/kg。按照这个速度，只需50年，土壤中的镉含量就会从背景值跃升至高于当前的中国国家标准上限0.3 mg/kg。中国土壤中的镉主要来自因燃煤、冶金等原因进入大气的镉的沉降和动物源有机肥。镉在人体内的生物半衰期很长，且肾和肝是其靶器官。在20世纪60年代的日本神通川流域，人们曾因长期食用镉超标大米而患上"痛痛病"。镉在中国是优先监测和控制的土壤污染物。随着2013年《大气污染防治行动计划》（"气十条"）的实施和对含锌养殖饲料添加剂含镉量的严格管理，目前污染源得到了有效的控制。

（2）土壤的快速酸化　2010年发表于《科学》（Science）杂志的一篇研究文章发现，20年间，中国农田土壤pH平均下降了约0.5个单位，相当于土壤酸度在原有基础上增加了2.2倍。即使是过去被认为对酸化不敏感的石灰性土壤，其pH也同样出现了显著下降的现象。在自然条件下，土壤酸化是一个相对缓慢的过程。该文指出，土壤pH每下降1个单位通常需要数百年甚至上千年，中国土壤的快速酸化除了酸雨的影响之外，主要是集约化农业生产中大量的化肥投入所导致。土壤酸化会增加作物对有害重金属的吸收，土壤酸化和土壤快速污染的重叠给中国耕地的粮食卫生安全带来了隐忧。

（3）土壤的有机质变化　土壤有机质是耕地地力最重要的指标之一。基于"二普"数据的估算，中国农田20世纪80年代20 cm深度有机碳库基本处于每公顷26.6~32.5 t之间，远低于美国农田的平均值每公顷43.7 t和欧洲农田的平均值每公顷40.2 t。事实上，30多年来，虽然存在地区差异，但由于秸秆还田、免耕少耕技术的推广及绿肥和堆肥的施用，中国农田耕层土壤有机质含量呈整体上升趋势，全国耕层土壤有机质平均含量较"二普"时期提高了4.85 g/kg，相当于24.49%。与"二普"相比，全国有22个省（自治区、直辖市）的耕层有机质平均含量显著上升，尤其以安徽、湖南、广西、四川、贵州5省（自治区）较为突出。但由于农田土壤的高强度利用，中国当前土壤有机质含量与国外相比仍然偏低。

三、第三次土壤普查的意义

相对于世界平均水平，中国土壤资源数量和质量均属严重限制型。虽然我国以全世界7%的耕地养活了20%的人口，人均耕地仅1.3亩，但一部分的产量是以牺牲土壤的健康换来的。经过30多年高度集约化的生产，"二普"的数据已经不能全面反映当前土壤质量的情况。此外,"十四五"规划和2035年远景目标明确要求以保障国家粮食安全为底线,坚持最严格的耕地保护制度,深入实施"藏粮于地、藏粮于技"战略。

因此,实施第三次土壤普查是及时的、令人期待的。期待第三次土壤普查能够服务两大目标:一是促进土壤的自身健康,实现粮食在质和量上的安全;二是通过促进土壤健康,增强土壤的固碳能力,助力中国达成2030年碳达峰、2060年碳中和的宏伟目标。

(1)粮食安全方面　第三次土壤普查的对象为全国耕地、园地(果园、茶园等)、林地、草地等农用地和部分未利用地的土壤。其中,林地、草地重点调查与食物生产相关的土地,未利用地重点调查与可开垦耕地资源相关的土地,如盐碱地等。针对耕地、园地,普查将检测样本的45项理化指标,此外还将开展土壤动物和微生物调查。

这45项理化指标几乎涵盖了土壤的主要理化性质和养分指标,将有利地推动土壤改良和土壤健康的构建,推进农业绿色转型和高质量发展,对于保障粮食安全、食物健康、农民增收、生态文明,促进乡村振兴,支撑中国新时期经济高质量发展具有重要战略意义。

(2)生物固碳方面　土壤构成最大的陆地有机碳库,是目前大气中约8 300亿吨碳含量的3倍,是当前每年的化石燃料碳排放量约100亿吨的240倍。因此,土壤碳储存量净增加几个百分点,就代表着巨大的碳汇潜力。有研究估计,全球土壤有机碳封存潜力为每年23.8亿吨二氧化碳当量,其中40%在于保护现有的土壤碳,60%在于重建枯竭的碳库存,这约占全球自然气候解决方案总潜力的25%。

土壤既可以释放二氧化碳和甲烷而成为温室气体的来源,又可以通过土壤有机质固碳而作为碳汇。因此,减少土壤的温室气体排放、增加土壤的碳固定对于缓解气候变化的意义重大。在2015年巴黎气候大会上,法国发起了"千分之四:土壤作为粮食安全及气候变化的解决方案"倡议,目标是使40 cm深度内的土壤有机碳储量每年增加千分之四。中国目前暂未加入"千分之四"倡议。有观点认为,这是因为中国土壤固碳速率尚不能达到该倡议的目标,仅为其一半。主流观点认为,中国土壤类型众多,不同类型土壤的固碳潜力尚需更多研究,这应该是中国目前尚不能启动该计划的一个原因。

中国的耕地质量分为10个等级,1等耕地质量最好,10等最差,根据《2019年全国耕地质量等级情况公报》,全国耕地质量平均等级为4.76等,中低等级耕地占2/3以上,耕地质量不高、耕作层变浅、土地退化的趋势尚未得到有效抑制。全国耕地平均有机碳含量低于世界平均值30%以上,低于欧洲50%以上。中国农田相对较低的有机碳含量,也意味着土壤有机碳固定潜力很大。中国土壤固碳已经具备了高层政策框架。2022年6月底,农业农村部、国家发展和改革委员会公布了《农业农村减排固碳实施方案》,其中六大任务之一是"农田固碳扩容",十项重大行动之一是以耕地土壤有机质提升为重点,增加农田土壤固碳能力的"农田碳汇提升行动"。

第三次土壤普查并没有为土壤固碳能力设定具体目标和明确的任务。但是,其检测指标中包含了土壤有机质和碳酸钙(无机碳)这两个含碳的指标,这将为本次调查中不同土地类型的土壤碳库的核算、土壤固碳潜能的评估,以及推进土壤固碳技术的发展打下坚实的基础。土壤固碳是实现碳中和与土壤健康的双赢解决方案。可以期待,在第三次土壤普查之后,中国能将土壤固碳作为农业固碳减排技术正式纳入官方文件,制定具体的目标、明确的任务和行动方案。

项目 *4*

土壤氮素养分与氮肥

项目导入

今天老师带同学们去生态园观察植物。在大自然的怀抱中,同学们兴致盎然、神采飞扬。

老师:俗话说,"人是铁,饭是钢,一顿不吃心里慌"。同学们,植物和我们一样也要吃饭,那植物吃什么呢?

学生们:吃肥料,吃有营养的东西!

老师:肥料是作物的粮食,"地里缺肥庄稼荒""土地施足肥,青苗往上飞"。同学们,大家可能都接触过肥料,有的还帮父母在地里施过肥,那肥料都有哪些种类呢?

"尿素""复合肥""有机肥"。同学们争先恐后地答道。

老师:那这些肥料有什么不一样呢?

通过本项目的学习,可以知道氮素的重要性,了解土壤氮素养分含量、形态与转化过程,掌握氮肥的种类与合理施用,明白不合理、过量施用氮肥会对环境造成污染,硝态氮带来的硝酸盐过量会危害人体健康。

本项目将要学习:(1) 土壤氮素养分;(2) 氮肥的性质及施用。

任务 4.1　土壤氮素养分

任务目标

　　知识目标：1. 了解土壤氮素养分含量、形态与转化过程。

　　　　　　　2. 掌握植物对缺氮及氮肥过多的反应。

　　技能目标：1. 掌握植物的需肥特性。

　　　　　　　2. 能够鉴别植物缺氮和氮肥过多的症状。

　　素质目标：要以强农、兴农为己任。

知识学习

　　植物生长发育中所需要的氮、磷、钾、钙、镁、硫等营养元素,主要是从土壤中吸收,称之为土壤养分。根据对植物的有效性,又可将其分为三种类型。① 速效养分:主要以离子形式存在于土壤水中的称为水溶性养分,吸附于土壤胶粒表面的称为交换性养分。两种养分极易被植物吸收利用,也称为有效养分。② 缓效养分:主要存在于容易分解的有机物中,也存在于一些结构比较简单的矿物中,既不溶于水,也不能被植物直接吸收利用,但在有机物或矿物分解过程中得以缓慢释放出来,是土壤速效养分的补给来源。③ 迟效养分:以矿物质为主,也包括一些结构复杂的有机物,不能被植物直接吸收利用,只有在长期的风化过程中,方可逐步释放出来,可看作土壤养分的储备。

　　在农业生产中,可通过采取各种农业措施,如改善土壤温度、水分、通气、酸碱度等,提高土壤有效养分的含量,还可通过施用肥料,调节土壤养分的贮存与供应,平衡速效养分的供应比例,满足植物营养的需求。

　　肥料根据其来源和性质,分为化学肥料、有机肥料和生物肥料。化学肥料简称化肥,能直接供给植物某种营养元素,增产效果显著。联合国粮农组织统计,化肥在对农作物增产的总份额中占 40%～60%。中国能以占世界 7% 的耕地养活占世界 20% 的人口,化肥起到了举足轻重的作用。化肥主要为氮肥、磷肥、钾肥及其复合肥料。

一、土壤氮素养分的来源、含量、形态及转化

　　氮肥对于植物的增产起着重要的作用,是目前施用最多的化肥,但过多或不合理施用氮肥,其功效会适得其反。了解土壤氮素养分的含量、形态及转化可提高氮肥利用率,同时减

轻对土壤、水体及大气等环境造成的污染。

(一) 土壤氮素养分的来源

土壤中的氮素属于非矿物质养分,来自大气分子氮的生物固定、动植物残体的归还、雨水和灌溉水带入、肥料施用等,农耕土壤氮素的主要来源是施肥和生物固氮。

(二) 土壤氮素养分的含量

土壤氮素养分的含量受气候、地形、土质、土地使用方式、耕作、施肥、灌水等因素的影响而差别很大。通常用土壤全氮含量来衡量土壤氮素含量,我国主要耕地的全氮含量为 0.5~2.5 g/kg。不同地区土壤的含氮量存在差异,如东北地区的黑土含氮量最高,为 1.5~3.5 g/kg;西北黄土高原和华北平原的含氮量较低,为 0.5~1.0 g/kg;华中、华南地区含氮量变幅较大,为 0.4~1.8 g/kg。另外,我国耕地土壤的全氮含量一般低于自然土壤,水田土壤低于旱地。

(三) 土壤氮素养分的形态

土壤氮素养分有有机态氮和无机态氮两种形态,其中有机态氮占土壤全氮的 98% 左右。土壤中有机态氮主要指土壤中动、植物残体中所含的氮素,其含量与有机肥的施用量(如秸秆还田的秸秆肥、动物残体、人工施用的牲畜和人的排泄物等)和土壤有机质的含量密切相关。大多数有机态氮难以被植物直接吸收利用,必须经过分解转化成无机态氮后才有效。

无机态氮占土壤全氮的 1%~2%,主要包括铵态氮、硝态氮、少量亚硝酸态氮和部分游离氮。土壤中的无机态氮都是速效养分,可直接被植物所吸收利用。

(四) 土壤氮素养分的转化

土壤中的氮素绝大部分来源于施肥,这些氮在土壤中总是处于不断转化的状态,不同条件下氮素在土壤中转化的形式不同。微生物是土壤氮转化的主要参与者,凡是影响微生物活动的因素均会影响氮在土壤中的转化。在土壤中,有机态氮经微生物矿质化形成铵态氮;一部分铵态氮可以被土壤胶体吸附固定,另一部分被微生物利用转化为有机态氮,或经硝化作用氧化形成硝态氮;硝态氮经反硝化作用转变成 N_2、NO、N_2O,或经硝酸还原作用还原成氨或微生物利用形成有机态氮。氮素转化的一系列过程其实主要有两个方面:促进氮素释放的养分有效化过程和速效氮素的无效化过程。

1. 土壤氮素的有效化过程

这是土壤有机态氮的矿质化过程,指土壤中的有机物经过矿化作用分解成无机氮素的过程。矿质化过程需要在一定温度、水分、空气及各种酶的作用下才能进行。矿质化过程主要分为两步:水解作用和氨化作用。在这个过程中释放的无机态氮可被植物或微生物吸收利用,所以称其为土壤氮素的有效化过程。

2. 土壤有效氮素的无效化过程

（1）脱氮作用　在嫌气条件下，硝态氮在多种微生物的作用下，可以发生反硝化或生物脱氮作用，使硝酸盐被还原为氮（N_2）、氧化亚氮（N_2O）及一氧化氮（NO）而气化损失。反硝化作用引起的脱氮作用，在缺氧、硝态氮及有机物质较多、土壤 pH 为 5~8、温度为 30~35 ℃时最易发生。农业生产中水田淹水期间，反硝化作用进行得比较强烈，因此，给水田作物施肥时应注意，尽可能不施用硝态氮肥，以避免发生反硝化作用而造成氮的损失。除减少反硝化作用外，还可以施用硝化抑制剂，使土壤有良好的通气性。

（2）氨的挥发　土壤中氨化作用产生的氨很易溶于土壤溶液而成为铵离子，或被植物吸收利用，或被胶体吸附而成为交换态养分；还可以与土壤中的酸结合，以铵盐的形式存在于土壤溶液中；在有氧条件下也可以氧化成硝酸。

硝酸盐的淋失和铵离子被黏粒矿物晶格固定，也会造成有效氮的无效化。

土壤中氮素养分的转化过程可以为植物和微生物提供氮素营养，也可能造成一部分有效氮素的损失。在农业生产实践中，根据氮素转化的规律正确施用氮肥，才能减少氮素的损失，充分发挥氮肥的增产作用。在我国不同土壤中，土壤氮素的无效化途径是不同的，在北方碱性土壤中，主要是铵态氮转化为氨而挥发损失；在南方酸性土壤中，则主要是硝态氮的淋失和反硝化造成的脱氮损失。因此，在施肥措施和管理上应有所不同。

二、植物对缺氮及氮肥过多的反应

氮素是植物必需的三大营养元素之一，在植物生长发育过程中占有重要地位。氮是组成作物体内蛋白质、核酸、叶绿素、酶和多种维生素的成分，这些物质涉及遗传信息传递、细胞器建成、光合作用、呼吸作用等几乎所有的生化反应。蛋白质和核酸是生命的基础，叶绿素是作物叶子内制造"粮食"的工厂，酶是催化剂。在细胞内硝酸盐具有渗透调节作用，硝酸盐还可能具有信号作用。除碳、氢、氧外，氮是作物成分中含量较多的元素，在所有必需营养元素中，氮是限制植物生长和形成产量的首要因素，对产品品质也有多方面影响。

（一）植物对缺氮的反应

植物缺氮的主要表现是生长受阻、植株矮小、叶色变淡、叶片薄而小。由于氮素是植物体中可以移动再利用的元素，因此，一般作物缺氮的显著特征是首先从下部叶子开始黄化，逐渐向上部叶子扩展。开花以后，氮素向花、果实转移，叶子枯黄特别明显，出现严重早衰。但植物种类不同，对缺氮的反应亦不完全相同。

1. 稻麦类作物

缺氮时表现为植株矮小，分蘖少，叶直立，色淡绿；若在后期继续缺氮，则茎短而细弱，穗短小，籽粒不饱满，粒数减少，粒重下降，成熟早，产量低。

2. 玉米

缺氮时苗期表现为生长缓慢,植株矮瘦,叶色黄绿,雄穗抽出迟;生长盛期缺氮,老叶从叶尖沿着中脉向叶片基部枯黄,呈"V"字形,叶片边缘仍保持绿色卷曲,最后呈焦灼状而死亡。

3. 油菜

缺氮时生长瘦弱,叶片少而小,叶色淡黄,分枝数、结角数和角粒数大为减少,粒重减轻,产量和含油量明显下降。

4. 棉花

缺氮时幼叶最初显黄绿色,逐渐变成黄色,最后变成红棕色而干枯凋落。由于主轴顶端较早停止生长,发育受到抑制,因此植株瘦小,侧枝少或根本没侧枝,开花现蕾结铃少,铃小,棉絮产量低,品质差。

5. 苹果

缺氮时新梢短而细,嫩枝僵硬木质化,皮层呈现红色或棕色,叶稀疏。春天叶小直立,为灰绿色;到夏季,从当年枝下部叶子开始,成熟叶变黄,以后蔓延到枝条顶端的叶片。缺氮严重时嫩叶很小,且带橙、红或紫的颜色,早落,叶柄和叶脉可能呈现红色,叶柄和小枝角度变小,花芽和花都小,果实小,易早熟、早落。

6. 柑橘

缺氮时叶中脉及大的侧脉的颜色比其他部分颜色浅,小枝条出现环形剥皮状,从而严重影响养分的输送运转,但不妨碍水的运输。若持续缺氮,叶子的中脉及大的侧脉出现褪绿变黄,其他部分仍保持一段时期的暗绿色,之后叶子逐渐变黄,果实产量低,品质差。

(二) 植物对氮肥过多的反应

氮素过多时,植物茎叶徒长、叶色浓绿、叶片披散,通风透光不良,体内糖类消耗过多,构成细胞壁所需的原料(如纤维素、果胶等)物质的形成受到严重的限制,使植株茎秆细软多汁。

稻麦类密植作物氮素过多时降低了个体茎秆的抗倒伏能力和抗病虫害能力;同时导致大田群体间相互遮蔽、光照减弱,影响光合作用的正常进行,使植株体内的糖类更缺乏,碳氮比不协调,营养期延长,易贪青晚熟,空秕粒增加,千粒重下降,品质差,产量低。

块根、块茎类作物氮素过多则地上部生长旺盛,地下块根、块茎小而少,水分多,淀粉和糖分含量下降,且不耐贮藏。

棉花氮素过多时植株高大,叶片大而薄,易徒长,落蕾落铃严重,易感病虫,产量降低,纤维品质差。

油料作物氮素过多,结荚数虽多,但籽少而小,含油量降低。

甜菜、西瓜、甘蔗和果品类作物,若氮素供应过多,会使植株体内的大部分糖用于合成蛋白质,降低了产品中的糖分和维生素含量,且不耐贮藏。

叶菜类作物特别是甘蓝、白菜、芹菜、生菜等叶菜类蔬菜极易吸收硝态氮。若氮素供应过多,植株体内 NO_3^- 含量增高,若光照不足,NO_3^- 还原不彻底,易积累 NO_2^-,使人畜中毒。

📝 **能力培养**

土壤碱解氮测定(碱解扩散法)

1. 目的意义

土壤碱解氮的含量可以反映土壤氮素的供应状况,对指导使用氮肥有一定意义。通过实验,掌握土壤碱解氮测定方法(碱解扩散法)。

2. 测定原理

用一定浓度的碱液水解土壤样品,使土壤中的有效氮碱解,并转化为氨而不断扩散逸出,逸出的氨被硼酸吸收后,再用标准酸溶液滴定,根据标准酸溶液的消耗量,计算出土样碱解氮的含量。

3. 仪器试剂

(1) 仪器用具　天平(感量 0.01 g)、恒温箱、扩散皿、半微量滴定管(10 mL)、皮头吸管(10 mL)、橡皮筋。

(2) 试剂配制

① 1 mol/L NaOH 溶液　称取氢氧化钠 40 g 溶于蒸馏水中,冷却后稀释至 1 L。

② 碱性胶液　取 40 g 阿拉伯胶和 50 mL 水同放于烧杯中,加热至 70~80 ℃,搅拌溶解后放凉,加入 20 mL 甘油和 20 mL 饱和 K_2CO_3 水溶液,搅匀、放凉。离心除去不溶物,将清液贮于玻璃瓶中备用。

③ 混合指示剂　称取 0.5 g 溴钾酚绿和 0.1 g 甲基红于玛瑙研钵中,加入少量 95% 的乙醇,研磨至指示剂全部溶解后,加 95% 的乙醇 100 mL。

④ 2% 硼酸-指示剂溶液　称取化学纯硼酸 20 g,用热(约 60 ℃)蒸馏水溶解冷却后稀释至 1 000 mL。使用前每升硼酸溶液中加 20 mL 混合指示剂,并用稀碱调节至紫红色(pH 约 4.5)。此液放置时间不宜过长,如在使用过程中 pH 有变化,需随时用稀酸或稀碱调节。

4. 操作步骤

(1) 称土样　称取通过 1 mm 筛孔的风干土样 2.00 g,放在扩散皿外室,轻轻旋转扩散皿使样品铺开。

(2) 滴加试剂　在扩散皿内室加入 2% 硼酸-指示剂溶液 2 mL(应为紫红色,若出现蓝色,应吸出变蓝的硼酸液,再加 2 mL 2% 硼酸-指示剂溶液,或弃之重做)。

（3）涂胶液　在扩散皿外室边缘涂碱性胶液（绝不能沾污内室），盖上毛玻璃并旋转数次，使毛玻璃与扩散皿边缘完全黏合。

（4）加碱液，恒温　慢慢推开毛玻璃一边，使扩散皿露出一条狭缝，用皮头吸管或加液器加入 10 mL 1mol/L NaOH 溶液于扩散皿外室，立即将毛玻璃盖严，并用橡皮筋固定毛玻璃，水平旋转扩散皿，使土样与碱液充分混匀，随后放入 40 ℃ 的恒温箱中保温 24 h。

（5）滴定　取出扩散皿，以 0.01 mol/L HCl 标准溶液滴定扩散皿内室，溶液由蓝色到微红色（紫红色）即为终点，记录所用标准溶液酸的体积 V（mL）。

同时做空白试验。

5. 结果计算

$$土壤碱解氮（mg/kg）= \left[（V - V_0） \times c_{HCl} \times 14/m \right] \times 10^3$$

式中　V——滴定样品时消耗标准溶液酸的体积，mL；

　　V_0——滴定空白时消耗标准溶液酸的体积，mL；

　　c_{HCl}——盐酸标准溶液的浓度，mol/L；

　　14——氮原子的毫摩尔质量，g/mol；

　　m——风干土样品的质量，g；

　　10^3——换算成 mg/kg 的系数。

6. 注意事项

（1）扩散皿须水平放置，碱液切不可混入内室，以免造成结果错误。

（2）滴定时用尖头玻璃棒搅动内室，切不可摇动扩散皿。接近终点时，用玻璃棒在滴定管尖端蘸取酸标准溶液后再搅拌内室，以防滴过终点。

（3）本方法仅用于测定氨态氮，硝态氮不包括在内。如果包括硝态氮，测定时需在扩散皿外室的土样中加入 0.2 g $FeSO_4 \cdot 7H_2O$（化学纯）和 0.1 mL Ag_2SO_4（化学纯）饱和液，再加入 10 mL 1 mol/L NaOH 溶液，操作步骤不变。

7. 训练报告

撰写训练报告，包括训练题目、时间、地点、方法原理、操作程序、计算结果、收获与体会等。

🔖 随堂练习

1. 土壤中的氮素有哪些形态？它们是怎样转化的？

2. 土壤氮素有哪些损失途径？

3. 植物缺氮及氮素过多的主要症状是什么？

任务 4.2　氮肥的性质及施用

任务目标

　　知识目标：1. 熟知常用氮肥的种类。

　　　　　　　2. 掌握铵态氮肥、硝态氮肥及酰胺态氮肥等常见氮肥的主要性质。

　　技能目标：1. 掌握常见氮肥的施用方法。

　　　　　　　2. 能结合当地生产情况，分析氮肥利用率不高的原因，并提出氮肥合理施用措施。

　　　　　　　3. 通过收集资料和讨论交流，提高收集、处理信息的能力，通过实践提高实际操作能力。

　　素质目标：培养自主学习能力，树立团队合作意识。

知识学习

　　土壤中氮素养分的不足是限制作物产量的主要因素。氮肥的种类虽然很多，但根据氮肥中氮素的形态可以分为三大类：铵态氮肥、硝态氮肥和酰胺态氮肥。各种形态的氮肥有其共性，又有其个性。只有正确认识和掌握氮肥的性质，才能科学合理施用，提高氮肥利用率和土壤肥力，避免不合理、过量施用氮肥对环境造成污染，达到作物稳产高产和可持续发展的目的。

一、氮肥的种类及其特点

（一）铵态氮肥

　　这类肥料是指含有铵离子（NH_4^+）或氨（NH_3）的氮素化肥。包括碳酸氢铵（NH_4HCO_3）、硫酸铵 [（NH_4）$_2SO_4$]、氯化铵（NH_4Cl）、氨水（NH_4OH）、液氨（NH_3）。铵态氮肥常作基肥。它们具有以下共同特点。

　　1. 易溶于水，是速效养分

　　铵态氮肥能迅速发挥肥效，可被植物直接吸收利用。

　　2. 遇碱性物质易分解生成氨气而造成挥发损失

　　如硫酸铵遇到熟石灰，其化学反应如下：

$$(NH_4)_2SO_4 + Ca(OH)_2 =\!=\!= CaSO_4 + 2H_2O + 2NH_3\uparrow$$

因此,铵态氮肥在贮存和施用时,切忌与石灰、草木灰等碱性物质混合。

铵态氮肥在石灰性土壤上施用,因石灰性土壤溶液中溶有碱性物质碳酸氢钙,与铵态氮肥发生作用,也会造成氨的挥发损失:

$$(NH_4)_2SO_4+Ca(HCO_3)_2 \longrightarrow CaSO_4+2NH_3\uparrow+2CO_2\uparrow+2H_2O$$

因此,在石灰性土壤上施用铵态氮肥,深施是提高肥效的重要措施。氮肥深施还具有前缓、中稳、后长的供肥特点,其肥效可长达 60~80 d,能保证植物后期对养分的需求;氮肥深施还有利于促进根系发育,增强植物对养分的吸收能力。深施的深度以达到植物根系集中分布范围为宜,例如,某品种水稻根深多为 10 cm,则施肥深度以 10 cm 为宜。

3. 易被土壤胶体吸附,不易淋失

铵态氮肥施入土壤后,溶解于土壤溶液,离解为 NH_4^+ 及其他阴离子(如 OH^-、HCO_3^-、SO_4^-、Cl^- 等),NH_4^+ 可以直接被作物吸收利用,但大部分 NH_4^+ 被土壤吸附,形成交换性养分,暂时保存在土壤中,不易流失,还可减少土壤溶液中 NH_4^+ 浓度过大造成的危害。

4. 易发生硝化反应

在通气良好的土壤条件下,NH_4^+ 会进一步经过硝化作用变成硝酸态氮,可被作物吸收利用,但不易被土壤胶体吸附保存,增加了氮素在土壤中的移动性,从而容易流失。

土壤中铵态氮肥的变化如图 4-1 所示。

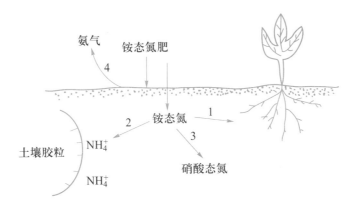

1. 施入土壤后,易被植物吸收利用; 2. 土壤胶粒可交换、吸附铵态氮中的 NH_4^+,

使其暂存于土壤中; 3. 通气良好时,进一步生成硝酸态氮,被植物吸收;

4. 遇碱可生成氨气挥发而损失,吸收过量的铵会对 Ca^{2+}、Mg^{2+}、K^+ 的吸收产生抑制作用。

图 4-1　土壤中铵态氮肥的变化

（二）硝态氮肥

凡含有硝酸根离子（NO_3^-）形态的氮肥均属硝态氮肥,如硝酸钙 $Ca(NO_3)_2$、硝酸钠 $NaNO_3$、硝酸钾 KNO_3、硝酸铵 NH_4NO_3 等。硝酸铵既含有硝态氮又含有铵态氮,但它的性质通常与硝态氮肥相近,因此,常归入硝态氮肥之中。它们具有以下共同特点。

（1）硝态氮肥是速效肥料,溶解度大,易溶于水,易被植物吸收。吸湿性强,易吸湿结块。

（2）多数硝态氮肥受热时分解放出氧气,易燃易爆,在贮存运输过程中应注意安全。

（3）硝态氮在土壤中移动性大,施入土壤后,不易被土壤胶体吸收保存而溶于土壤溶液中,随水分的运动而移动。当灌溉或降雨时会随水淋失至土壤深层,土壤水分蒸发时则又随水向土壤上层移动,直至土壤表层聚集。因此,合理的水分管理有利于提高硝态氮肥的肥效。

在嫌气条件下,硝态氮可进行反硝化作用,转化为分子态的氮素（N_2）和气体氧化氮（NO、N_2O）而损失,这种现象在通气不良的旱地土壤或水田土壤经常发生,是施用硝态氮肥应注意避免的问题。硝态氮肥在土壤中的变化如图4-2所示。

综上所述,硝态氮肥不宜作基肥和种肥,适宜作追肥。宜施用于旱地,不宜施用于水田。

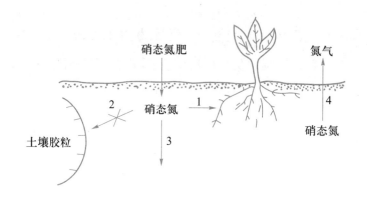

1. 施入土壤后,植物可直接吸收利用; 2. 土壤胶粒不能与之进行交换吸附;

3. 可随灌溉水或雨水向下移动; 4. 进行反硝化作用,产生氮气而损失。

图4-2　硝态氮肥在土壤中的变化

（三）酰胺态氮肥

凡是含有酰胺基（—$CONH_2$）或在分解过程中产生酰胺基的氮肥,均属酰胺态氮肥。这类肥料有尿素和石灰氮等,石灰氮作为肥料在国内已极少使用,农业生产中常用的是尿素。酰胺态氮肥的特点是植物不能直接吸收利用,必须转化为铵态氮或硝态氮后才能吸收利用,因此,肥效较铵态氮肥慢。

二、常用氮肥的性质与施用

（一）碳酸氢铵

碳酸氢铵（NH_4HCO_3）,简称碳铵,含氮量 16.8%～17.5%,是目前我国农业生产中应用量较大的氮肥品种。

1. 性质

碳酸氢铵为白色粉末状晶体,易溶于水,其水溶液呈碱性,pH 8.2～8.4。化学性质不稳定,在常温下就能自行分解,但分解较慢。当温度升高、湿度较大时,分解挥发明显加快,并有刺鼻的氨臭味,造成氮素的挥发损失。

$$NH_4HCO_3 \xrightarrow{>30\ ℃} H_2O+CO_2+NH_3\uparrow$$

碳酸氢铵吸湿潮解后易结成硬块,不利于施用。因此,存放运输应严密包装,放置干燥阴凉处。

2. 在土壤中的转化

碳酸氢铵施入土壤后,解离为铵离子和碳酸氢根离子。

$$NH_4HCO_3 \longrightarrow NH_4^+ + HCO_3^-$$

NH_4^+ 可以被植物吸收利用,或被吸附在土壤胶体上。HCO_3^- 能形成 CO_2 释放到大气中,而不残留在土壤溶液里,故长期施用碳酸氢铵不影响土壤性质。

由于碳酸氢铵为碱性,所以施入土壤中暂时可以使土壤 pH 上升,但在土壤中经硝化作用又会使土壤 pH 下降,因此,施用碳酸氢铵对土壤 pH 影响不大。

3. 施用

(1)碳酸氢铵可作基肥和追肥,但不能作种肥,以免因碳酸氢铵分解产生氨气对种子产生毒害作用,影响种子萌发。如必须作种肥,应将种子与肥料隔开,用量不得超过 5 kg/亩。

碳酸氢铵作基肥时,旱地和水田都应结合整地耕翻土地时施入。施用时最好选择阴天或早上,边撒边耕。水田翻耕后及时灌水泡田。针对垄作田,可结合做垄施在垄沟内,并立即覆土培垄。用作追肥时,旱地作物可在距植物茎根 5~10 cm 处开沟或挖穴施用,施后立即覆土,施用深度以 7 cm 左右为宜,砂土地可适当深一些。施后应视土壤墒情及时灌水,效果更好。水田追施可拌少量干土撒施,撒施后立即耘耥并保持一定水层,以防氨气熏伤水稻茎叶。

(2)深施立即覆土。碳酸氢铵宜深施(7~10 cm),施后立即覆土,切忌撒施地表。深施盖土后结合适当灌水,效果更好。

(3)碳酸氢铵造球或造粒深施,是一项提高碳酸氢铵肥效的有效措施。可把碳酸氢铵与有机肥混合,用造粒机或手工制成颗粒后再施用。应用粒状碳酸氢铵作追肥时,追施时间可适当提前,一般水田提前 4~5 d,旱地提前 6~10 d。

(4)碳酸氢铵不应与碱性肥料混用,并避免与空气长时间接触,应开一袋用一袋,用不完的肥料将袋口扎紧存放于干燥的地方,以免吸湿分解,造成氮素的挥发损失。

碳酸氢铵适用于各种土壤,对大多数植物均有良好作用,只要掌握正确的施用方法,会取得良好的增产效果。

(二)硫酸铵

硫酸铵$[(NH_4)_2SO_4]$简称硫铵,含氮量为 20%~21%,通常以它作为标准氮肥来衡量其他氮肥的肥效。

1. 性质

纯净的硫酸铵是无色结晶体。炼焦厂的副产品硫酸铵,因含有少量杂质而带有颜色。

硫酸铵吸湿性小;易溶于水,在 20 ℃时,100 kg 水可溶解硫酸铵 75 kg,是速效氮肥。化肥厂生产的硫酸铵含有少量游离酸,水溶液呈弱酸性反应。硫酸铵化学性质较稳定,在施入土壤前不分解,不挥发,也很少吸湿结块。

2. 在土壤中的转化

硫酸铵施入土壤后,能很快溶解在土壤溶液中,解离为铵离子和硫酸根离子。由于植物的选择吸收作用,植物吸收 NH_4^+ 的数量大大超过吸收 SO_4^{2-} 的数量,造成 SO_4^{2-} 残留在土壤中,增加了土壤酸性。所以硫酸铵为生理酸性肥料。

硫酸铵施于不同的土壤会发生不同的变化。施入石灰性土壤或碱性土壤会造成氨的挥发损失。因此,在石灰性土壤或碱性土壤上施用硫酸铵应深施并及时覆土。

硫酸铵施于酸性土壤,易导致土壤进一步酸化,因此,应配合施用石灰和有机肥料。

硫酸铵施用在中性或石灰性土壤上,硫酸根离子与钙结合,生成溶解度较小的硫酸钙,存留于土壤上,存留量多时,易堵塞土壤孔隙,引起土壤板结。所以,长期连续施用硫酸铵的地块,应注意增施有机肥料,以保持土壤疏松。

在还原性较强的水田,长期大量施用硫酸铵,土壤中大量残留的硫酸根还原生成 H_2S,会毒害水稻,使稻根发黑,阻碍根系吸收。所以,水田不宜长期大量施用硫酸铵。

3. 施用

硫酸铵适用于各种植物,可作基肥、种肥和追肥。

作基肥,可直接撒施,随耕翻入土,但多雨地区一般不作基肥,以免铵离子硝化后形成硝酸根离子而遭淋失。

作追肥,可采用开沟条施、穴施、浇施等方法,施后盖土。水田应结合中耕施用。

作种肥,一般多采用直接拌种,是一种经济有效的施用方法。拌种时应注意保证种子和肥料呈干燥状态,随拌随播。也可用硫酸铵加肥土与水调成糊状,用于水稻等移栽作物蘸秧苗根,随蘸随栽,也有良好效果。

(三) 氯化铵

氯化铵(NH_4Cl),简称氯铵,含氮量 24%~25%。氯化铵是制碱工业的副产品,制造方法简单,成本较低,是我国有发展前途的化肥品种。

1. 性质

氯化铵一般为白色或淡黄色结晶细粒,易溶于水(20 ℃时,每 100 kg 水溶解氯化铵 36 kg),吸湿性比硫酸铵稍大,物理性质较好,一般不易结块。为速效性肥料。

2. 在土壤中的转化

氯化铵在土壤中可电离为 NH_4^+ 和 Cl^-,作物吸收 NH_4^+ 多于 Cl^-,因此属于生理酸性肥料。氯化铵施入土壤后,其转化的情况与硫酸铵基本相似。所不同的是,由于代换作用生成的氯化物比硫酸盐溶解度要大,在灌溉及排水良好的条件下,可被淋失。但在排水不良的盐渍土壤里,氯化钙很难排除而积累,使土壤溶液浓度增加而不利于作物生长。

$$[土壤胶粒]Ca^{2+}+2NH_4Cl \longrightarrow [土壤胶粒]^{NH_4^+}_{NH_4^+}+CaCl_2$$

在酸性土壤中,氯化铵和土壤代换作用的结果可生成盐酸,使土壤酸化。

$$[土壤胶粒]^{H^+}_{H^+}+2NH_4Cl \Longrightarrow [土壤胶粒]^{NH_4^+}_{NH_4^+}+2HCl$$

氯化铵因含有 Cl^-,可抑制硝化作用进行,在水田施用有利于氯素的保存,又可避免施硫酸铵造成硫化氢对稻根的危害。因此,氯化铵在水田施用优于硫酸铵。

3. 施用

(1) 氯化铵可作基肥和追肥,施用方法同硫酸铵,但不宜作种肥和秧田追肥。必须作种肥时,不能用作拌种,不能直接与种子接触,以免影响种子的发芽和幼苗生长。

(2) 氯化铵适宜施在酸性和石灰性土壤上,但不适宜施用在排水不良的低洼地、盐碱地和干旱土壤。酸性土壤施用氯化铵应配合石灰施用,石灰性土壤上施用氯化铵应深施覆土。

(3) 忌氯植物,如烟草、甜菜、甘蔗、马铃薯、柑橘、葡萄和茶树等,不能施用氯化铵,以免降低产品品质。但对于缺氯土壤和喜氯植物,如棉花、麻类作物等,适当增施氯化铵可以提高产量和品质。

(四) 硝酸铵

硝酸铵(NH_4NO_3)简称硝铵,含氮量33%~34%,是目前我国大量生产的一种高效氮肥。

1. 性质

硝酸铵为白色结晶体,含杂质时呈淡黄色,含氮量较高,其中,铵态氮和硝态氮各半,兼有两种形态氮素的特性。硝酸铵具有易吸湿结块的性质,当空气湿度大时,吸湿后会变成糊状直至溶解成液体,给运输、贮藏和施用带来很大不便。为了降低其吸湿性,工业上一般把硝酸铵制成颗粒状,并在粒外面包上一层矿质油、石蜡等疏水物质,以减少吸湿性,便于贮藏和施用。

硝酸铵具有易燃性和易爆性,在高温下分解,体积骤增,可发生爆炸。所以,不要把硝酸铵与油脂、棉花、火柴等易燃物品存放在一起,应存放在冷凉干燥处。如硝酸铵吸潮结块,要用木棍敲碎或用水溶解后施用,切不可用铁锤猛击。

2. 在土壤中的转化

硝酸铵施入土壤后,很容易溶解在土壤溶液中,解离成 NO_3^- 和 NH_4^+,可为植物所吸收。NH_4^+ 对土壤的影响与铵态氮肥相同,NO_3^- 不易被土壤吸附,极易随水流失。

3. 施用

硝酸铵适用于各种土壤和各种作物,但一般不作基肥,尤其在多雨地区和多雨季节,更不宜作基肥。硝酸铵吸湿性很强,易吸水溶解,如与作物种子接触会影响种子萌发和幼苗生长,所以一般也不宜作种肥。硝酸铵容易流失且在嫌气条件下易发生反硝化作用,一般不宜在水田施用。硝酸铵宜作追肥,施用时宜少量多次,并结合中耕、灌水,以提高肥效。

(五) 尿素

尿素[$CO(NH_2)_2$]含氮量46%,是目前我国常用的固体氮肥中含氮量最高的化学肥料。

1. 性质

尿素为白色结晶,一般吸湿性不大,但当温度超过20 ℃、相对湿度超过80%时,吸湿性增加。目前生产上应用的颗粒状尿素都是为降低吸湿性、外包一层石蜡等疏水物质而制成的。尿素中含有缩二脲杂质,对作物有毒害作用,因此,尿素产品中,缩二脲含量不能超过1%;根外追肥用的尿素,缩二脲含量不能超过0.5%。尿素易溶于水,水溶液呈中性反应。

2. 在土壤中的转化

尿素施入土壤以后,初期以分子状态存在于土壤溶液中,其中一小部分以分子状态进入植物体,另一小部分被土壤吸附,而大部分尿素在土壤中转变为碳酸铵,并进一步分解释放出氨,也可以被水解产生碳酸氢铵和一水合氨。由于它们都极不稳定,易分解释放出氨,所以,尿素应深施覆土。尿素转化后不含副成分,连年施用对土壤无不良影响。由于尿素只有经过转化后才能充分发挥肥效,因此,与其他氮肥相比较,在施用时应适当提前3~5 d,尤其在气温较低的地区或气候寒冷的季节,更应提前7~8 d施用。尿素在土壤中的变化情况如图4-3所示。

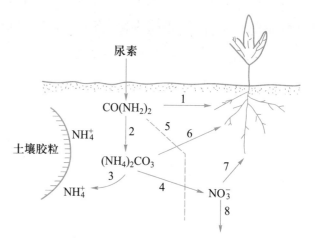

1. 少部分尿素被植物吸收; 2. 大部分尿素转化为碳酸铵;

3、6. 水解产生的NH_4^+一部分被土壤胶粒交换、吸附而暂存,一部分被植物吸收; 4、5. 尿素和碳酸铵不稳定,易分解释放出NO_3^-;

7、8. 一部分NO_3^-被植物吸收,另一部分则随灌溉水或雨水下渗。

图4-3 尿素在土壤中的变化情况

尿素的转化速度与土壤温度、湿度及土壤酸碱度有关。土壤中性、温度较高、水分适宜时转化较快;温度为7~10 ℃时需要7~10 d,温度为30 ℃时仅需1 d。只有转化成铵态氮后,才可被植物大量吸收。

3. 施用

(1) 尿素适用于各种土壤和作物,可作基肥和追肥。施用时应注意深施覆土,以减少氨的挥发损失。尿素在旱田作基肥时,粮食作物用量为150~300 kg/hm²,混匀撒施田面,随即耕耙。作追肥时,应比其他氮肥早3~5 d,旱田采用沟施或穴施,施肥深度7~10 cm,施后覆土,防止氨的挥发损失。水田施用尿素应防止流失。作基肥时可先撒施后耕翻入土,停3~7 d,待尿素转化为碳酸铵后再灌水耙田,用量为225 kg/hm²左右。作追肥时,田面应保持浅水层施,过2~3 d再灌水。水稻追肥可采用"以水带氮"深施法,即施肥前先排水,将尿素撒施于土表随即灌水,尿素随水进入耕层中,可减少氮的损失,用量以 150 kg/hm² 左右为宜。

(2)由于尿素含氮量高,养分浓度大,作种肥易使种子中蛋白质变性,且尿素具有一定的吸湿性,会影响种子萌发和幼苗根系生长,故一般不作种肥。若需要作种肥,应避免与种子直接接触。

(3)尿素特别适宜于作根外追肥,这是因为尿素分子体积小,容易透过细胞膜而进入细胞体内。加上尿素具有吸湿性,有利于叶片吸收。尿素为中性,电离度小,不易烧伤作物茎叶,也不易出现质壁分离现象。即使偶尔发生,也比较容易恢复正常。

尿素用于根外追肥时,应选择缩二脲含量小于 0.5% 的尿素。喷施浓度一般控制在 0.2%~2%,每 7~10 d 喷一次,具体溶液浓度应随作物种类不同而有所不同,见表 4-1。

表 4-1 各种作物喷施尿素的适宜浓度

作物种类	浓度/%
稻、麦、禾本科牧草	1.5~2.0
萝卜、白菜、菠菜、甘蓝、黄瓜	1.0~1.5
甘薯、马铃薯、西瓜、茄子、花生、柑橘	0.4~0.8
桑、茶、苹果、梨、葡萄	0.5
柿、番茄、葱、温室黄瓜	0.2~0.3

现将常用氮肥的主要性质和施用要点汇总于表 4-2。

表 4-2 常用氮肥的主要性质和施用要点

肥料形态	肥料名称	化学成分	含氮量/%	酸碱性	主要性质和特点	施用技术要点
铵态	液氨	NH_3	82	碱性	沸点很低,极易挥发,在常温、常压下为气体,在 1 722.5~2 026.5 kPa(17~20 个大气压)时为液体	需用施肥机械施用,施用深度以 20 cm 左右为宜
	氨水	$NH_3 \cdot H_2O$	12~17	碱性	液体肥料,呈强碱性,除挥发性强以外,有渗漏问题,有强烈的腐蚀性	旱田施用氨水无论作基肥还是追肥都应开沟深施,水田可随水滴灌。贮运过程中应防挥发、防渗漏和防腐蚀
	碳酸氢铵	NH_4HCO_3	16.8~17.5	弱碱性	是化学性质不稳定的白色晶体,易吸湿分解,易挥发,有强烈的氨味。湿度越大,温度越高,分解越快,易溶于水	贮存时要防潮、低温、密闭。施用时应深施(10 cm 左右)覆土,作基肥、追肥均可,不可作种肥

续表

肥料形态	肥料名称	化学成分	含氮量/%	酸碱性	主要性质和特点	施用技术要点
铵态	硫酸铵	$(NH_4)_2SO_4$	20~21	弱酸性	吸湿性小,是生理酸性肥料。易溶于水,作物易吸收	宜作种肥,作基肥、追肥亦可。施于石灰性土壤也应深施覆土,防止挥发。酸性土壤长期施用时,应配合施用有机肥或石灰
	氯化铵	NH_4Cl	24~35	弱酸性	吸湿性小,是生理酸性肥料。易溶于水,作物易吸收	作基肥、追肥均可,但不宜作种肥。盐碱地和忌氯作物上不宜施用。施于水田的效果比硫酸铵好
硝态	硝酸钠	$NaNO_3$	15~16	中性	吸湿性强,是生理碱性肥料。易溶于水,作物易吸收	适用于中性和酸性土壤,一般作追肥用,在干旱地区可作基肥。不宜作种肥,水田施用效果差,盐碱地不宜施用。贮存时应防潮
	硝酸钙	$Ca(NO_3)_2$	13~15	中性	为钙质肥料,有改善土壤结构的作用。吸湿性强,是生理碱性肥料	适用于各类土壤和各种作物,但不宜作种肥,不宜在水田施用,一般作追肥效果好。贮存时应防潮
	硝酸铵	NH_4NO_3	34~35	弱酸性	吸湿性强,易结块,是生理中性肥料,无副成分,易燃	适用于各类土壤和各种作物,但因吸湿性强不宜作种肥,施于水田效果差。贮存时应注意防潮,不要和易燃物同存一处,以免发生火灾
酰胺态	尿素	$CO(NH_3)_2$	45~46	中性	有一定的吸湿性,长期施用对土壤无不良影响。尿素在土壤中转化,与土壤酸碱度、湿度、温度等条件有关,温度高时转化快	适宜作基肥。适用于各类土壤和各种作物。作追肥应比一般肥料提前4~5 d。不宜作种肥。尿素作为根外追肥最为理想,但含缩二脲多的尿素,不应作根外追肥

三、氮肥的合理施用

（一）氮肥利用率及提高利用率的措施

氮肥利用率是指所施氮肥的有效成分被当季植物吸收利用的比例,即当季植物从所施用氮肥中吸收氮素的质量分数。

$$氮肥利用率(\%) = \frac{(氮肥区收获物总氮量)-(无氮肥区收获物总氮量)}{氮肥区所施氮肥中氮素的总量} \times 100\%$$

氮肥利用率越高,施入土壤中的氮素损失就越少,氮肥的经济效益就越高。我国氮肥的利用率为 30% ~ 50%,而日本、美国等发达国家在 50% ~ 60%,欧盟国家的氮肥利用率高达 70% 左右。由此可见,每年施入土壤的大量氮肥,有将近一半未被植物吸收利用。合理施用氮肥的基本出发点是减少氮素的损失,提高氮肥利用率,充分发挥氮素化肥的经济效益。为提高氮肥利用率,常采用以下措施。

（1）深施立即覆土 深施立即覆土可以增加土壤对铵态氮肥的吸附保持,减少氮素的挥发损失。对硝态氮肥也可以减少地面径流而引起的流失。

（2）铵态氮肥造粒深施 这是提高氮肥利用率、促进作物增产的一种科学施氮技术。例如,粉状碳酸氢铵在水稻上施用,其利用率只有 30%,而造粒深施后利用率可提高到 56%。据各地试验资料,一般每千克碳酸氢铵粒肥,可增产稻谷 2.1 ~ 3.4 kg、小麦 3.3 kg、玉米 3.2 kg。

（3）使用氮肥增效剂 氮肥增效剂(如硝化抑制剂)是一种有机化学物质,与氮素化肥混合施用,可抑制土壤中的硝化作用,减少氮素化肥由于脱氮作用造成的损失,提高氮肥利用率。氮肥增效剂的效果,因施用条件不同而有较大差别,一般水田效果比较明显。

（二）氮肥合理施用技术

1. 根据植物特性合理施用氮肥

不同作物对氮素的需要量不同,叶菜类、桑、茶叶等以叶为收获对象的作物,需氮肥量较多;而豆科植物需氮肥量相对较少,仅生长初期可以施用氮肥。同种作物不同品种耐肥性不同,需氮量也不相同;同一作物不同生长发育时期,需氮量也不相同。因此,应根据作物种类和不同生长发育时期确定施肥量。

不同作物对各种形态氮肥的反应也不相同。一般水稻施铵态氮肥最为合适。马铃薯等含淀粉多的作物,也适宜用铵态氮肥。甜菜则宜施硝态氮肥。小麦、玉米等作物对铵态氮肥和硝态氮肥的反应差别不大。马铃薯、烟草、甘薯、茶等忌氯植物尽量不要施用含有 Cl^- 的肥料,如氯化铵会降低块根、块茎类作物的淀粉含量,影响烟草的燃烧性和气味,降低茶叶的品质等。

2. 根据土壤条件合理施用氮肥

氮肥施入土壤,既受土壤性质的影响,也会影响土壤性质,因此,应根据土壤条件选择氮肥的品种。

土壤有机质含量高,含氮也多,这样的土壤可以少施或不施氮肥;质地轻的土壤,保肥性差,要少量多次施用氮肥特别是硝态氮肥,以防止氮素的淋失。质地黏重的土壤可一次大量施用氮肥;碱性土壤施用生理酸性或化学酸性肥料;酸性土壤施用生理碱性和化学碱性肥料,以调节土壤酸度;在盐分高的土壤上尽量不要施用含 Cl^- 肥料和 Na^+ 肥料,避免土壤含盐量的增加。如我国南方高温多雨,土壤多呈酸性,应选用铵态氮肥和碱性、生理碱性肥料及富含钙质的肥料。石灰性土壤施用铵态氮肥时应注意深施覆土,防止氨的挥发。酸性土壤施用生理酸性肥料时,一定要配合施用有机肥料和石灰,以增加缓冲能力和中和土壤酸性。土壤质地轻的砂性土壤,每次施氮肥量不宜太多,应少量多次。

在同一土壤类型上,土壤水分状况与土壤含氮量是决定氮肥肥效的两个重要因素。在氮肥分配上,应优先施用在增产效果较好的土壤上,有利于充分发挥氮肥肥效,提高单产和均衡增产。对高产田,应控制用氮量,以免过度施用,导致增产不增收,甚至增肥减产。旱田土壤或干旱区土壤施用硝态氮肥效果较好,水田或多雨季节施用铵态氮肥效果较好。

3. 氮肥与其他肥料配合施用

植物的高产、稳产、优质,需要多种养分的均衡供应。以适宜比例的氮素肥料与一定量的磷、钾、微肥和有机肥配合使用,才能更好地发挥氮肥的增产效果。

(1) 氮肥与磷、钾肥和微量元素肥料的配合　我国目前大部分土壤缺磷少氮,相当一部分土壤缺钾和微量元素。因此,通过测土摸清土壤养分状况,实行氮、磷、钾、微量元素肥料配合施用,是合理施用氮肥的重要方法。

(2) 氮肥与有机肥配合施用　化学氮肥配合有机肥料施用,可以获得良好效果。有机肥含氮量偏低,氮的释放一般较慢,而化学氮肥含氮量高,又是速效肥,配合得当,缓急相济,互相补充,可以满足作物在生长发育过程中对氮的需要。有机肥的施用,既丰富了土壤中的各养分元素,还改善了土壤的理化性质,并对施用的化学氮肥有一定的稳肥作用,为提高氮素化肥的利用率创造了条件。另外,氮肥与有机肥配合施用,还能降低生产成本,克服化肥的副作用。

4. 加强水肥综合管理,提高氮肥利用率

大量试验研究表明,水和氮素存在耦合关系,土壤中水分的存在能促进植物对氮素的吸收。水肥综合管理,也能起到部分深施的作用,达到氮肥增产的目的。

5. 长效氮肥的应用

施用长效氮肥,有利于植物的缓慢吸收,减少氮素损失和生物固定,降低施用成本,提高劳动生产率(缓释肥、控释肥)。

 **能力培养**

当地氮肥施用情况调查

1. 调查准备

根据班级人数,按照每 3~5 人一组,分成若干组,由各组拟定调查提纲,经指导教师审阅修改后执行。

2. 调查活动

通过走访当地农业生产管理部门、农业技术人员、有规模的农场和有代表性的农户等,了解以下情况:

(1) 当地主要施用哪些氮肥?

(2) 施用氮肥效果如何?

(3) 当地施用氮肥存在哪些问题?

3. 调查报告

根据调查结果撰写不少于 500 字的调查报告,包括当地氮肥施用基本情况和存在问题,并针对存在问题提出改进建议。

随堂练习

1. 铵态氮肥、硝态氮肥和酰胺态氮肥各有什么特点?

2. 碳酸氢铵的性质有哪些? 在土壤中是怎样转化的? 施用时应注意哪些问题?

3. 硝酸铵在贮运过程中应注意哪些问题? 为什么硝酸铵不宜作种肥和在水田施用?

4. 尿素为什么特别适宜作根外追肥? 施用时应注意什么问题?

5. 长期连续施用硫酸铵会对土壤性质产生什么影响,怎样防止?

6. 氯化铵施用的适宜土壤和作物有哪些? 怎样合理施用?

7. 什么是氮肥利用率,怎样才能提高氮肥利用率?

8. 试论述氮素化肥的合理施用技术。

项 目 小 结

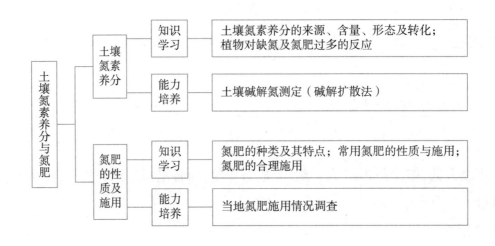

项 目 测 试

一、名词解释

氮肥利用率;铵态氮肥。

二、填空题

1. 植物主要吸收无机态的氮素,其主要形态是_____态氮和_____态氮。

2. 土壤中的氮素养分有_____和_____两种形态,其中,_____占全氮的98%以上。

3. 铵态氮肥遇碱性物质易分解生成_____而挥发损失,因此,铵态氮肥在贮存和施用时,切忌与_____、_____等碱性物质混合。

4. 根据氮肥中氮素的形态,可以把氮肥分为_____氮肥、_____氮肥和_____氮肥三类。

5. 碳酸氢铵施入土壤后可以解离为_____离子和_____离子,或被植物利用,或形成_____释放到大气中,故不影响土壤性质。

6. 由于碳酸氢铵分解时产生_____,对种子有毒害作用,故一般将其作_____和_____,而不能作种肥。

7. _____受热分解放出氧气,易燃易爆,在贮运过程中应注意安全。如果肥料吸潮结块,要用_____敲碎或水溶解后施用,切不可用_____猛击。

8. 尿素是_____态氮肥,是我国目前常用的固体氮肥中含氮量最高的一种,其含氮量为_____%。

9. 尿素适宜于各种土壤和作物,可作_____肥和_____肥,并是_____肥最适宜的氮肥肥源。由于尿素只有转化后才能被植物吸收利用,所以与其他氮肥相比,施用期一般应提前_____天。

10. 植物缺乏氮素的主要表现是生长受阻,植株_____,_____部的叶片首先_____。如果氮肥过多,极易造成植物茎叶_____,叶色_____。

三、单项选择题

1. 下列化肥中,( )不适用于甘薯、烟草、甘蔗等植物。

A. NH_4Cl　　　　　B. $(NH_4)_2SO_4$　　　　　C. NH_4HCO_3　　　　　D. $CO(NH_2)_2$

2. 下列关于植物缺氮症的描述,错误的是( )。

A. 植株矮小　　　B. 叶色变淡　　　C. 新叶先黄化　　　D. 早衰

3. 下列关于植物氮过多症状的描述,错误的是( )。

A. 贪青晚熟　　　B. 易倒伏　　　C. 易感染病虫害　　　D. 叶色发黄

4. 尿素、碳酸氢铵、硝酸铵分别是( )肥料。

A. 铵态氮、硝态氮、酰胺态氮　　　　　B. 酰胺态氮、铵态氮、硝态氮

C. 铵态氮、酰胺态氮、硝态氮　　　　　D. 硝态氮、铵态氮、酰胺态氮

5. 土壤中的硝酸盐还原为气态氮而损失的作用被称为( )。

A. 氨化作用　　　B. 硝化作用　　　C. 反硝化作用　　　D. 氨的挥发

6. ( )分子体积小,易吸收,不易烧伤叶片,是理想的根外追肥肥料。

A. 尿素　　　B. 硫酸铵　　　C. 碳酸氢铵　　　D. 硝酸铵

7. 下列为生理酸性肥料的是( )。

A. 碳酸氢铵　　　B. 氯化铵　　　C. 硝酸铵　　　D. 尿素

8. 下列有关氮肥施用描述正确的是( )。

A. 水稻施硝态氮肥最合适　　　　　B. 盐碱土适宜施用氯化铵

C. 砂土施用氮肥应少量多次　　　　　D. 铵态氮肥深施可减少地表径流损失

四、判断题

1. 氮素是植物体中可以移动再利用的元素。　　　　　　　　( )

2. 碳酸氢铵适用于各种土壤,对大多数植物均有良好作用。　　( )

3. 硝态氮肥不适用于水田。　　　　　　　　　　　　( )

4. 硫酸铵可作基肥、追肥、种肥。　　　　　　　　　　( )

5. 氯化铵可以长期在盐碱土上施用。　　　　　　　　　( )

6. 碳酸氢铵适宜作种肥。　　　　　　　　　　　　( )

7. 尿素施入土壤后,尿素分子大部分被作物直接吸收。　　　( )

8. 硝酸铵结块时应用铁器击碎。　　　　　　　　　　( )

9. 长期施用碳酸氢铵不影响土壤性质。　　　　　　　　( )

10. 硝酸钙为生理酸性肥料。   (   )

五、简答题

1. 简述铵态氮肥的性质。

2. 简述硝态氮肥的性质。

3. 为什么说尿素最适宜作根外追肥?

4. 简述碳酸氢铵的施用技术要点。

六、论述题

1. 土壤中的氮素有哪些形态? 它们是怎样转化的?

2. 结合当地生产情况,分析氮肥利用率不高的原因,并提出氮肥合理施用措施。

项目 5

土壤磷素养分与磷肥

项目导入

　　王老师今天带领现农22-1班30名学生进行教学实习,内容是到田间观察植物缺素症,调查本地区植物营养状况,并写成调查报告。同学们一路欢呼雀跃,像出笼的小鸟,叽叽喳喳,开心极了。刚到实习基地,就被一旁的张师傅叫住了,"同学们,大家快来帮忙看看这块地里的玉米怎么了?"只见玉米生长瘦弱,大部分叶片较小,叶色灰绿带紫色,色泽较暗;玉米棒有的小且扭曲,大部分籽粒发育不足,秃尖严重;将玉米拔出,发现根短而细。老师看大家观察得非常认真,问道:"同学们,玉米到底生什么病了呢? 是病虫害造成的呢,还是患上了缺素症? 如果患上了缺素症,又如何来判断缺乏的是哪一种元素呢? 除了对玉米外观形态进行观察诊断,还有什么方法可以帮助我们呢? 这就像我们去医院看病一样,医生要通过"望闻问切"来给病人进行诊断,我们也可以采用化学分析方法测定土壤和植株中某种营养元素的含量,对照各种营养元素缺乏的临界值加以判断。请同学们仔细观察,详细记录,各小组讨论形成结论后进行展示,并说明理由。"同学们的求知欲很强,大家按照要求立即进行调查工作。

　　通过本项目的学习,了解磷的含量、形态、转化及作用。

　　本项目将要学习:(1) 土壤磷素养分;(2) 磷肥的性质及施用。

任务 5.1 土壤磷素养分

任务目标

知识目标：1. 了解土壤磷素养分含量及形态。

2. 了解土壤磷素固定的原因。

3. 掌握植物对缺磷及磷肥过多的反应。

技能目标：提高观察能力，掌握植物缺磷及磷肥过多时的反应症状。

素质目标：1. 培养勇于实践的科学态度。

2. 意识到全面发展的重要性，不断自我完善。

知识学习

一、土壤磷素养分的含量及形态

(一) 土壤磷素养分的含量

土壤中磷的来源主要是地壳和含磷矿物，施肥也是主要来源之一。土壤磷素养分的含量，常以全磷量和有效磷表示。全磷量是指土壤中磷的总量，它是反映土壤磷素总贮量的一个相对指标，是有效磷的基础。土壤有效磷是指作物能吸收利用的磷素，常用 0.5 mol/L NaHCO$_3$ 浸提法测定，是施肥量的依据。我国土壤全磷量(以 P$_2$O$_5$ 计)一般在 0.2~3.0 g/kg 之间，其变化趋势为由南到北逐渐增加。南方的砖红壤全磷量很低，北方的石灰性土壤全磷量则比较高。由于磷在土壤中的移动性很小，加上耕作施肥制度的不同，在同一地区内不同地块之间全磷量也有较大差异。

(二) 土壤磷素养分的形态

土壤中的磷素可以分为有机磷和无机磷，两者可以互相转化。

1. 土壤有机磷

土壤有机磷来源于动植物和微生物残体，以及有机肥料中的含磷有机化合物，如核蛋白、核酸、磷脂、植素等，这些含磷有机化合物只有极少部分(如核酸)可以被植物吸收，其余有机磷化合物需经微生物分解转化后，才能被植物吸收利用。

土壤中的有机磷占全磷的 20%~50%。其含量随土壤有机质的增加而提高。

2. 土壤无机磷

土壤中的无机磷主要以磷酸盐形态存在。无机态磷酸盐种类较多,成分也比较复杂,主要有磷酸钙盐、磷酸铝盐、磷酸铁盐,其溶解度取决于它们的组成成分。一般情况下,磷酸二氢根($H_2PO_4^-$)的磷酸盐溶解度大于磷酸氢根(HPO_4^{2-}),磷酸氢根的磷酸盐大于磷酸根(PO_4^{3-})。在金属离子组成中,碱金属(钾、钠)的磷酸盐溶解度最大,碱土金属(钙、镁)和铁、铝的磷酸盐溶解度比较小。磷酸盐的溶解度,也和土壤 pH 有关。一般磷酸钙盐均有随 pH 降低而其溶解度逐渐增大的趋势;而铁、铝磷酸盐,则在一定范围内随着 pH 上升其溶解度逐渐增大。根据磷酸盐的溶解度,可将土壤中的无机磷分为水溶性磷、弱酸溶性磷和难溶性磷。

(1) 水溶性磷　水溶性磷包含那些能在常温下被水溶解的磷酸盐,如磷酸钾、磷酸钠、磷酸一钙等。它们易被植物直接吸收利用,肥效快,是有效磷。水溶性磷在土壤中很不稳定,容易受各种因素作用而转化为溶解度低的磷酸盐,降低有效性。

(2) 弱酸溶性磷　弱酸溶性磷也称枸溶性磷。是指能够被弱酸溶解,但不溶于水的磷,如磷酸氢钙等。它们不能被植物直接吸收,只能为植物根系所分泌的弱酸或土壤中的其他弱酸溶解后供植物吸收利用。因此,这种形态的磷素也是有效磷。通常所说的土壤有效磷一般包括水溶性磷和弱酸溶性磷。

(3) 难溶性磷　难溶性磷是指那些不能被水和弱酸溶解的磷。这种形态的磷素大多数植物不能直接吸收利用,在土壤中受环境条件的影响而发生变化,逐步转化成有效磷后,才能被植物吸收利用。当土壤 pH 高于 7 时,磷酸钙是主要形态;在酸性土壤中,磷酸铁和磷酸铝是主要形态。难溶性磷的溶解度很小,很难被植物吸收利用,只有在长期的风化过程中,磷素才能释放出来。

水溶性磷和弱酸溶性磷统称为有效磷或速效磷,难溶性磷则称为迟效磷。这三种类型的磷素,在一定的条件下可以相互转化,随着磷酸盐的转化,其有效性也在发生变化。

二、土壤中磷素的固定与释放

(一) 土壤中磷素的固定

土壤中的可溶性磷转变为难溶性磷,称为土壤中磷素的固定。磷素的固定使土壤中有效磷的数量减少,降低了磷肥的利用率,严重影响磷素效果的发挥。一般作物对磷肥的利用率不到30%。所以,了解土壤磷固定的原因,进而采取有效措施减少磷的固定,对提高磷肥的利用率有重要意义。

1. 化学固定

产生化学固定的原因,主要是土壤中存在着大量的钙、镁、铁、铝等阳离子,与可溶性磷酸盐作用,形成难溶性磷化合物。这种固定作用在不同的土壤中表现不同。在石灰性土壤中,水溶性磷酸盐与土壤中的钙结合,生成磷酸二钙;磷酸二钙与钙盐继续作用,逐渐形成溶解性很小的磷酸八钙,继而形成难溶性的磷酸十钙。这些含钙的磷酸盐统称钙磷(Ca-P)。在酸性土壤中,水溶性磷酸盐和弱酸溶性磷酸盐与土壤溶液中的活性铁、铝或土壤胶体颗粒上吸附的铁、铝离子作用,生成难溶性的磷酸铁、磷酸铝沉淀。这些磷酸铁、磷酸铝又称铁磷(Fe-P)、铝磷(Al-P)。上述钙磷、铁磷和铝磷的生成是导致磷有效性大为降低的主要原因。

2. 阴离子交换固定

这种固定主要发生在酸性土壤中。因为在酸性土壤中,有一些黏土矿物,当土壤 pH 在 5~6 时,黏土矿物晶格的表层氢氧根离子(OH^-)群能部分解离,与磷酸根离子进行阴离子交换,使磷酸根固定在胶粒的表面。但当土壤条件发生改变时,如土壤 pH 升高,土壤酸性减小,被固定的磷酸根离子便能重新释放出来。因此,对酸性土壤增施适量石灰,调节土壤酸碱状况,有利于提高磷素的有效性。

3. 生物吸收固定

这种固定是指土壤微生物吸收有效态磷酸盐,构成自己的躯体,使之变成有机态磷化合物。这种生物固定作用是暂时的,当微生物死亡后,经过分解,仍然能将磷素释放出来供植物吸收利用。

在不同土壤上,土壤磷的固定强度有较大差别。土壤酸碱反应在微酸性至中性(pH 在 6~7)范围内,或有机质含量较高的土壤中,磷素的固定较弱,有效性较高。酸性土壤和石灰性土壤,磷素的固定较强,有效性较低。

综上所述,土壤磷素的固定作用相当普遍,故此,如何提高磷的有效性,减少磷的固定,是需要研究解决的重要问题。生产上经常采用的磷肥集中施、与有机肥配合施、酸性土壤施石灰等措施,都可以减少磷肥的固定,提高磷的有效性。

(二) 土壤中磷素的释放

土壤中磷素的释放是土壤磷素的有效化过程。

1. 难溶性磷酸盐的释放

难溶性磷酸盐经过物理、化学、生物化学的风化作用,会逐渐溶解转化为水溶性磷酸盐;另外,土壤淹水后,包蔽在磷酸盐外层的氧化铁胶膜也可能还原溶解,从而使闭蓄态磷转化为非闭蓄态磷。

2. 有机磷的矿质化

有机磷化合物在磷酸酶作用下,逐渐分解释放出磷酸。土壤水分适宜、温度较高、通气良好的环境,微生物活动旺盛,有机磷矿质化较快。

土壤有效磷与无效磷的转化,主要与土壤 pH、有机质的分解、氧化还原条件等因素有关。改良酸碱土、增施有机肥都可以提高磷的有效性。

三、植物对缺磷及供磷过多的反应

磷素的作用是促进植物体细胞分裂和生长,促进光合作用和呼吸作用,加强植物体内糖分、脂肪、蛋白质的代谢、转化和积累。土壤供磷充足时,植株生长发育良好,产量高、品质优。但土壤缺磷或磷素供应过多,都会对植物产生不良影响。

(一) 植物对缺磷的反应

植物缺磷时,植物体细胞分裂受阻,在形态上表现为生长迟缓,根系发育不良,叶片狭窄,叶色暗绿,严重时变为紫色。同时,植株矮小,结实不良,产量低,品质差。但植物种类不同,对缺磷的反应不同,缺磷症状也不同。

1. 禾谷类作物

水稻和小麦缺磷时,分蘖延迟,分蘖数减少,甚至不分蘖;株型细小且直立,水稻出现"僵苗""坐蔸"。小麦出现"小老苗",叶色灰绿带紫色,根短而细,次生根少;生长中后期抽穗不整齐,穗小粒少,空壳率高。玉米则秃顶严重。

2. 棉花

缺磷时棉株矮小,叶色暗绿,易落花、落蕾,结桃少,吐絮晚,成熟迟。

3. 油菜

缺磷时出叶延迟,叶面积小,叶色暗绿,茎、叶柄和叶背面的叶脉呈紫色;抽薹开花延迟,分枝少;果荚瘦小、易脱落,籽粒瘪,出油率低。

4. 果树

果树缺磷时,展叶、开花物候期延迟,枝条萌芽率降低,新梢和细根生长减弱,叶片小;积累在组织中的糖分转变为花青素,枝叶呈灰绿色,叶缘发紫,叶柄和叶脉呈紫色,严重时叶片呈紫红色,暗无光泽,叶缘出现半月形的坏死斑,基部老叶脱落早;花芽分化不良,果实色泽不鲜艳,果肉发绿,含糖量降低,影响产量和品质,且果树抗寒、抗旱力减弱。如柑橘长期缺磷,生长受抑制,植株矮小,叶片狭小,越冬力差。桃树缺磷,果实出现畸形,着色很早,品质差。

另外,马铃薯、甘薯等块根、块茎类作物缺磷,块根、块茎小,不耐贮藏。

农业生产实践证明,大多数植物潜在缺磷时,外观上难以诊断。当植物出现缺磷症状时,缺磷已经到了相当严重的程度,植物已受到缺磷的危害,在这时候再增施磷肥往往难以补救。因此,在缺磷的土壤上,应早施磷肥。

(二) 植物对供磷过多的反应

磷素供应过多,会使植物呼吸作用过强,养分和能量大量消耗。不仅使植物营养生长期缩短,成熟期提早,而且还会引起锌、铁、镁等元素的缺乏,严重影响作物的产量和品质。因此,磷素供应过多,作物的外部形态特征常与缺锌、缺铁、缺镁等症状伴生。如禾谷类作物磷素供应过多,表现为无效分蘖过多,叶片肥厚而密集,叶色浓绿,节间过短,植株矮小,生长受抑制,繁殖器官加速成熟进程,瘪粒增加,产量降低。玉米磷素供应过多,会使叶片呈现缺绿症。烟草磷素供应过多时,烟叶的燃烧性差,品质下降。某些豆科作物若磷素供应过多,会使茎叶中蛋白质含量增加,而籽粒中蛋白质含量降低。果树磷素供应过多,会抑制氮的吸收,引起果树生长不良,如柑橘类果树磷素供应过多,果实中酸总量、可溶性固形物和维生素含量降低,易受寒害。另外,施磷过多,使土壤 pH 降低,土壤中铜离子活化而导致果树中毒。磷素供应过多,还会使叶类蔬菜纤维素含量增加。

能力培养

土壤有效磷含量测定

1. 目的意义

通过技能训练,理解 0.5 mol/L $NaHCO_3$ 浸提-钼锑抗比色法测定土壤有效磷的原理,掌握其测定方法。

2. 测定原理

用 $NaHCO_3$ 溶液(pH 8.5)浸提土壤有效磷,在石灰性土壤中,提取溶液中的 HCO_3^- 可以和土壤溶液中的 Ca^{2+} 形成 $CaCO_3$ 沉淀,从而降低 Ca^{2+} 的活度,使某些活性较大的 Ca-P 被浸提出来。在酸性土壤中因 pH 提高而使 Fe-P、Al-P 水解而部分被提取。在浸提液中由于 Ca、Fe、Al 浓度较低,不会产生磷的再沉淀。溶液中存在着 OH^-、HCO_3^-、CO_3^{2-} 等阴离子,也有利于吸附态磷的置换。浸出液中的磷,在一定的酸度条件下,用钼锑抗显色溶液还原显色成磷钼蓝,蓝色的深浅在一定浓度范围内与磷的含量成正比,因此,可用比色法测定其含量。

3. 仪器试剂

(1)仪器设备　天平(感量 0.01 g)、往复式振荡机、分光光度计、pH 计、三角瓶(250 mL 及配套瓶塞)、牛角勺、移液管(100 mL)、刻度移液管(10 mL、5 mL)、漏斗、容量瓶(50 mL)、方格坐标纸、无磷滤纸。

(2)试剂

① 碳酸氢钠浸提剂　[$c(NaHCO_3)$ = 0.5 mol/L,pH 8.5]:将 42.0 g 碳酸氢钠($NaHCO_3$,分析纯)溶于约 800 mL 水中,稀释至约 990 mL,用氢氧化钠溶液[$c(NaOH)$ = 4.0 mol/L]调节 pH 至 8.5(用 pH 计测定)。最后稀释到 1 L,保存于塑料瓶中。但保存不宜过久。

② 无磷活性炭粉　将活性炭粉先用 1∶1 HCl 溶液(体积比)浸泡过夜,然后在平板漏

斗上抽气过滤。用蒸馏水洗到无 Cl^- 为止。再用碳酸氢钠溶液浸泡过夜,在平板漏斗上抽气过滤,用蒸馏水洗去 $NaHCO_3$,最后检查到无磷为止,烘干备用。

③ 钼锑贮存溶液　将浓硫酸(H_2SO_4,分析纯)153 mL 缓慢转入约 400 mL 蒸馏水中,同时搅拌。放置冷却。另外称取 10 g 钼酸铵[$(NH_4)_6Mo_7O_{24} \cdot 4H_2O$,分析纯]溶于约 60 ℃ 的300 mL 蒸馏水中,冷却。将配好的硫酸溶液缓缓倒入钼酸铵溶液中,同时搅拌。随后加入酒石酸锑钾[$\rho(KSbOC_4H_4O_6 \cdot 1/2H_2O) = 5$ g/L,分析纯]溶液 100 mL,最后用蒸馏水稀释至1 000 mL。避光贮存。

④ 钼锑抗显色溶液　将 1.50 g 抗坏血酸($C_6H_8O_6$,左旋,旋光度+21°~+22°,分析纯)加入 100 mL 钼锑贮存溶液中。此溶液须随配随用,有效期 1 d。

⑤ 二硝基酚指示剂溶液　将 0.2 g 2,6-二硝基酚或 2,4-二硝基酚[$C_6H_3OH(NO_2)_2$]溶于 100 mL 水中。

⑥ 磷标准贮存溶液　[$\rho(P) = 100$ mg/L]:将 0.439 0 g 磷酸二氢钾(KH_2PO_4,分析纯,105 ℃烘 2 h)溶于 200 mL 水中,加入 5 mL 浓硫酸,转入 1 000 mL 容量瓶中,用水定容。此溶液可以长期保存。

⑦ 磷标准溶液　[$\rho(P) = 5$ mg/L]:取磷标准贮存溶液准确稀释 20 倍,即为磷标准溶液[$\rho(P) = 5$ mg/L]。此溶液不宜久存。

⑧ 稀硫酸溶液　$c(H_2SO_4) = 0.5$ mol/L。

⑨ 稀氢氧化钠溶液　$c(NaOH) = 1$ mol/L。

4. 操作步骤

(1) 待测液的制备　称取风干土样(过 1 mm 筛)5.00 g,置于 250 mL 三角瓶中,加入一小匙无磷活性炭粉,准确加入碳酸氢钠浸提剂 100 mL,塞紧瓶塞,在 20~25 ℃下振荡 30 min,取出后用干燥漏斗和无磷滤纸过滤于三角瓶中。同时做试剂空白试验。

(2) 定容显色　准确吸取浸出溶液 2~10 mL(含 5~25 μg P),移入 50 mL 容量瓶中,加入钼锑抗显色溶液 5 mL,摇动,将产生的 CO_2 气体排出。待 CO_2 充分放出后,用水定容,摇匀。在室温高于 15 ℃的条件下放置 30 min 显色。

(3) 比色　在分光光度计上用波长 660 nm(光电比色计用红色滤光片)比色,以空白试验溶液为参比液调零点,读取吸收值,在工作曲线上查出显色液的磷浓度(mg/L)。颜色在8 h 内可保持稳定。

(4) 工作曲线的绘制　分别吸取磷标准溶液 0.0 mL、1.0 mL、2.0 mL、3.0 mL、4.0 mL、5.0 mL、6.0 mL 放于 50 mL 容量瓶中,加入与试样测定吸取浸出液量等体积的碳酸氢钠浸提剂,加入钼锑抗显色溶液 5 mL,摇动,将产生的 CO_2 气体排出。待 CO_2 充分放出后,用水定容,摇匀。即得 0.0 mg/L、0.1 mg/L、0.2 mg/L、0.3 mg/L、0.4 mg/L、0.5 mg/L、0.6 mg/L 磷标准系列溶液,在室温高于 15 ℃的条件下放置 30 min 显色。以磷标准溶液 0.0 mg/L 为参比液调零点,比色,分别读取吸收值。在方格坐标纸上以磷浓度(mg/L)数为横坐标,读取的吸收值为纵坐标,绘制成工作曲线。

5. 结果计算

$$\omega(P) = \frac{\rho \times V \times ts}{m}$$

式中　$\omega(P)$——土壤有效磷质量分数,mg/kg;

ρ——从工作曲线查得的显色液中磷(P)浓度,mg/L;

V——显色液体积,mL(本操作为 50 mL);

ts——分取倍数,浸提液总体积÷吸取浸出液体积[本操作为 100 mL/(2~10 mL)];

m——称取的风干土样质量,g。

6. 注意事项

(1) 土样经风干和贮存后,测定的有效磷含量可能稍有改变,但一般无大影响。

(2) 浸提温度对测定结果有影响,因此必须严格控制浸提时的温度条件在 20~25 ℃。

(3) 浸提过滤后浸出液尚有颜色,将干扰比色结果。原因是活性炭粉用量不足,特别是对有机质含量较高的土壤,应特别注意活性炭粉的用量。

(4) 测定时吸取的浸出溶液体积应根据土壤有效磷的含量范围而定,土壤有效磷低于 30 mg/kg 者,吸 10 mL;在 30~60 mg/kg 之间者,吸 5 mL;在 60~150 mg/kg 之间者,吸 2mL,并用碳酸氢钠浸提剂补足至 10 mL。

(5) 加入钼锑抗显色溶液后必须充分摇动以赶净 CO_2,否则由于气泡的存在会影响比色结果。

7. 训练报告

撰写训练报告,内容包括:训练题目、时间、地点、方法原理、操作程序、数据记录、计算结果、收获与体会等。

随堂练习

1. 土壤中磷素的形态与植物的吸收利用有什么关系?

2. 为什么土壤中磷的利用率比较低?

3. 土壤缺磷和供磷过多对植物有什么影响?联系农业生产实际加以说明。

任务 5.2　磷肥的性质及施用

任务目标

知识目标：1. 了解常用磷肥的种类、性质。

　　　　　2. 熟知常用磷肥的正确施用方法。

技能目标：1. 掌握不同磷肥的性质及施用方法。

　　　　　2. 能根据土壤条件、作物特性及轮作换茬等生产实际合理施用磷肥。

素质目标：关注环境，做环境保护的实践者。

知识学习

一、磷肥的种类及其特点

生产磷肥的主要原料为磷灰石，磷灰石经过不同的加工方法，可制成不同性质的磷肥。目前我国生产磷肥的方法主要有机械法、酸制法和热制法三种。根据磷肥中磷酸盐的溶解性质，可将磷肥分为水溶性、弱酸溶性和难溶性三种类型。

（一）水溶性磷肥

水溶性磷肥能溶于水，易被植物吸收利用，主要成分是磷酸一钙。这类磷肥的主要特点是肥效快，为速效性磷肥，如过磷酸钙、重过磷酸钙。农业生产上常用的是过磷酸钙。

（二）弱酸溶性磷肥

弱酸溶性磷肥又称枸溶性磷肥，不溶于水，但能溶于弱酸，肥效较水溶性磷肥慢。这类磷肥主要成分是磷酸二钙，如钙镁磷肥、沉淀磷肥、钢渣磷肥、偏磷酸钙等。生产上常用的是钙镁磷肥。

（三）难溶性磷肥

这类磷肥中的磷酸盐不溶于水也不溶于弱酸，只有在较强酸中才能溶解，肥效很慢，但后效很长，一般在土壤中可持续几年。这类磷肥有磷矿粉、骨粉等。目前农业生产上常用的是磷矿粉。

二、常用磷肥的性质与施用

(一) 过磷酸钙

过磷酸钙是我国主要的磷肥品种,是酸制法磷肥的一种,是用硫酸分解磷灰石粉末而制成的肥料,简称普钙。它的主要成分是磷酸一钙[$Ca(H_2PO_4)_2 \cdot H_2O$]和硫酸钙,含有效磷14%~20%,含硫酸钙50%左右,还含有3.5%~5.0%的游离酸及2%~4%的硫酸铁、硫酸铝等杂质。过磷酸钙是目前我国农业生产中使用最广泛的一种磷肥。

1. 性质

过磷酸钙为灰白色或黑灰色的粉末或颗粒,有酸味,水溶液为酸性反应。其主要成分为水溶性的磷酸一钙,为速效磷肥。过磷酸钙具有一定的吸湿性,在潮湿的地方贮存会吸湿结块。由于其含有大量的硫酸钙,所以,也可以补充土壤中的硫素营养。

2. 在土壤中的转化

(1) 易被固定　过磷酸钙施入土壤后,水溶性的磷酸一钙除供植物吸收利用外,很容易被土壤固定,变成很难被植物吸收利用的成分,使过磷酸钙的利用率大为下降。过磷酸钙中磷的固定因土壤性质不同而有较大差别。在酸性土壤中,过磷酸钙中的磷能与土壤中的铁、铝结合,形成难溶性的磷酸铁、磷酸铝;在石灰性土壤中,由于存在大量的碳酸钙,磷酸一钙与过量的钙结合,会变成磷酸二钙,进而转化为磷酸八钙或十钙。这些形态的含磷化合物,都是难溶性的磷酸盐,很难被植物吸收利用。可见,过磷酸钙中磷的有效性与土壤的酸碱度关系密切。调节土壤酸碱度特别是降低酸性土壤的酸度,有利于提高过磷酸钙的利用率。

(2) 移动性小　过磷酸钙不仅易被固定,而且移动性很小,一般移动不超过3 cm,绝大多数集中在施肥点周围0.5 cm范围内,所以,集中施用可以提高肥效。

3. 施用

过磷酸钙适合于各种植物,可以作基肥、种肥和追肥,水田、旱地均可施用。过磷酸钙的水溶液可作根外追肥,进行叶面喷施效果很好。由于过磷酸钙中含有大量硫酸钙,对缺硫的土壤和缺硫的作物(如花生、大豆、马铃薯及十字花科作物)施用效果良好。

正确施用过磷酸钙必须针对其易被固定和移动性小的特点,一要尽量减少肥料与土壤的接触面积,以减少固定;二要尽量增大肥料与根系的接触面积,以利于根系的吸收。根据此原则,施用过磷酸钙应采用以下方法。

(1) 集中施用　过磷酸钙无论是作基肥、种肥还是追肥,均以集中施用的效果为好。集中施肥既可以减少过磷酸钙与土壤的接触面积,减少固定,又可以提高局部土壤磷素的供给强度,有利于植物根系的吸收。过磷酸钙作基肥施用时,应根据种植方式和根系特点进行,总的原则是应将磷肥施在根系密集层。条播作物和稀植作物可采用条施或穴施的方法,而密植作物或撒播作物,可在犁地时撒垡头,集中施于土壤耕层的中上层。对水稻可以采用塞秧窝的方法集中深施。另外,采用蘸秧根的方法效果也很好,具体做法:每亩用过磷酸钙5 kg与2~3倍的腐熟程度高的有机肥料,加泥浆拌成糊状,插秧前蘸根,随蘸随插。

过磷酸钙作种肥也是有效的施用方法。但过磷酸钙作种肥必须注意检查游离酸含量,如果酸度太高,应事先加1%~2%的草木灰与之混合,以消除游离酸的不良影响。过磷酸钙拌种,应随拌随播种,不可拌后长期放置,以免影响种子的出苗率。

（2）与有机肥料混合施用　过磷酸钙与有机肥料混合施用,可以减少磷的吸附和固定,又能为植物提供多种养料,从而促进植物根系发育,促进土壤微生物活动,增强磷的溶解性,提高过磷酸钙的有效性。具体方法:将计算好用量的有机肥和过磷酸钙在施入土壤前均匀混合,然后再施用。

（3）制成颗粒肥料　过磷酸钙制成颗粒肥料后,由于表面积减小,也减少了与土壤的接触面积,从而减少了过磷酸钙的固定,便于机械施肥,提高工作效率。但过磷酸钙的颗粒不宜过大,以粒径3~5 mm为宜,颗粒过大会使颗粒分布点过少,从而减少与植物根系接触的机会,降低颗粒肥肥效。

（4）酸性土壤上配施石灰　酸性土壤施用过磷酸钙,应预先施用石灰调节土壤酸度,以减少铁、铝、锰对磷的固定。在施用石灰时应注意,不能将石灰与过磷酸钙混合施用,以免水溶性磷与钙结合生成难溶性磷,降低肥效。因此,应在施石灰后,间隔数天再施磷肥。

（5）根外追肥　过磷酸钙作根外追肥,可以避免被固定,肥效能充分发挥。特别是在作物根部吸收能力减弱的情况下,根外追施过磷酸钙能及时补给作物对磷素营养的需要,有利于植物正常生长发育。一般喷施浓度为:水稻、小麦、果树等1%~2%,棉花、蔬菜等0.5%~1%;喷施方法是将过磷酸钙按比例加水,充分搅拌并浸泡过夜,取澄清液喷施。在作物开花期,喷施时不要喷在花上,以免影响授粉。

（6）分层施用　为了协调磷在土壤中移动性小和作物根系不断伸展的矛盾,应采用分层施肥方法,即2/3磷肥作基肥深施,以满足作物生育中、后期对磷的需要,另1/3作面肥或种肥。华北地区推广的一次性双层施肥,就是把磷肥的大部分在耕地时施于犁沟处,其余磷肥在耕后撒于地表,然后耙地,使其与土壤混合。

（二）钙镁磷肥

钙镁磷肥不能溶于水,能溶解于2%的柠檬酸。

1. 性质

钙镁磷肥是热制磷肥的一种,成分比较复杂,主要成分是$Ca_3(PO_4)_2$,含有效磷12%~20%,还含有25%~30%的CaO和15%~18%的MgO。呈碱性反应,pH 8.0~8.5。不溶于水,但能溶于弱酸。无腐蚀性,不吸湿,不结块,物理性质良好,便于运输、贮存和施用。

2. 施用

（1）作基肥和种肥，不作追肥　钙镁磷肥最适合作基肥。作基肥时注意两点：一是要早，使它在土壤中有较长时间溶解和转化；二是要集中施用，减少土壤的吸附和固定。作种肥时，可将钙镁磷肥施入播种沟或穴内，用量不可过大，土壤水分要充足。还可用钙镁磷肥蘸秧根或拌稻种，作秧田面肥效果也很好。

（2）根据不同作物种类施用　由于钙镁磷肥富含钙素，应优先施用在喜钙的苕子、蚕豆、豌豆等豆科作物和油菜作物上。水稻是需硅较多的作物，施用钙镁磷肥也比较适宜。

（3）根据不同土壤类型施用　由于钙镁磷肥不溶于水而溶于弱酸，因此，在酸性土壤上施用效果较好。石灰性土壤溶解力弱，小一些的钙镁磷肥颗粒，可以增加与土壤的接触面，提高肥效。因此，以 $80\% \sim 90\%$ 的肥料颗粒能通过 80 号筛（粒径为 0.177 mm）的细度为宜。

（4）与有机肥料混合或堆腐后施用　钙镁磷肥施用前，预先与有机肥料混合或堆腐后施用，可利用有机肥中产生的酸溶解钙镁磷肥中的磷素，能显著提高钙镁磷肥的肥效，又能减少土壤对磷的固定。

（三）磷矿粉

磷矿粉由磷矿石经机械粉碎磨细而成，既是各种磷肥的原料，也可以直接作磷肥施用。

1. 性质

磷矿粉成分复杂，因磷矿来源不同，成分差异较大，一般全磷量（P_2O_5）为 $10\% \sim 40\%$，其中弱酸溶性磷占 $1\% \sim 5\%$，其他全是难溶性磷。

磷矿粉一般为褐灰色粉末，外观似土，成分复杂，主要含磷酸三钙，其次还含有钙、硅、镁、铁、铝等多种氧化物，其全磷量因磷矿石的产地不同而差异很大。

2. 施用

由于磷矿粉是难溶性迟效磷，要转化成有效磷才能被植物利用，所以，促进磷矿粉的溶解和转化，是提高磷矿粉肥效的关键。

（1）优先施用在吸磷能力较强的植物上　各种植物吸收难溶性磷酸盐的能力有很大差异，一般豆科植物吸磷能力强，而禾本科植物弱。因此，磷矿粉应首先施在豆科绿肥植物上，充分利用其吸收难溶性磷的能力，把难溶性磷转变为有机体的磷，通过翻压绿肥腐解提供给后茬植物利用。多年生的经济林木，如橡胶、茶、柑橘等，对难溶性磷矿粉的吸收能力也很强。

（2）优先施用在缺磷的酸性土壤上　磷矿粉中磷酸盐的溶解度直接受土壤酸性的影响。土壤酸性越强，溶解磷矿粉的能力越大，肥效也越高，因此，磷矿粉在我国南方酸性土壤上施用肥效显著。但在强酸性(pH 4.5~5.0)土壤上施用磷矿粉时,需先施用石灰调节酸度,消除土壤酸度过强的不利影响,一周后再施磷矿粉。磷矿粉在北方石灰性土壤上施用效果差。

（3）与其他肥料配合施用 磷矿粉与1~2倍有机肥料混合堆沤后施用,可利用有机肥分解产生的酸溶解磷矿粉中的难溶性磷,提高肥效。另外,磷矿粉与化学酸性肥料(如过磷酸钙)、生理酸性肥料(如硫铵、氯化铵等)混合施用,也能提高肥效。

（4）合理的施用技术 磷矿粉是迟效肥,宜作基肥,早施,并采用撒施方法,以增加磷矿粉和土壤的接触面,有利于提高肥效。在一定条件下,磷矿粉的肥效通常与用量成正比,具体用量应根据磷矿粉的质量确定。一般用量为每亩50~100 kg。全磷量和弱酸溶性磷酸盐含量高的磷矿粉,用量可酌情减少;反之,则相应增加用量。

磷矿粉采用撒施作基肥效果较明显。磷矿粉颗粒越细,与土壤及作物接触面越大,肥效越高。磷矿粉具有释放养分缓慢而后效较长的特点,每次用量不宜过少,一般用量为75~150 kg/hm²,施用4~5年后停止施用2~3年。

常用磷肥的主要成分、性质与施用技术要点见表5-1。

表 5-1 常用磷肥的主要成分、性质与施用技术要点

种类	肥料名称	主要成分	磷含量(P_2O_5)/%	性质与特点	施用技术要点
水溶性磷肥	过磷酸钙	$Ca(H_2PO_4)_2 \cdot H_2O$	12~18	粉状,灰白色,有吸湿性和腐蚀性,稍有酸味。所含磷酸大部分易溶于水,呈酸性反应。含有40%~50%的硫酸钙($CaSO_4 \cdot 2H_2O$),即石膏	可作基肥、种肥、追肥和根外追肥,尤其在苗期施用能促进根系发育。应施于根层,表施效果差。适用于中性或碱性土壤,在酸性土上应配合施用石灰或有机肥料
	重过磷酸钙	$Ca(H_2PO_4)_2 \cdot H_2O$	36~52	灰白色粉状或颗粒状,有吸湿性,无副成分,易溶于水,呈酸性反应。重过磷酸钙中不含石膏,磷的含量相当于普通过磷酸钙的两倍或三倍,所以又称为双料或三料过磷酸钙	适用于各类土壤和各种作物。作基肥、种肥、追肥均可。施用量应比过磷酸钙减少一半以上

续表

种类	肥料名称	主要成分	磷含量 $(P_2O_5)/\%$	性质与特点	施用技术要点
弱酸溶性磷肥	钙镁磷肥	$\alpha\text{-}Ca_3(PO_4)_2$、$CaO$、$MgO$、$SiO_2$ 等	$14\sim18$	灰绿色粉末,不溶于水,不吸湿,不结块,便于贮藏,呈碱性反应,所含磷酸能溶于弱酸。在土壤中移动性小,不流失	适用于酸性土壤,一般作基肥,施于根层。用于蘸秧根、拌稻种,效果明显。在石灰性缺镁土壤上施用,有明显效果
	钢渣磷肥	$Ca_4P_2O_9 \cdot CaSiO_3$	$5\sim14$	黑褐色粉末,碱性,有吸湿性,物理性状好	适于在酸性土上作基肥,不宜作追肥或种肥。与有机肥料混合堆沤后施用,效果更好
	沉淀磷肥	$CaHPO_4 \cdot 2H_2O$	$30\sim40$	白色粉末,不吸湿,其性质与钙镁磷肥相似	适于在酸性土上作基肥
	脱氟磷肥	$\alpha\text{-}Ca_3(PO_4)_2$ 及 $Ca_4P_2O_9$	20左右	深灰色粉末,不易吸湿结块,化学性质与钙镁磷肥相似,磷的含量随矿石质量而定	适于在酸性土上作基肥
难溶性磷肥	磷矿粉	$Ca_3(PO_4)_2$ 或 $Ca_5(PO_4)_3F$	14 以上	呈灰、棕、褐等色,形状似土,不吸湿,不结块。有的磷矿粉有光泽	适于在酸性土上作基肥,在华北地区肥效不明显,但可以与有机肥料堆沤后施用,每次用量约每亩 50 kg,后效长,可每隔 $3\sim5$ 年施一次
	骨粉	$Ca_3(PO_4)_2$	$22\sim33$	灰白色粉末,不吸湿,含有 $1\%\sim3\%$ 的氮素	适于在酸性土上作基肥施用,在华北地区也应与有机肥料堆沤后施用。肥效比磷矿粉高

三、磷肥的有效施用

磷肥与氮肥相比,其利用率更低,我国磷肥的利用率一般在 $10\%\sim25\%$,提高磷肥的利用率显得尤为重要。

(一) 土壤条件与磷肥施用

土壤条件既是一个地区范围内如何分配磷肥的前提,又是具体地块施磷措施的重要依据。在生产实践中,只有根据土壤条件施用磷肥,才能收到良好效果。

1. 土壤有效磷含量水平

磷在土壤中主要以扩散方式由土体迁移到植物根系表面,而大部分土壤对磷又有吸附固定作用,因此,土壤有效磷含量水平对磷肥的有效施用非常重要。在缺磷土壤上增施磷肥,对绝大多数植物都有显著的增产效果。因此,应该把磷肥优先施在缺磷(有效磷含量低)的土壤上。对于土壤有效磷含量高低的判别,因测定方法不同和植物反应不同而异。常用的有效磷指标见表5-2、表5-3。

表 5-2　石灰性土壤有效磷含量丰缺参考指标

有效磷含量/(mg/kg)	<4	4~8	>8
含量指标	缺	中等	高

表 5-3　非石灰性土壤有效磷含量丰缺参考指标

有效磷含量/(mg/kg)	<2.5	2.5~5	>5
含量指标	缺	中	高

2. 土壤 pH

土壤 pH 对磷肥的肥效影响极大。大量试验研究证明,土壤 pH 在 5.5 左右时,磷的有效性很低;土壤 pH 在 6.0~7.5 范围内,磷的有效性较高;当土壤 pH 在 7.5 以上时,磷的有效性又下降。这显然与土壤对磷素的固定有关。因此,将钙镁磷肥施用在酸性土壤上,过磷酸钙施用在中性或石灰性土壤上较为合适。

3. 土壤有机质含量

土壤中有效磷与有机质含量有明显相关性,这是因为有机质中含有有机态磷,在微生物作用下,可逐渐释放出有效磷。因此,化学磷肥应优先施用在土壤有机质含量低的土壤上。

4. 土壤水分状况

土壤含水量的多少,对磷素的有效性影响很大。在干旱地区或干旱季节,土壤含水量低,磷素的扩散受阻,作物很容易缺乏磷素,应该注意磷肥的施用。在稻田淹水后,土壤中磷的有效性迅速增高,施磷的增产效果不如旱田。因此,磷肥应该优先施于旱地。

(二) 作物特性、轮作换茬与磷肥施用

1. 作物特性与磷肥施用

作物种类不同,对磷肥的反应不同。主要表现如下。

(1) 需磷量大的作物,施用磷肥有良好效果。如豆科作物、糖料作物、棉花、油菜、薯类、瓜类、果树、桑和茶等作物,施用磷肥有较好的肥效,既能增产,又能提高品质。

（2）作物种类不同,对难溶性磷的吸收利用不同。对难溶性磷利用能力强的作物有油菜、荞麦、大麻、苜蓿、肥田萝卜等,利用能力较强的作物有苕子、豌豆、大豆、饭豆、紫云英、花生、猪屎豆、田菁等,利用能力中等的有玉米、马铃薯、芝麻等,利用能力弱的有谷子、小麦、黑麦、燕麦、水稻等。对于吸收利用能力强的作物,可以施用难溶性磷肥或弱酸溶性磷肥;对于吸收能力弱的作物,宜施用水溶性磷肥。

（3）作物磷素营养临界期,一般都在作物生育早期,如水稻、小麦在三叶期,玉米在五叶期,棉花和紫云英在二三叶期。作物磷营养临界期必须注意磷肥施用,以免造成在磷素营养临界期作物缺磷,影响作物正常生长发育。

2. 作物轮作换茬中磷肥的施用

在作物不同的轮作换茬制中,并不需要每茬作物都施用磷肥,而应当根据作物特性和轮作换茬的特点,重点施在能明显发挥磷肥肥效的茬口上,使后茬作物能利用前茬施用磷肥的后效,达到协调土壤磷素营养、全年作物高产的目的。

（1）水旱轮作换茬中磷肥的施用

① 小麦(或油菜)—单季稻轮作　这种轮作方式中,磷肥应重点施在小麦或油菜上,水稻可以适当轻施,即遵循"旱重水轻"的施肥原则。

② 绿肥或其他旱作物—双季稻轮作　将磷肥重点施在绿肥或旱作物上。绿肥和旱作物施足磷肥,早稻少施,晚稻补施或不施,即遵循"一重、二少、三免"的施肥原则。

（2）旱地轮作倒茬中磷肥的施用

① 小麦—玉米或谷子等杂粮轮作　磷肥重施在小麦上,后作玉米和杂粮少施,即遵循"一重、二轻"的施肥原则。

② 小麦—豆科绿肥轮作　可将弱酸溶性磷肥和难溶性磷肥重点施在绿肥上,促进根瘤菌的生长繁殖,增强根瘤固氮作用,提高鲜草产量,即遵循"以磷增氮"的施肥原则。小麦可以用少量水溶性磷肥作种肥,每亩用过磷酸钙 5 kg 左右,进行拌种或施在播种沟内。

③ 棉、麦、绿肥间套制　可采用磷肥重施在小麦和绿肥上,棉花可适当轻施,即遵循"先重后轻"的施肥原则。

（3）水田轮作中磷肥的施用　在稻与稻连作中,大部分磷肥应施在早稻上,晚稻少施。磷肥的分配比例一般以早、晚稻之比为 2∶1 左右较适宜,或全部施在早稻上,晚稻可以不施。

（三）氮磷肥配合施用

氮磷肥配合施用是提高磷肥肥效的重要措施,特别是氮磷营养不协调的地块,增产效果更显著。

（1）土壤氮磷都缺的情况下单施氮肥,会使作物根系发育不良,苗弱,叶色暗绿无光泽;单施磷肥,又会加速土壤中氮的消耗,引起土壤中氮磷比例更加失调。氮、磷肥配合施用,可以互相促进,加强作物对氮、磷养分的吸收,增产效果大于氮、磷分施的增产之和。

（2）作物种类不同对氮磷要求不同,对氮磷配合的比例要求也有差别。禾谷类作物（如水稻、小麦、玉米等）需氮较多,施用磷肥时必须与氮肥配合施用,两者的配合比例大致为 $N:P_2O_5=1:(0.5\sim1)$,氮的用量大于磷或相当。豆科作物在氮、磷配合中以磷为主,只有在瘠薄缺氮的土壤上或幼苗有缺氮表现时,才施用少量氮肥。因此,根据土壤含磷量状况和作物需氮磷的比例确定最适宜的氮磷肥比例十分重要。

另外,磷肥的施用还要注意与钾肥、微量元素的配合施用,才能更好地发挥磷肥肥效,提高作物产量和改善作物品质。

能力培养

当地磷肥施用情况调查

1. 调查准备

根据班级人数,按照每 3~5 人一组,分成若干组,由各组拟定调查提纲,经指导教师审阅修改后执行。

2. 调查活动

通过走访当地农业生产管理部门、农业技术人员、有规模的农场和有代表性的农户等,了解以下情况：

（1）当地主要施用哪些磷肥？

（2）施用磷肥效果如何？

（3）当地施用磷肥存在哪些问题？

3. 调查报告

根据调查结果撰写不少于 500 字的调查报告,包括目前当地磷肥施用基本情况和存在问题,并针对存在问题提出改进建议。

随堂练习

1. 磷肥根据其溶解性可以分为哪几类？它们各有什么特点？

2. 水溶性磷肥在土壤中是怎样转化的？对磷肥的有效性有什么影响？

3. 过磷酸钙、钙镁磷肥、磷矿粉在施用技术上有什么区别？

4. 怎样根据土壤条件合理施用磷肥？

5. 怎样根据作物特性合理施用磷肥？

6. 怎样根据轮作换茬合理施用磷肥？

项目小结

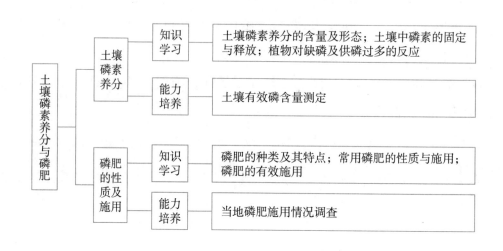

项目测试

一、填空题

1. 土壤中的磷素形态可以分为_____和无机态磷。无机态磷根据其溶解度又可分为_____、_____、_____。

2. _____磷和_____磷统称为土壤有效磷，_____磷则称为迟效磷。这三种形态的磷素在一定条件下可以相互转化。

3. 过磷酸钙在酸性土壤中以_____、_____形式被固定，在石灰性土壤以_____形式被固定。

4. 作物生育前期吸磷量大，后期依靠体内运转而被_____，所以生产上强调_____施磷肥，以_____肥、_____肥和早期追肥效果好。

5. 磷肥有水溶性、弱酸溶性和难溶性三种。生产中常用的肥料分别是_____、_____和_____。

6. 过磷酸钙简称普钙，它的主要成分是_____和_____。

7. 针对过磷酸钙在土壤中_____和_____的特点，一要尽量_____肥料与土壤的接触面积，以减少固定；二要尽量_____肥料与根系的接触面积，以利于根系的吸收。

8. 过磷酸钙适于_____植物，可以作_____、种肥和_____，水田、旱田均可施用。

9. 钙镁磷肥在_____性土壤中可转化为易溶性磷酸盐，肥效好；在_____性土壤中转化为磷酸十钙,肥效缓慢。

10. 磷矿粉是_____效肥料,宜作_____肥早施,并采用_____施方法,以增加磷矿粉和土壤的接触面积。

11. 土壤中磷素过多,易导致作物缺_____、_____等营养元素。

12. 为了协调磷在土壤中移动性小和作物根系不断伸展的矛盾,采用_____施肥法,即 2/3 磷肥作_____肥深施, 1/3 作_____或种肥。

二、单项选择题

1. 下列肥料中,( )是弱酸溶性磷肥。

A. 骨粉   B. 磷矿粉   C. 过磷酸钙   D. 钙镁磷肥

2. 过磷酸钙在土壤中利用率较低,下列( )措施不能提高肥料利用率。

A. 集中施用   B. 在酸性土中施用

C. 分层施用   D. 与有机肥混合施用

3. 下列磷化合物中( )属于水溶性磷。

A. $FePO_4$ B. $Ca(H_2PO_4)_2 \cdot H_2O$

C. $CaHPO_4 \cdot 2H_2O$ D. $Ca_{10}(PO_4)_6 \cdot (OH)$

4. 植物可以从根部和叶面吸收磷素营养,在下列物质中,植物以吸收( )为主。

A. 正磷酸根   B. 偏磷酸根   C. 焦磷酸根   D. 有机态磷

5. 可溶性磷酸盐施入土壤中与铁、铝及钙离子等生成沉淀称为( )固定。

A. 物理   B. 离子交换   C. 化学   D. 生物

6. 土壤中水溶性磷、弱酸溶性磷、难溶性磷对植物有效性的强弱排序正确的是( )。

A. 弱、中等、强   B. 强、中等、弱   C. 弱、强、中等   D. 中等、弱、强

7. 下列关于植物缺磷症状描述错误的是( )。

A. 水稻"僵苗"   B. 小麦叶色灰绿带紫色

C. 桃树果实畸形   D. 蔬菜纤维含量增加

8. 下列关于植物对磷素供应过多的反应描述正确的是( )。

A. 禾谷类作物叶色淡绿   B. 豆科作物茎叶蛋白质含量减少

C. 植物呼吸作用减弱   D. 抑制植物对锌、铁等的吸收

9. 对大多数作物来说,磷的临界期都在( )。

A. 幼苗期   B. 花芽分化期   C. 结果期   D. 生殖生长期

10. 一般来说,磷肥的利用率较氮肥、钾肥低得多,主要原因是( )。

A. 磷肥中 P_2O_5 含量低   B. 磷在土壤中淋失多

C. 磷在土壤中易被固定   D. 作物吸收磷困难

三、判断题

1. 磷酸根以磷酸二氢根形式最容易被作物吸收。　　　　　　　　　　（　　）

2. 磷在作物体中不能被再利用,所以磷肥不一定早施。　　　　　　　（　　）

3. 土壤有效磷越多,越有利于植物对锌的吸收。　　　　　　　　　　（　　）

4. 尿素、过磷酸钙都可作叶面喷肥。　　　　　　　　　　　　　　　（　　）

5. 钙镁磷肥适合于石灰性土壤上施用。　　　　　　　　　　　　　　（　　）

6. 钙镁磷肥的肥效与颗粒细度有正相关的趋势。　　　　　　　　　　（　　）

7. 水旱轮作中磷肥的施用应遵循"旱轻水重"的原则。　　　　　　　（　　）

8. 氮、磷配合施用的增产效果大于氮、磷分施的增产之和。　　　　　（　　）

9. 磷矿粉在酸性土壤上施用效果显著。　　　　　　　　　　　　　　（　　）

10. 土壤中磷的离子交换固定主要发生在酸性土壤中。　　　　　　　（　　）

四、简答题

1. 土壤中磷的固定方式有哪几种? 是如何固定的?

2. 简述钙镁磷肥的施用技术要点。

3. 简述植物缺磷的一般症状。

4. 为什么说氮磷配合施用可以提高磷肥肥效?

五、论述题

1. 阐述过磷酸钙的成分、性质、在土壤中的转化特点及施用技术。

2. 磷肥的利用率为什么不高? 怎样提高磷肥利用率?

项目 *6*

土壤钾素养分与钾肥

项目导入

周末,小明的爸爸和妈妈带小明回老家看望爷爷奶奶。小明每次回老家最喜欢去的就是爷爷的菜园,他非常喜欢观察植物。现在正是番茄快要成熟的季节,小明特别想吃到自己亲手摘的新鲜番茄!跑到菜园里,小明发现番茄好像生病了,整体长势较弱,叶片边缘发黄,像被烧焦了;番茄好像也没成熟,果面红绿相间,不是我们常见的正常红色,吃起来偏硬,味道也不太好。这番茄到底是怎么了?原来啊,这是缺钾的表现,这种番茄被称为"绿肩果"(图6-1),外观不好看,也不好吃,经济价值也不高。

通过本项目的学习,我们将了解土壤钾素的含量、形态及有效性,以及植物缺钾的一般症状和钾肥的相关知识。

本项目将要学习:(1) 土壤钾素养分;(2) 钾肥的性质及施用。

图6-1　番茄缺钾症状

任务 6.1　土壤钾素养分

任务目标

知识目标：1. 了解土壤钾素的含量、形态及有效性。

　　　　　2. 掌握植物缺钾的一般症状。

技能目标：提高观察能力，能够通过观察植物的状态判断是否缺钾。

素质目标：1. 关注环境，树立环保意识。

　　　　　2. 培养学以致用解决实际问题的能力。

知识学习

钾是植物必需的营养元素之一，它可以提高植物体内酶系统的活性，促进植物代谢和蛋白质的合成，增强植物的光合作用和抗逆性。随着作物产量的提高和氮、磷肥料用量的增加，不少土壤开始缺钾，因此，农业生产中日益显现出施用钾肥的重要。

一、土壤中钾的含量、形态及有效性

（一）土壤中钾的含量

土壤中钾的含量因成土母质、矿物组成、气候条件、耕作管理措施等条件不同而有较大差异。一般土壤中全钾含量反映了土壤钾素的潜在供应能力。我国土壤的全钾含量总体上是南方较低，北方较高，如南方砖红壤地区的全钾含量低于 10 g/kg，而东北地区的黑土全钾含量可达 15~25 g/kg。土壤速效钾含量是当季土壤钾素供应水平的重要标志之一。详见表 6-1。

表 6-1　我国主要土壤类型中钾素含量情况（表土层）

土壤类型区	分布地区	全钾（K_2O）/（g/kg）	缓效态钾（K_2O）/（mg/kg）	速效态钾（K_2O）/（mg/kg）
砖红壤区	雷州半岛、海南岛北部、福建沿海	2.4	40~120	40~160
红壤区	江西、湖南、浙江西部及湖北低丘陵地	8.6	90	50~150

续表

土壤类型区	分布地区	全钾(K_2O)/ (g/kg)	缓效态钾(K_2O)/ (mg/kg)	速效态钾(K_2O)/ (mg/kg)
紫色土区	四川、湖南、江西、广东、浙江等丘陵地	24.4	500~700	80~300
水稻土区	珠江三角洲、闽南滨海	22.2	330	80~250
	太湖地区	17.2	400	50~200
黄棕壤土区	江淮丘陵地、贵州	15.4	400	50~150
黄潮土区	河北、河南、苏北、皖北、次生黄土的冲积平原	21.8	900	120~250
褐土区	甘肃、陕西、山西、山东、安徽、四川	20.6	1 100	100~350
黑土区	东北北部	21.2	600~1 100	150~450

(二) 土壤钾素的形态及有效性

土壤中的钾素按其对植物有效性大小分为三种,即速效态钾、缓效态钾和矿物态钾。

1. 速效态钾

土壤中的速效态钾也称有效钾,占土壤全钾量的 1%~2%,包括水溶性钾和交换性钾。水溶性钾约占速效态钾的 10%,交换性钾即吸附在土壤胶体颗粒表面的钾,约占速效态钾的 90%。水溶性钾与交换性钾可相互转化,当植物从土壤溶液中吸取钾后,土壤溶液就能得到交换性钾的补充。反之,当向土壤施用水溶性钾后,其中的 K^+ 也可以被土壤胶粒吸附,变为交换性钾。土壤中速效态钾的含量与钾肥肥效有一定的相关性,因此,常用它作为施用钾肥的参考指标。

2. 缓效态钾

缓效态钾主要包括固定在黏土矿物层状结构中的钾和一部分易于风化矿物中的钾,如黑云母中的钾。缓效态钾的含量一般占全钾量的 2% 以下,高的可达 6%。这类钾素虽不能直接供植物吸收利用,但是,当土壤中速效钾的含量减少时,它可逐步转化为速效钾给予补充,并与土壤速效态钾保持一定的平衡关系,对土壤的保钾和供钾起着调节作用。

3. 矿物态钾

这类钾素主要存在于含钾原生矿物(如白云母、正长石等)中,是土壤钾素的主体,占土壤全钾量的 90%~98%,植物很难吸收利用,需经过长时期的风化,才能把钾释放出来。

二、植物缺钾的一般症状

钾素是促进植物体酶活性较有效的离子。它以离子形态存在和流动于植物体内,常出现在植物生命活动最旺盛的部位。当作物缺钾时,其体内代谢受阻,继而发生紊乱和失调,缺钾可造成植物体内还原糖和可溶性氮化合物积累,纤维素、糖类和蛋白质含量减少,酶活性减弱。

植物缺钾时,外部形态上也表现出不同的症状。地下部分生长停滞,细根和根毛生长不良,根短而少,活性减弱,易早衰,对根腐病的抵抗减弱,严重时根系腐烂。地上部分首先是老叶出现症状,老叶叶尖和边缘先发黄,进而变褐,渐渐枯萎,并在叶片上出现褐色斑点,许多斑点连接起来成为斑块,但叶部靠近叶脉附近仍保持原来的色泽;节间缩短,褪绿区坏死,叶片干枯可蔓延到幼叶,严重时会造成顶芽死亡,植物抗逆性下降,易感病虫害。

缺钾症状还与作物种类有关。

1. 小麦缺钾

开始时全株叶片呈蓝绿色,叶质柔弱、卷曲,老叶尖端及边缘变黄,进而变成棕色,叶子如被火烧焦,最后枯死;茎秆细弱,易倒伏;易感染根腐病;麦穗穗尖部分发育差。

2. 水稻缺钾

首先是老叶尖端和边缘发黄变褐,叶面出现胡麻叶斑病的病斑,之后症状逐渐向植株上部叶子发展,严重缺钾时新叶也产生胡麻叶斑病的病斑,叶片"未老先衰";根细长,带黑色或暗棕色,并有大量死根。植株矮小,抽穗不齐,结实率不高,甚至出现"穗而不实"。

3. 玉米缺钾

植株矮小,节间变短,生长缓慢,老叶在叶尖和边缘出现黄色条纹,逐渐干枯,而中脉附近仍为绿色。茎秆细弱,易倒伏。大、小斑病严重,果穗秃顶。

4. 棉花缺钾

苗期和蕾期主茎中部叶片发生叶肉失绿,进而转为淡黄色,叶片表皮组织失水皱缩,叶面拱起,叶缘下卷。到花铃期可以看到主茎中上部叶片的叶肉呈黄色或黄白色花纹,继而呈现红色(叶脉仍是绿色),常称之为黄叶茎枯病。缺钾严重时,叶子逐渐枯焦脱落。棉株早衰,棉桃瘦小,难以成熟开裂,纤维质量差,有时甚至会成片死亡。

5. 油菜缺钾

最初,叶片显暗绿色,叶缘向下卷曲,严重时叶片外缘出现白色黄斑,老叶在油菜成熟前干枯,角果瘦小。

6. 大豆缺钾

沿叶缘失绿发黄,继而发展至脉间,叶脉呈"鱼骨状",褪绿区失水、干枯,结实率低。

7. 花生缺钾

老叶叶脉间出现黄斑,严重时整个叶面褪绿,只有叶中脉的一个狭窄区仍保持绿色,叶缘坏死。老叶上还会出现黑褐色圆斑;荚果小,产量低。

8. 甘蔗缺钾

老叶叶缘有浅棕色条痕,坏死的叶缘与绿色叶肉之间出现一条黄色带;中脉的上表皮呈现红褐色;严重缺钾时,坏死斑由叶缘向全叶扩展,整片叶死亡。甘蔗产量低,品质差。

9. 烟草缺钾

缺钾时下部老叶先出现黄斑,黄斑呈不规则形,零星分布于叶尖、叶缘和叶的中部;老叶边缘失水,叶片收缩向下卷曲,分散的黄斑不断扩大成片,叶缘干枯坏死。缺钾严重影响烟草的产量和品质。

10. 苹果缺钾

叶缘附近呈焦枯状,严重时整个叶片全部死亡,坏死的叶片仍附在枝条上;果实小,着色差。

11. 茶树缺钾

老叶叶尖及叶缘变黄,无光泽或出现黄斑,进而变为褐色斑块;叶片尖端和边缘卷曲,叶基部到叶片中部仍保持绿色;叶背面褐斑的边缘常有黄色晕圈,斑块向基部蔓延,全叶逐渐枯焦。

能力培养

土壤速效钾测定(火焰光度法)

1. 目的要求

学会用火焰光度法测定土壤速效钾,并能运用测定结果判断土壤供钾能力,为合理施肥提供依据。

2. 测定原理

土壤速效钾中95%左右为交换性钾,水溶性钾只占极少部分。因此,用中性醋酸铵作为浸提剂,NH_4^+ 将土壤胶体上吸附的 K^+ 代换下来,浸出液中的 K^+ 可直接用火焰光度计测定。

3. 仪器试剂

(1) 仪器用具　天平(感量 0.01 g)、振荡机、火焰光度计、三角瓶(100 mL、50 mL)、漏斗、量筒(50 mL)、容量瓶(50 mL)。

(2) 试剂配制

① 1 mol/L NH_4Ac 溶液　称取 77.08 g 醋酸铵(化学纯)溶于 900 mL 蒸馏水中,用 1∶1 氢氧化铵和稀醋酸调节 pH 到 7.0。

② 钾标准溶液　准确称取经 105 ℃烘 4~6 h 的氯化钾(分析纯)0.190 7 g,溶于 1 mol/L 中性醋酸铵溶液中,定容至 1 L,即为 100 mg/L 标准溶液。

③ 钾系列标准溶液　用移液管准确吸取 100 mg/L 钾标准溶液 0 mL、1 mL、2.5 mL、5 mL、10 mL 分别放入 50 mL 容量瓶中,用 1 mol/L 中性醋酸铵溶液定容,即得 0 mg、2 mg、5 mg、10 mg、20 mg/L 钾系列标准溶液。

4. 操作步骤

(1) 土样测定　称取通过 1 mm 筛孔的风干土样 5.00 g 放入 100 mL 三角瓶中,加入

1 mol/L 中性醋酸铵溶液 50 mL,用橡皮塞塞紧,振荡 30 min,立即用干滤纸过滤于另一三角瓶中,直接在火焰光度计上测定,记录检流计读数。

（2）工作曲线绘制　以钾系列标准溶液中浓度最大的一个定火焰光度计上检流计的满度(90~100),以"0"调仪器零点,然后从稀到浓依次测定,记录检流计的读数。以检流计读数为纵坐标,钾浓度为横坐标,绘制工作曲线。

5. 结果计算

$$土壤速效钾(mg/kg)=从工作曲线上查得的 K 含量值(mg/L)\times$$

$$(浸提液体积\div烘干土样质量)$$

6. 训练报告

撰写训练报告,包括训练题目、时间、地点、操作步骤、结果、收获与体会等。

随堂练习

1. 土壤钾素的含量常用什么来表示？
2. 简述土壤钾素养分的形态及有效性。
3. 农作物缺钾的一般症状如何？当地作物有无缺钾现象？
4. 列表比较小麦、水稻等植物缺钾症状的特点。

任务 6.2　钾肥的性质及施用

任务目标

知识目标：1. 了解常用钾肥的种类、性质。

　　　　　2. 掌握钾肥施用方法。

技能目标：掌握钾肥的有效施用方法。

素质目标：1. 关注环境,树立环保意识。

　　　　　2. 培养自主学习能力,树立团队合作意识。

知识学习

钾肥是一种重要的化学肥料,能明显地提高植物产量和改善品质,还能提高植物的抗逆性能。植物对钾的需求量仅次于氮,科学施用钾肥尤为重要。

一、常用钾肥的性质与施用

我国农业生产上普遍使用的钾肥,有氯化钾、硫酸钾、窑灰钾肥和草木灰。

(一) 氯化钾

氯化钾(KCl)肥中含氯化钾 50%~60%,还含有氯化钠 1.8%、氯化镁 0.8%,并含有少量的钙、溴和硫等元素。氯化钾是我国农业生产中产量和用量最大的化学钾肥品种。

1. 性质

氯化钾一般呈白色或浅黄色结晶,有时含有铁盐而带红色;其物理性状良好,吸湿性小,但久贮会结块。氯化钾易溶于水,为速效性钾肥,属于生理酸性肥料。

2. 在土壤中的转化

氯化钾施入酸性土壤后,K^+被土壤胶体吸附,很少移动,但由此而生成的盐酸,使土壤酸性增加,从而增加了土壤中铝、铁的溶解度,致使土壤中活性铁、活性铝的毒害作用加重。因此,在酸性土壤上施用氯化钾,应配施有机肥料和石灰等碱性肥料,以降低土壤酸度。氯化钾施用在中性土壤上作基肥施用宜与有机肥、磷矿粉配合或混合施用,能防止土壤酸化,并且能促进磷矿粉中磷的有效性提高。施用在石灰性土壤上,生成的氯化钙易溶于水,不会导致土壤酸化,而 Cl^- 则会随降雨、灌溉水淋失。

3. 施用

氯化钾可作基肥和追肥,不宜作种肥,因 Cl^- 对种子发芽有抑制作用。氯化钾作基肥与追肥的用量一般为 8~10 kg/亩。

氯化钾适用于麻类、棉花等纤维作物,因为氯对提高纤维含量和质量有良好作用。在低洼稻田施用,因不会产生硫化氢毒害水稻,效益较硫酸钾好。对于忌氯植物,如烟草、葡萄等,应根据土壤含氯量及气候条件控制施用。对于茶树、甘蔗、马铃薯、甜菜等也应少施或不施。

氯化钾在一般土壤上均可施用,但应提早施用,及时灌溉,以使 Cl^- 随水流失,减少对作物的影响。盐碱地由于施用氯化钾会使盐化加重,所以不宜施用。

(二) 硫酸钾

硫酸钾(K_2SO_4)肥中含氧化钾 48%~52%,并含有 SO_4^{2-}。

1. 性质

硫酸钾为白色或淡黄色结晶,易溶于水,是速效性钾肥,属生理酸性肥料,吸湿性小,贮存时不易结块。

2. 在土壤中的转化

硫酸钾施入土壤,溶解成 K^+ 和 SO_4^{2-},K^+ 一部分被植物吸收利用,另一部分被土壤胶体吸附保存。在中性和石灰性土壤中,SO_4^{2-} 与钙形成硫酸钙。硫酸钙溶解度较小,而沉积在土壤孔隙中,易使土壤板结。因此,如果长期大量施用硫酸钾,应注意增施有机肥改善土壤结构,防止土壤板结。在酸性土壤中施用硫酸钾,因 SO_4^{2-} 与土壤中的 H^+ 生成硫酸,故应增施石灰,以降低土壤酸度,每亩用量 40~50 kg,数年施一次即可。

3. 施用

硫酸钾适用于一般土壤和各种植物(水田除外),可作基肥、追肥、种肥和根外追肥。作基肥和追肥一般用量为每亩 10 kg 左右,应适当深施,集中施用,避免干湿交替,以减少钾的固定,提高钾的利用率。硫酸钾作种肥,一般每亩 1.5~2.5 kg,根外追肥浓度为 2%~3%。

硫酸钾尤其适宜烟草、马铃薯、甘蔗、葡萄及茶等喜钾忌氯作物,既可提高产量,又能改善产品品质,因此,硫酸钾应优先施用到喜钾作物上,以充分发挥硫酸钾的增产效果。

(三) 窑灰钾肥

窑灰钾肥为制造水泥的副产品,其氧化钾含量为 8%~20%,因水泥厂生产水泥的原料、燃料等的不同而有较大差别。窑灰钾肥除含钾外,还含有钙、镁、硅、硫、铁及其他多种微量元素,其中含氧化钙 30% 左右,含氧化镁 1% 左右。

1. 性质

窑灰钾肥是一种灰黄色或灰褐色、颗粒极细的粉末状碱性肥料,质轻松散,施用时易飞扬。吸水性很强,易结块。水溶液 pH 8.9~11,呈强碱性。窑灰钾肥中,水溶性钾占总钾量的 90% 以上,主要为硫酸钾和氯化钾,是一种速效性钾肥。由于窑灰钾肥吸湿性强、易结块,所以贮存运输过程中切忌露天淋雨,以免造成钾素的淋失和施用困难。

2. 施用

窑灰钾肥可作基肥和追肥,不宜作种肥。

窑灰钾肥作旱地基肥,一般耕地前撒施,然后耕翻入土中,也可用泥土拌和施入。追肥可随作物的栽培方式条施或穴施。施用宜早,以消除碱性,防止烧苗。

窑灰钾肥也可作为水稻秧田及本田的基肥或追肥施用。在秧田中,先把窑灰钾肥与土杂肥堆沤几天,然后施在已做好的秧板上,耙后耥平,把钾肥混入泥浆中,即可播种。在本田中作基肥施用时,先将田里的水排干,再撒施窑灰钾肥,然后犁翻,使肥料均匀分布在土壤中,耙平插秧。追肥应结合第一次中耕进行,施肥前排干田水,再把窑灰钾肥直接撒施于田面,然后中耕耘田。为防止窑灰钾肥中水溶性钾肥的流失,在水田施用时,应特别注意合理排灌。

窑灰钾肥是强碱性肥料,吸水后会放出热量,在越冬作物、早稻秧田和旱地作物苗床上施用,具有保温、护苗和增强作物抗病能力等作用,但不宜蘸秧根或直接拌种,以免"烧苗"。窑灰钾肥碱性强,富含钙,故最适于施入酸性土壤和喜钙植物上。

窑灰钾肥宜和氮、磷肥配合施用,但不能与铵态氮肥和水溶性磷肥混合施用,以免引起铵态氮的损失和降低磷肥的有效性。

(四) 草木灰

在我国农村,草木灰是一种来源广、施用普遍的钾肥。我国农村多以稻草、麦秸、玉米秆、棉花柴、树枝、落叶等为燃料,所以,草木灰是农村经常积攒的一种重要钾肥。

由于草木灰是植物体燃烧后的产物,因此有机质和氮素大部分烧失,含有磷、钾、钙、镁和微量元素等各种灰分元素,其中含钙、钾较多而磷较少。由于燃料不同,其成分差别较大。一般木灰含钙、钾和磷较多,而草灰含硅较多,含磷、钾和钙较少,稻壳灰和煤灰养分含量最少。同一植物因组织部位不同,灰分组成也不同。幼嫩组织的灰分含钾和磷较多,衰老组织的灰分含钙和硅较多。另外,土壤、施肥和气候条件都影响植物体的灰分组成,如盐碱地上植物的草木灰含氯化钠较多而含钾较少。草木灰的灰分组成还与植物残体燃烧时的温度有关。燃烧温度低时,灰分中保留的碳酸钾较多,为灰黑色,肥效好;燃烧温度过高,钾与硅酸形成溶解度较低的硅酸钾,颜色呈灰白色,肥效差。

1. 性质

草木灰中含有各种钾盐,以碳酸钾为主,其次为硫酸钾、氯化钾。草木灰中的钾 90% 能溶于水,是速效性钾肥。草木灰中除含钾外,还含有磷。磷以磷酸二钙和磷酸二镁的形态存在,是弱酸溶性的钙镁磷酸盐,有效性较高。草木灰中的碳酸钾是弱酸强碱盐,溶于水后呈碱性反应。

2. 施用

草木灰可作基肥、种肥和追肥,其水溶液可作根外追肥。

(1) 作基肥　草木灰作基肥时,每亩用量 50~75 kg,可用湿土拌和,防止被风吹散,以顺犁沟条施和穴施效果较好。

(2) 作种肥　棉籽浸种后用草木灰拌种,使种子分散,利于播种,还兼有供给棉苗营养的作用。水稻秧田用草木灰作盖种肥,除供给幼苗养分外,还可增加地温,疏松土壤,消除杂草,有效地防止水稻烂秧,对水稻有较好的增产效果。

(3) 作追肥　草木灰作追肥以集中施用为宜,可开沟施用或挖穴施用,深度约 10 cm,施后覆土。施用前也应加 2~3 倍的湿土拌和,或喷撒少量的水分使之湿润,便于施用。

(4) 根外追肥　在作物生长期,根外撒施草木灰,或用草木灰配成 10%~20% 的溶液叶面喷施。每亩撒施用量为 20~40 kg,掺湿土撒在作物行间。用草木灰水溶液喷施,可用草木灰 5~10 kg 加热水 50 kg,浸泡成灰汁,浸泡一天一夜后,滤去残渣作叶面喷施。

施用草木灰应注意以下问题。

(1) 草木灰不宜施用在盐碱土壤上,而适宜施用在中性、石灰性土壤上,特别适宜施用在酸性土壤上。草木灰适宜各种植物,施用在喜钾植物上效果更显著。草木灰有一定后效作用,前茬作物施用后对后茬作物有一定效果。

（2）草木灰不能与铵态氮肥和人粪尿混合施用，以免引起氮的挥发损失。

（3）草木灰应单攒单放，避免风吹雨淋，更不能用草木灰垫圈和垫厕所，以避免 K⁺ 的流失。

二、钾肥的有效施用原则

近年来，随着投入增加，作物单位面积产量的提高和复种指数的增加，高产耐肥品种的广泛推广应用，使土壤中的钾素随农产品大量携出，加之含钾较多的有机肥的施用量逐年减少，造成了土壤中钾素的亏缺，不能适应生产发展的需要。目前，我国南方土壤普遍缺钾，已成为提高作物产量的限制因素。我国北方不少地区某些类型土壤和作物也表现出缺钾现象，施用钾肥已收到良好效果。钾肥的有效施用应遵循以下原则。

1. 钾肥应优先施在缺钾的土壤上

速效钾含量低的土壤，施用钾肥能获得较大的效益，也就是说，土壤速效钾含量越低，当季施用钾肥效果越好；土壤速效钾含量越高，施用钾肥的效果就越差。

2. 钾肥应优先施在喜钾作物上

不同的作物种类，对钾素的需要量和吸收能力不同，因而增施钾肥的增产效果也不相同。对钾素敏感的植物有甘蔗、薯类、绿肥作物、甜菜、西瓜、苹果、麻类、烟草等。一般以生产糖、淀粉、油脂、纤维为主的植物需钾量大，增施钾肥不仅能增产，而且能改善产品品质。因此，钾肥应优先施用在喜钾作物上。但在缺钾严重的土壤中，不论对什么植物施用钾肥都有良好效果。

3. 钾肥应优先施在高产土壤上

在农业生产中，低产田土壤一般钾素的供应问题不是很突出。但在产量水平较高的情况下，由于植物收获量的增加，每年从土壤中带走大量的钾素，如果不及时补充钾肥，土壤供钾不足就会明显影响产量，成为植物高产的限制因子，这已被不少地方的生产实践证实。因此，钾肥应施到高产土壤上，钾肥只有在充足供给氮磷养分的基础上才能更好地发挥作用。但对于有机肥施用量较大或秸秆还田数量多的土壤，钾肥施用量可减少或隔年施用，以减少肥料费用。

4. 掌握合理的钾肥施用方法

钾肥宜深施、早施和相对集中施。钾肥作基肥和追肥效果都很好，但由于钾在土壤中移动性小，应掌握重施基肥、看苗早施追肥的原则。钾肥宜施于根系密集的土层，如玉米、棉花、烟草、番茄等稀植作物应采用条施或穴施集中施用。而对于水稻、小麦、大豆等，应采用撒施的方法。由于钾是植物体内可以再利用的元素，缺钾症状表现出来较迟，因此，作追肥宜早，不能等到作物缺钾症状表现出来了再施用。

对一般植物来说，苗期对钾较为敏感。耐氯力弱、对氯敏感的植物尽量选用硫酸钾，耐氯力强的尽量选用氯化钾。轮作中,钾肥应施于最需要钾的植物中。需钾量较大的油料、薯类、糖料、棉麻类植物及烟草、果、茶、桑等施肥效果显著,禾谷类植物及禾本科牧草等植物施钾肥效果不明显。

目前我国钾肥植物当季的利用率为50%~80%,比氮肥、磷肥的利用率高,有一定后效。因此,在一般情况下,若前茬已施过钾肥,后茬植物可不施或少施。

现将常用钾肥的化学成分、性质和施用技术要点汇总于表6-2。

表6-2 常用钾肥的化学成分、性质和施用技术要点

肥料名称	化学成分	含钾量 (K_2O)/%	性质	施用技术要点
硫酸钾	K_2SO_4	48~52	白色或淡黄色晶体,易溶于水;作物易吸收利用;吸湿性弱,是生理酸性肥料	适用于各种作物,尤其是烟草、亚麻、葡萄、马铃薯及茶等忌氯作物,效果比氯化钾好。可作基肥或追肥,但应适当深施,集中施用。作基肥或早期追肥,效果比晚期追肥好。与磷矿粉混合施用,能提高磷的利用率
氯化钾	KCl	50~60	白色或粉红色晶体,易溶于水;作物易吸收利用;吸湿性弱,是生理酸性肥料	与硫酸钾基本相同,但对忌氯作物不宜施用
窑灰钾肥	K_2SO_4、KCl、K_2CO_3、K_2SiO_3、K_2AlO_3	8~12	灰黄色或灰褐色细粒,松散轻浮,吸湿性强,为强碱性肥料	只适于在酸性土壤上施用。颗粒细小轻浮,撒施前应与适量湿土拌匀
草木灰	主要为 K_2CO_3、K_2SO_4、K_2SiO_3 等	5~10	主要成分能溶于水,碱性反应,还含有磷及各种微量元素	适用于各种土壤和作物,可作基肥或追肥,但不可和人粪尿或铵态氮肥混用

能力培养

当地钾肥施用情况调查

1. 调查准备

根据班级人数,按照每3~5人一组,分成若干组,由各组拟定调查提纲,经指导老师审阅

修改后执行。

2. 调查活动

通过走访当地农业生产管理部门、农业技术人员、当地有规模的农场和有代表性的农户等,了解以下情况:

(1)当地主要施用哪些钾肥?

(2)施用钾肥效果如何?

(3)当地施用钾肥存在哪些问题?

3. 调查报告

根据调查结果撰写调查报告,不少于500字,包括当地钾肥施用基本情况和存在问题,并针对存在问题提出改进建议。

随堂练习

1. 氯化钾在土壤中是怎样转化的?怎样合理施用氯化钾?

2. 怎样合理施用窑灰钾肥?

3. 调查分析当地农村在草木灰的积、存、用等方面的经验和存在问题,提出草木灰的合理施用方法。

4. 结合当地农业生产实际,谈谈钾肥的有效施用原则。

项 目 小 结

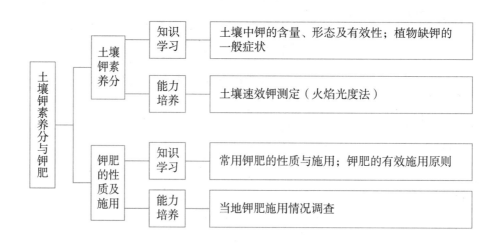

项 目 测 试

一、填空题

1. 土壤中的钾素含量有多种衡量指标。一般来说,土壤中_____含量反映了土壤钾素的潜在供应能力,_____含量反映了当季土壤钾素的供应水平。

2. 按照钾素对植物的有效性,可以将其分为三种形态,即速效钾、_____和_____。其中,速效钾包括_____和_____,二者可以相互转化。

3. 土壤缓效态钾主要包括固定在_____矿物层状结构中的钾和一部分易于风化矿物中的钾,如_____中的钾,这类钾不能直接供植物利用,但可逐步转化为速效钾。

4. 由于钾在植物体内流动性_____,可以被植物_____,因此,缺钾症状一般表现在作物生长_____期,且首先在_____叶的尖端和_____发生。病斑的颜色先是发_____,进而形成_____色斑点或斑块。

5. 从发生部位上讲,植物缺钾的症状是由_____部逐步向_____部叶片扩展的。

6. 氯化钾一般呈白色或浅黄色,有时含有铁盐而带_____色,物理性状好,吸湿性_____,易溶于水,属于生理_____性肥料。

7. 因为氯化钾中的氯离子对种子发芽有_____作用,所以,氯化钾可作_____肥和_____肥,不宜作种肥。

8. 我国农业生产上普遍施用的钾肥有氯化钾、_____、_____和草木灰等。

9. 草木灰适合施用于各种作物,可作_____、_____和追肥,其水溶液可作_____。

10. 草木灰中含有各种钾盐,以_____为主,其次为_____。

二、单项选择题

1. 关于氯化钾和硫酸钾,下列表述正确的是(　　　)。

A. 氯化钾和硫酸钾都可作基肥,而且效果较好

B. 对于马铃薯、烟草、甘薯等根茎类作物,施用氯化钾效果优于硫酸钾

C. 氯化钾适宜在盐碱土上施用

D. 水田应尽量施用硫酸钾

2. 下列关于植物缺钾症状描述不正确的是(　　　)。

A. 叶缘呈灼烧状　　　　　　　　　　B. 茎秆软弱,易倒伏

C. 新叶先出现缺素症　　　　　　　　D. 植株矮小,节间缩短

3. (　　　)均可作基肥、种肥、追肥和根外追肥。

A. 硫酸钾、氯化钾

B. 草木灰、窑灰钾肥

C. 氯化钾、窑灰钾肥

D. 硫酸钾、草木灰

4. 下列关于钾肥的施用叙述错误的是( )。

A. 钾肥应优先施于缺钾土壤上

B. 钾肥应优先施于喜钾作物上

C. 钾肥应优先施于低产土壤上

D. 钾肥应深施于根系密集层

5. 下列关于钾肥的性质叙述正确的是( )。

A. 氯化钾吸湿性强

B. 硫酸钾是生理酸性肥料

C. 窑灰钾肥是缓效性钾肥

D. 草木灰是酸性肥料

三、判断题

1. 土壤速效钾含量越高,施用钾肥效果越好。 （ ）

2. 钾素在植物体内移动性小,所以植物缺钾症状首先在幼嫩组织中表现出来。（ ）

3. 草木灰可以与硫酸铵、碳酸氢铵混合施用。 （ ）

4. 草木灰适合作垫圈材料。 （ ）

5. 土壤中水溶性钾约占速效性钾的 90%。 （ ）

6. 氯化钾施用于酸性土壤会增加土壤酸性。 （ ）

7. 窑灰钾肥属于缓效态钾肥。 （ ）

8. 高温燃烧所形成的草木灰比低温燃烧的肥效好。 （ ）

9. 窑灰钾肥吸水后放热,具有保苗越冬的作用。 （ ）

10. 石灰性土壤上长期施用硫酸钾会使土壤板结。 （ ）

四、简答题

1. 简述土壤钾素养分的形态及有效性。

2. 简述农作物缺钾的一般症状。

3. 怎样合理施用窑灰钾肥?

4. 怎样合理施用硫酸钾?

五、论述题

1. 阐述氯化钾肥的成分、性质及在土壤中的转化特点,以及怎样合理施用氯化钾肥。

2. 草木灰的主要成分是什么? 其中钾的主要形态是什么? 怎样合理施用草木灰?

3. 结合当地农业生产实际,谈谈钾肥的有效施用原则。

项目 7

中量、微量元素肥料及复混肥料、新型肥料

项目导入

周末,阳光明媚,秋高气爽。园艺班的刘华和几个同学一起来到了一个大农场。农场里种植了很多种植物,有各种的蔬菜和水果。

最美、最壮观的就是葡萄园了,看那几百亩的葡萄园连成片,像绿色的海洋,浩瀚无边,蜿蜒缠绕的蔓藤像一条条巨龙,将葡萄架上上下下都占满了。葡萄叶密密麻麻地把葡萄架遮得严严实实。经过初夏的洗礼,盛夏的成长,花开花落,葡萄现在正享受着秋雨的滋润。成熟的葡萄,一串串挂满藤蔓,晶莹别透,润洁光泽。突然,"富硒葡萄示范区"几个大字映入眼帘。"啥是富硒葡萄?硒从哪来?怎么进到葡萄里?""硒有什么特殊的作用?"同学们兴奋又好奇地聊着,用手机拍下了标牌和葡萄长廊。

他们继续往前走,刚好碰到园区的管理人员。"叔叔!咱这园区好大呀!""是啊,咱这园区近千亩呢,流转了三个村的地。"

"咱这儿的果树长得真壮,蔬菜长得也很好。刚才看到富硒葡萄示范区,请问富硒的葡萄是咋种出来的?硒对我们有什么好处呢?"

"硒是一种人体所必需的微量元素,能提高人体的免疫机能。富硒葡萄口感很好,具有防癌、解毒、护心脑的保健作用。种植富硒葡萄,选地很关键,施肥得科学。现在人们生活水平高,口感品质很重要。种植高品质的水果蔬菜,微肥是个宝哩。科学合理施肥很重要。"

通过本项目的学习,我们将了解中量、微量元素的营养功能,熟知植物缺乏中量、微量元素的主要症状,以及常见中量、微量元素肥料的种类和施用方法。同时了解复混肥料和新型肥料的种类与施用方法。

本项目将要学习:(1) 中量、微量元素养分及肥料;(2) 复混肥料;(3) 新型肥料。

任务 7.1 中量、微量元素养分及其肥料

任务目标

知识目标：1. 了解土壤中中量、微量元素的含量、形态和转化。

2. 了解中量、微量元素的生理功能。

3. 掌握常用中量、微量元素肥料的种类和施用方法。

技能目标：1. 熟知植物缺乏中量、微量元素的主要症状。

2. 在生产中能正确施用中量、微量元素肥料。

素质目标：成为懂农业、会管理的农业生产管理型人才。

知识学习

中量元素是指钙、镁、硫三种元素,在作物体内含量低于碳、氢、氧、氮、磷、钾,高于微量元素铜、锌、铁、锰、硼、钼、氯、镍。

一、钙素养分、生理功能及有效施用

(一) 土壤中钙的含量、形态和转化

矿物是土壤钙的主要来源。土壤中全钙的含量主要取决于成土母质、风化作用、淋溶程度、耕作利用方式等,不同的土壤差异很大。我国南方的红壤和黄壤含钙量很低,北方石灰性土壤一般不缺钙。

植物从土壤中吸收的钙的形态是 Ca^{2+},土壤钙有四种存在形态,即矿物态钙、有机物中的钙、交换性钙和水溶性钙。矿物态钙指存在于矿物晶格中的钙,占全钙的 40%~90%,是钙主要的存在形式,但不能被植物直接吸收利用。土壤中的有机物和有机肥料中都含有一定数量的钙,但是只有在分解后才能被植物吸收。土壤交换性钙指土壤胶体表面吸附的钙,可被植物利用,交换性钙含量从几十到几百毫克每千克,占全钙的 20%~30%。土壤溶液中钙离子数量一般很少,与交换性钙处于交换平衡状态。二者合称土壤有效钙,是评价土壤钙素状况的重要指标。

钙在土壤中的转化:矿物态钙风化后以离子形态进入土壤溶液,一部分被土壤胶体吸附成为交换性钙,而交换性钙与溶液中的钙处在动态平衡之中。

（二）植物的钙营养

1. 植物体内钙的含量、分布形态、移动、吸收及运输

（1）含量　植物含钙量为 0.5%～3%。豆科植物、甜菜、莴苣、甘蓝等需钙较多,谷类、马铃薯等需钙较少。

（2）分布　茎、叶中较多,根、果实、籽粒中较少。

（3）形态　钙在植物体内以果胶酸钙的形态存在,是细胞壁、果胶质的结构成分。

（4）移动　钙在植物体内移动性很小,缺钙时从新叶、茎尖等幼嫩部位开始表现。

（5）吸收　主动、被动都能吸收,决定于介质中 Ca^{2+} 浓度。

（6）运输　通过质外体到达木质部,随蒸腾流向上运输。

2. 钙的生理功能

（1）钙是细胞壁中果胶质的组成成分,若植物缺钙,则细胞壁不能形成。

（2）钙调节细胞质膜透性,使其吸收离子具有选择性,防养分外渗,防有毒离子进入。

（3）钙影响植物体内 NO_3^- 还原。

（4）钙是多种酶的激活剂。

（5）钙能中和代谢过程中产生的有机酸,调节体内 pH,并能和钾配合,调节原生质状态。

3. 植物钙缺乏的条件及缺钙症状

介质中 Ca^{2+} 浓度在 $10^{-4}～10^{-3}$ mol/L 时最适宜植物吸收。一般而言,土壤交换性钙>1 mmol/L 时植物不出现缺钙。根系受害(淹水、干旱、冷害)、蒸腾减弱(空气湿度大)时植物易出现缺钙。钙在植物体内移动性很弱,富集于老叶中,所以缺钙症状首先表现在根尖、顶芽等幼嫩部位。植物缺钙时,叶部的症状表现为:生长点、幼叶等分生组织生长受阻,生长点发黏、腐烂、死亡,幼叶卷曲畸形,叶缘开始变黄坏死,幼叶叶缘呈烧焦状,叶等器官变得软弱。果实、蔬菜常见的缺钙症:果实表面或内部出现坏死斑点或腐烂病斑,如苹果、梨的苦痘病、水心病,番茄、辣椒、西瓜的顶腐病,白菜、甘蓝、莴苣的新叶叶焦病(干烧心)等。

（三）钙肥的有效施用

钙肥不仅能补充钙素养分,还可调节土壤酸度和改善土壤物理性状。含钙的肥料主要有生石灰、熟石灰、石膏等。

石灰的作用:中和土壤酸性,消除铝毒,增加土壤养分有效性(如 Ca、N),改善土壤物理性状,减少病害等。

石灰可作基肥和追肥。酸性土壤施用石灰的量可根据中国科学院南京土壤研究所提出的简便方法确定(表 7-1)。石灰施用过量会产生有机质分解,土壤结构破坏,降低土壤 Fe、Mn、Cu、Zn、P 等的有效性等危害。

表7-1　不同质地的酸性土壤第一年石灰施用量　　　　单位:kg/hm²

土壤酸度类型	黏土	壤土	砂土
强酸性(pH 4.5~5.0)	2 250	1 500	750~1 125
酸性(pH 5.0~6.0)	1 125~1 875	750~1 125	375~750
微酸性(pH 6.0~7.0)	750	375~750	375

对分布于干旱、半干旱地区的碱性或碱化土壤,可用石膏来中和碱性,降低 Na^+ 毒害。当土壤交换性 Na^+ 比例达20%以上时,施用石膏375~450 kg/hm²。

二、镁素养分、生理功能及有效施用

(一) 土壤中镁的含量、形态和转化

土壤中全镁的含量主要受成土母质、风化条件的影响,不同的土壤差异很大。

我国土壤全镁的含量受气候条件和母质的影响差异较大,一般为0.1%~0.4%,东部、南部地区全镁含量低于西部和北部。土壤中镁的形态与钙的情况相似,除4种形态外,另有半交换性镁,即能被稀酸提出的潜在镁,占全镁含量的5%~25%,可看作植物有效镁的贮备和补充。土壤交换性镁与水溶性镁合称土壤有效镁,我国常把土壤有效镁低于50 mg/kg或低于40 mg/kg作为缺镁标准。我国长江以南地区土壤有效镁含量较低,缺镁较为常见。

(二) 植物的镁营养

1. 镁在植物体内的含量和分布

植物体内镁含量占干物重的0.04%~0.7%,正常叶片中含量为0.2%~0.25%,低于0.2%植物易出现缺镁症。

植物体内镁的分布规律如下:种子>茎、叶>根、块根、块茎,豆科>禾本科。

2. 镁的生理功能

(1) 镁是叶绿素的成分　叶绿素含镁2.7%。

(2) 镁是多种酶的活化剂。

(3) 镁参与脂肪和蛋白质的合成。

(4) 镁参与DNA和RNA的生物合成。

(5) 镁能促进维生素A、维生素C的生物合成,提高水果、蔬菜的品质。

3. 缺镁症状

镁同钙一样,以离子(Mg^{2+})的形态被作物吸收,属被动吸收过程。镁可以通过韧皮部运输,故果实和贮藏器官中的镁含量高于钙。镁属于较易移动的元素,70%的镁在植物体内以

游离态存在,容易从老器官向新组织转移,所以缺镁症状首先出现在老叶上。

当植物缺镁时,其突出表现是叶绿素含量下降,并出现失绿症,主要症状如下:植株矮小、生长缓慢。从老叶开始,叶脉间失绿,叶脉仍为绿色。禾本科植物叶子出现"连珠状"黄色条纹。多年生果树缺镁,果实小或不能发育,苹果、柑橘近果实部分的叶黄化,叶尖出现赤色、紫色,呈"宝塔形"。豆类、甘蔗、甜菜、柑橘、葡萄、香蕉、番茄、棉花、烟草以及其他芸香料作物等对缺镁敏感。

(三) 镁肥的有效施用

常用的镁肥有硫酸镁、硝酸镁、氯化镁、氧化镁、钾镁肥、钙镁磷肥等。镁肥可作基肥、追肥、根外追肥。

对降雨多、风化淋溶强烈的土壤(如第四纪红色黏土)及喜镁的植物如大豆、花生、甜菜、马铃薯、烟草、果树等,应施用镁肥。一般以硫酸镁 $150 \sim 200 \ kg/hm^2$ 基施,或用 $1\% \sim 2\%$ 的硫酸镁溶液喷施,每隔 7 d 喷 1 次,连续 $2 \sim 3$ 次。果树可以 $0.2 \sim 0.3 \ kg/$ 株的量进行穴施。

三、硫素养分、生理功能及有效施用

(一) 土壤中硫的含量、形态和转化

影响土壤含硫量的主要因素是成土母质、成土条件、植被、土壤通气条件与雨水中含硫量等。土壤中硫的总含量大致在 $0.01\% \sim 0.5\%$,略高于地壳的平均含硫量 0.06%。除沿海酸性硫酸盐盐土、滨海盐土、沼泽地以及内陆的硫酸盐盐土的含硫量可达 $0.5\% \sim 1\%$ 以外,其余土壤含硫量大都在 $0.05\% \sim 1\%$ 附近。

土壤中的硫包括无机态硫和有机态硫两大类。在温暖多湿地区,在强风化、强淋溶条件下,含硫矿物大部分分解淋失,可溶性硫酸盐很少集聚,硫主要存在于有机质中,以有机硫为主,据我国南方 10 省土壤分析统计资料,有机态硫占全硫的 $86\% \sim 94\%$。但北方干旱、半干旱地区土壤则以硫酸盐($CaSO_4$、Na_2SO_4)为主,大量沉积在土层中。SO_4^{2-} 是植物有效态,但 SO_4^{2-} 一般不被土壤胶体吸附,我国热带和亚热带地区,由于高温多雨,土壤硫易分解淋失,缺硫的可能性较大。

(二) 植物的硫营养

1. 植物体内硫的含量与分布

植物含硫量为 $0.2\% \sim 1.1\%$,其变幅明显受植物种类、品种、器官和生育期的影响。硫也是植物需求量较大的主要营养元素,其需求量和磷相当,某些作物对其的需求量甚至超过磷。十字花科植物需硫最多,豆科、百合科植物次之,禾本科植物较少,另外,种子含硫量大于茎秆。植物体内的硫有无机态硫酸盐(SO_4^{2-})和有机态含硫化合物两种形态。无机态硫酸盐主要储藏在液泡中,而有机态含硫化合物存在于植物体的各器官中。土壤中的 SO_4^{2-}、大气

中的 SO_2，都可同化后形成硫的有机化合物。大气中 SO_2 含量约为 $36\ \mu g/m^3$，超过 $500\ \mu g/m^3$ 时，叶片会受害。

2. 硫的生理功能

（1）硫是蛋白质的成分　硫是胱氨酸、半胱氨酸和甲硫氨酸的重要组成成分，而这些含硫氨基酸是蛋白质的主要成分，在植物体内约有 90% 的硫存在于含硫氨基酸中。

（2）硫是许多酶的成分　在脲酶、黄芪多糖（APS）磺基转移酶和辅酶 A 中，—SH 起着酶反应功能团的作用。

（3）硫参与作物体内的氧化还原过程。

（4）硫是许多生理活性物质的成分，如维生素 H、维生素 B_1、辅酶 A 和乙酰铺酶 A 等。

（5）硫能促进叶绿素的形成。

（6）硫影响氮的生物固定与代谢　硫与根瘤菌和自生固氮菌的固氮作用有关。

（7）硫能增强作物的抗寒性和耐旱性　硫与影响植物抗寒和抗旱性的蛋白质结构有关，硫能增加某些作物的抗寒和抗旱性。

（8）其他作用　硫还是许多挥发性化合物的结构成分，这些成分使洋葱、大蒜、大葱和芥菜等植物具有特殊的气味。

3. 植物的缺硫症状

植物缺硫时影响蛋白质和叶绿素的合成，症状与缺氮类似。植株矮小、细弱、发黄。与缺氮症状不同的是，植物缺硫是从新叶开始。

（三）硫肥的有效施用

1. 常用硫肥

常用硫肥有石膏、硫酸铵、硫酸钾、硫酸镁、过磷酸钙等。

2. 硫肥的施用方法与技术

南方土壤硫的淋失量大，易缺硫。花生、大豆需硫多，施石膏有良好的效果。小麦施硫肥可提高面粉品质，葱蒜施硫肥可以增加辛香味。硫肥一般作基肥，常在播种前结合土壤耕作施入以促进转化，追施宜早不宜迟。

以石膏为例，施用技术如下。

（1）以提供硫素营养为目的　石膏可作基肥、追肥和种肥。旱地作基肥，一般每亩用量为 $15\sim26\ kg$，将石膏粉碎后撒于地面，结合耕作施入土中。花生是需钙和硫均较多的作物，可在果针入土后 $15\sim30\ d$ 施用石膏，通常每亩用量为 $15\sim25\ kg$。稻田施用石膏，可结合耕地施用，也可于栽秧后撒施或塞秧根，一般每亩用量为 $5\sim10\ kg$，若用量较少（$2.5\ kg$）可用于蘸秧根。

（2）以改良土壤为目的　施用石膏必须与灌排工程相结合。在雨前或灌水前将石膏均匀施于地面,并耕翻入土,使之与土混匀,与土壤中的交换性钠起交换作用,形成硫酸钠,通过雨水或灌溉水,冲洗排碱。

四、土壤微量元素的含量、形态及有效性

(一) 土壤中微量元素的含量

微量元素是对植物的需要量而言的,它们在土壤中的含量差异很大,铁在土壤中的总量很高,占土壤重量的 $1\% \sim 6\%$,钼的含量最低,一般低于 $6\ \mu g/kg$,其他微量营养元素每千克含量在几至几百微克。

土壤中微量元素主要来自岩石矿物,成土母质不同的土壤,微量元素的种类及其含量不同,一般在基性岩发育的土壤微量元素的含量高于酸性岩发育的土壤,但硼在沉积岩的土壤含量最高。除了母质,大气沉降和施肥(包括杀虫剂)是土壤微量元素的重要来源,如施用磷肥、有机肥、石灰等会将相当数量的微量元素带进土壤。

(二) 土壤中微量元素的形态

土壤中微量元素的形态大致有以下几种:① 水溶态和交换态,这两种形态的微量元素活性最强,对植物是有效的,但它们的含量较低,占总含量的比例不到 $5\% \sim 10\%$。② 螯合态,对植物也是有效的。③ 有机结合态,对植物部分有效。④ 矿质态,是指次生矿物和原生矿物中的微量元素,对植物是基本无效的。

各种形态的微量元素能够互相转换,在土壤中保持动态平衡。当植物由土壤溶液中吸收某一微量元素时,胶体表面有部分吸附性离子释放出来,使土壤溶液中这一元素保持原有水平;同时,也会有矿物溶解,来补充土壤溶液和重新占有交换位置。微生物进行代谢活动时从土壤溶液吸收微量元素,而当有机物分解时,又会释放出微量元素到土壤溶液中。

(三) 土壤中微量元素的有效性

土壤中微量元素供应不足有两种可能,一是含量过低;二是有效性过低。微量元素大多以植物不能吸收利用的形态存在。前者是土壤类型和成土母质决定的,后者则是受土壤中许多因子,如 pH、氧化还原电位、质地、通透性、水分状况以及有机质和微生物活动等的影响所致。

1. 土壤 pH

土壤的酸碱条件直接影响微量元素的溶解性及有效性,在酸性条件下,铁、锰、锌、铜等元素溶解度较大,且随土壤 pH 下降而增加,因此,它们的有效性随之提高,在强酸条件下,微量元素含量很高可能对一些植物有毒害作用。当土壤 pH 升高时,上述微量元素将逐渐转化为氢氧化物或氧化物,溶解度降低,对植物的有效性也变小。钼在酸性条件下呈难溶性的 MoO_3 或 H_2MoO_4,有效性降低。硼在酸性条件下以 H_3BO_3 形态存在于土壤溶液中,有效性较

高,而在碱性、石灰性土壤中形成难溶性的偏硼酸钙 $Ca(BO_2)_2$,发生固定作用。

2. 土壤有机质

过渡金属离子能与有机化合物络合,简单的络合物可直接为植物所吸收,但复杂的络合物一般不能被植物吸收,如泥炭土中的铜、锌络合物,所以在有机质含量很高的土壤中,植物常发生缺铜现象。

3. 土壤质地

土壤质地与黏粒的吸附作用有关,微量元素被带电胶粒吸附,仍具有效性,但如果进入晶格内部则失去有效性。

4. 氧化还原状况

土壤的氧化还原状况对变价元素铁、锰的有效性影响较大,在氧化条件下,铁形成 Fe^{3+},而锰形成 MnO_2,有效性降低。在还原条件下(如淹水)铁、锰溶解度较高,有效性大大提高。在强还原条件下,Zn、Cu 可能因形成 ZnS、Cu_2S 而降低有效性。

农业措施不当也会造成土壤微量元素有效性降低,导致土壤微量元素的缺乏。酸性土壤施用石灰性物质可能造成诱发性缺锌、缺硼等症。

五、植物缺乏微量元素的症状

微量元素在植物体内是许多酶的组分及活化剂,影响叶绿素的形成及植物体内的氧化还原等生理过程。植物若缺乏某种微量元素,就会表现出缺素症状。由于微量元素的生理功能是专一的,不能互相代替,所以,植物缺乏各种微量元素的症状是不同的。同种微量元素在不同植物上的缺乏症状也不相同。在多数情况下,微量元素在植物体内流动性很小,不能进行再利用(锌、氯除外),所以,微量元素缺乏的症状首先发生在新生组织上。

(一) 植物缺铁症状

植物缺铁,叶绿素不能形成,常出现失绿症。首先,上部嫩叶失绿,呈淡黄或白色;严重缺铁时,老叶也表现出叶脉间黄化的病斑,叶缘或叶尖出现焦枯及坏死;继续发展,则叶片脱落,植株矮小,生长停止并逐渐死亡。

缺铁多发生在苹果、梨、桃、杏、李等果树及马铃薯、花椰菜、甘蓝等一年生蔬菜上。

在石灰性土壤上,植物常出现缺铁现象。因为石灰性土壤 pH 偏高,呈弱碱性,铁常呈难溶性的氢氧化铁沉淀,或形成溶解性较小的碳酸盐,从而降低了土壤中铁的有效性。

植物缺铁症状的出现与气候有关。如在夏季的高温多雨季节,果树嫩枝生长旺盛,需要吸收较多的铁,往往会出现临时的缺铁症状,一段时间后,这种症状会自行消失。

(二) 植物缺锰症状

植物缺锰时,新叶发黄,叶脉保持绿色,组织易坏死,出现棕色细小斑点。

甜菜、马铃薯、烟草、大豆、洋葱、菠菜等需锰较多,易发生缺锰现象。一般质地较轻的石灰性土壤,成土母质富含钙质的土壤,排水不良、有机质含量高的土壤易缺锰。施用过量石灰、pH 大于 6.5 的土壤也会产生诱发性缺锰。

(三) 植物缺铜症状

植物缺铜时,新叶失绿黄化,出现坏死斑点,叶尖发白卷曲。果树缺铜时,叶失绿畸形,枝条弯曲。顶梢上的叶片呈簇状,长瘤状物,果实硬,品质差;禾谷类作物缺铜时,植株丛生,顶端逐渐变白,幼叶的叶尖失绿黄化,以后干枯、脱落,植株生长受抑制,种子不易形成。

需铜较多并较敏感的作物有小麦、高粱、菠菜、莴苣等。

(四) 植物缺锌症状

植物缺锌时,叶片失绿黄化,多出现褐斑,组织坏死。叶小簇生,植株矮小,其症状因植物种类不同而有区别。如水稻缺锌,在秧苗移栽 2~3 周出现缩苗、僵苗(南方称为坐篼);玉米缺锌,幼苗长出 4~5 片叶后呈现成片的"白色幼苗"或玉米花叶;棉花缺锌,植株矮小丛生,脉间失绿,老叶卷曲向上呈杯状,增厚变脆;甘薯缺锌,幼苗节间短,叶片丛生;番茄缺锌,叶淡白色或黄绿色,小叶基部附近有不规则的坏死斑块;果树缺锌,其症状除叶片失绿外,还常在枝条尖端出现小叶、畸形叶,且枝条的节间缩短,呈簇生现象,称为小叶病。果树种类不同,表现的缺锌症状也不同,如苹果的小叶病、柑橘的斑驳叶、可可的镰刀叶、胡桃的黄化病、山核桃和苹果以及很多其他坚果和橡胶树的莲座枝等,都是缺锌的表现。

对锌比较敏感、易发生缺锌症状的作物有玉米、高粱、大豆、棉花、番茄、柑橘、葡萄、桃、苹果等。

(五) 植物缺硼症状

植物缺硼症状首先出现在生长点和繁殖器官。一般症状是生长点易死亡,叶片畸形、皱缩、加厚,茎秆易开裂,植株矮小,花器官发育不正常,出现"花而不实""穗而不实"。在不同植物上表现的症状不同。油菜缺硼,花序变短,花蕾失绿枯萎,大量开花而不结角果,即"花而不实"。棉花缺硼,叶柄短而粗,呈现间断的暗绿色或褐色环带,蕾易脱落,开花甚少,即"蕾而不花"。甜菜缺硼,叶柄上出现横向裂纹,颜色先变黄后变黑;外部的老叶和叶脉变黑,充满锈斑;块根上部变得干燥松软,最后变空,由褐色到黑色,严重缺硼时,根内部腐烂。柑橘缺硼,幼叶有不透明的水渍状斑点;老叶叶脉木栓化破裂;树体枯梢增多;开花量虽多,但脱落严重,产生"花而不实";成熟果小、坚硬,皮厚肉少,渣多汁少,品质较差,种子不育,果皮及中心柱常流胶。

需硼较多的作物主要有甜菜、苜蓿、萝卜、向日葵、白菜、苹果、玉米、棉花、花生等。

(六) 植物缺钼症状

植物缺钼时生长不良,植株矮小;叶片脉间失绿、枯萎以至坏死;叶缘枯焦,向内卷曲,由于组织失水而呈萎蔫状态。最先出现症状的叶基部的失绿区穿孔,产生1个或几个孔洞。刚伸展的幼叶只有中肋,最后植物的生长点死亡,并流出棕色液体。缺钼症状一般开始出现在老叶上,之后向幼叶扩展,直至死亡,但子叶仍保持深绿色。有些植物,如芹菜、烟草、大麦、荞麦和马铃薯的中部叶片,首先出现缺钼症状。缺钼时,豆科作物根瘤不发育,结荚少,百粒重下降;棉花蕾铃脱落严重;小麦灌浆差,成熟迟;十字花科植物缺钼常见的症状表现为老叶变厚、焦枯;番茄缺钼,小叶顶部灼伤,叶片凋萎,花形变小,失去开放能力,花粉发育受到影响。

需钼较多的作物主要是十字花科及豆科作物。

六、微量元素肥料及施用

(一)微量元素肥料的种类、性质和施用技术要点

农业生产中常用的微量元素肥料有硼肥、锌肥、锰肥、铜肥、钼肥和铁肥等。常用微量元素肥料的种类、性质和施用技术要点见表7-2。

表7-2　常用微量元素肥料的种类、性质和施用技术要点

种类	肥料名称	主要成分	微量元素含量/%	主要性质	施用技术要点
硼肥	硼砂	$Na_2B_4O_7 \cdot 10H_2O$	11	白色结晶或粉末,在40 ℃热水中易溶,不吸湿	作基肥、追肥施用,每亩用量为0.25~1 kg。浸种时浓度为0.05%,浸泡4~5 h。根外追肥浓度为0.1%~0.25%硼砂溶液,硼酸用法与硼砂相似。蘸秧根用0.1%~0.2%水溶液
	硼酸	H_3BO_3	17.5	性质同硼砂	
	硼泥	含硼、钙、镁等元素	0.5~2	主要成分溶于水,是硼砂、硼酸工业废渣,呈碱性	
	硼镁肥	$H_3BO_3 \cdot MgSO_4$	1.5	灰色粉末,主要成分溶于水,是制取硼酸的残渣,含MgO 20%~30%	
锌肥	硫酸锌	$ZnSO_4 \cdot 7H_2O$、$ZnSO_4 \cdot H_2O$	23~24 35~40	白色或浅橘红色结晶,易溶于水,不吸湿	拌种,每千克种子用硫酸锌4~6 g,浸种浓度为0.02%~0.05%硫酸锌溶液,根外追肥浓度一般为0.05%~0.2%,氯化锌用法同上。氧化锌只作基肥
	氯化锌	$ZnCl_2$	40~48	白色结晶,易溶于水	
	氧化锌	ZnO	70~80	白色粉末,难溶于水,能溶于稀醋酸、氨或碳酸铵溶液中	

续表

种类	肥料名称	主要成分	微量元素含量/%	主要性质	施用技术要点
锰肥	硫酸锰	$MnSO_4 \cdot 3H_2O$	26~28	粉红色结晶,易溶于水	拌种每千克种子用 4~8 g。浸种一般为 0.05%~0.1% 硫酸锰溶液,浸泡 12~24 h。根外追肥为 0.05%~0.1% 硫酸锰溶液,基肥每亩 1~4 kg 硫酸锰,氯化锰同上
	氯化锰	$MnCl_2 \cdot 4H_2O$	27	粉红色结晶,易溶于水	
铜肥	硫酸铜	$CuSO_4 \cdot 5H_2O$	24~26	蓝色结晶,易溶于水	基肥每亩用量 1.5~2 kg,每隔 3~5 年施一次。拌种每千克种子用 0.6~1.2 g,浸种浓度为 0.01%~0.05%,浸 12 h。根外追肥浓度为 0.02%~0.4%,也可在溶液中加少量熟石灰,以减免药害
	含铜矿渣		0.3~1	是炼铜废渣,难溶于水	只作基肥用
钼肥	钼酸铵	$(NH_4)_6Mo_7O_{24} \cdot 4H_2O$	50~54	青白或黄白色结晶,易溶于水	浸种浓度 0.05%~0.1%,拌种每千克种子用 2~6 g。根外追肥为 0.02%~0.05% 钼酸铵溶液,钼酸钠用法与钼酸铵相似
	钼酸钠	$Na_2MoO_4 \cdot 2H_2O$	35~39	青白色晶体,易溶于水	
	钼渣		5~15	白色粉末,难溶于水	作基肥 30~200 g/亩,也可作种肥
铁肥	硫酸亚铁	$FeSO_4 \cdot 7H_2O$	19~20	淡绿色结晶,易溶于水	根外喷施浓度为 0.2%~1%。果树缺铁,可用 0.3%~1% 硫酸亚铁溶液注射于果树树干,效果较好
	硫酸亚铁铵	$(NH_4)_2 \cdot SO_4 \cdot FeSO_4 \cdot 6H_2O$	14	淡绿色结晶,易溶于水	硫酸亚铁铵用法与硫酸亚铁基本相同

(二) 微量元素肥料的一般施用方法及注意事项

1. 微量元素肥料的一般施用方法

微量元素肥料的施用方法很多,根据不同的条件和目的可作基肥、种肥、追肥,均可收到良好效果。

（1）作基肥、追肥　通常以基肥施入土壤，可以满足植物整个生长期对微量元素的需求。为避免浪费，可采用穴施或条施。因微量元素肥料施入土壤中受环境条件影响较大，故肥料的利用率低。一般矿渣肥料和缓效性微肥适于采用这种施肥方法。微量元素含量高的不溶性微量元素肥料和可溶性肥料作基肥时，应先与有机肥混合或与大量元素肥料混合施用，以便施用均匀。微量元素肥料施入土壤，后效较长，可以2~3年施用一次。微量元素肥料作追肥时则要早施。

（2）拌种　用少量水将水溶性微量元素肥料溶解，配制成一定浓度的溶液，一般每千克种子用肥2~6 g，水与种子的质量比为1∶10，喷洒在种子上，边喷洒边搅拌，使种子沾有一层肥料溶液，阴干后播种。要随拌随播，以防霉烂，影响发芽。拌种的种子吸水比浸种少，比较安全。

（3）浸种　将微量元素肥料配制成浓度为0.01%~0.1%的水溶液，水和种子的质量比为1∶1，将种子浸泡12~24 h，捞出稍晾干即可播种。当土壤干旱时，浸种影响出苗，不如拌种安全。

（4）蘸秧根　这种方法适用于水稻及其他移植作物。其方法是将微量元素肥料，按作物所需浓度配制成水溶液，把将要移栽的秧或苗在溶液中蘸根，并稍加摇动，使肥料附着在根上，直接插秧或栽植。此法操作简便，效果良好。但用于蘸秧根的肥料中应不含危害幼根的物质，酸碱性不能太强。

（5）根外喷施　根外喷施是一种经济、有效的施肥技术。根外喷施微量元素肥料用量只相当于土壤施用量的1/5~1/10。根外喷施常用的溶液浓度为0.01%~0.1%。所用溶液量因植物种类、生育时期、植株大小等而有所不同，使叶片正面背面都被溶液沾湿为宜，一般每亩溶液喷洒量50~75 kg。喷洒时间应在无风的下午到黄昏前进行，以防止微量元素溶液很快变干，提高喷施效果。喷后两小时内若遇雨，应补喷。

2. 施用微量元素肥料的注意事项

（1）控制施用量和施用均匀　作物需要微量元素的数量很少，许多微量元素从植物缺乏到适量的浓度范围很窄。因此，施入土壤中的微量元素肥料要防止用量过大，以免引起作物中毒，而且有可能污染环境或进入食物链，有碍人、畜健康。因此，应严格控制微量元素肥料的施用量，注意施用均匀，避免局部浓度过大。

（2）注意改善土壤环境条件　土壤中微量元素的不足，主要受土壤酸碱度影响，土壤质地、土壤含水量等也影响土壤微量元素的有效状况。因此，在农业生产中施用有机肥料，适量施用石灰等，都可调节土壤酸度，改良土壤性状，促进微量元素的有效化。

（3）与大量元素肥料配合使用　微量元素和氮、磷、钾等大量元素，都是同等重要、不可替代的营养元素。只有满足了植物对大量元素的需要，施用微量元素肥料才能充分发挥肥效,两者配合使用十分必要。

(4) 植物对微量元素的反应　植物种类不同,对微量元素的反应不同,敏感程度也不同,需要量也有差异。一定要把相应的微量元素施在反应最敏感的植物上,如玉米、水稻、棉花、甜菜、柑橘、桃、苹果等对锌敏感,施锌效果好;豆科和十字花科作物需钼量较多;小麦、玉米、谷子、马铃薯、甜菜、油菜、桃、葡萄对锰肥反应良好;果树是多年生植物,多年固定在一块地上,每年消耗大量养分,易出现微量元素缺乏症,必须优先考虑施用微量元素肥料。

(5) 土壤供肥情况　施用微量元素肥料应有针对性。每个地区在施用微量元素肥料前,要先摸清土壤微量元素的丰缺状况,如查询当地土壤微量元素分布图或资料,有条件的可采集土壤样品送交农业研究部门分析化验,并进行必要的田间试验,以正确地指导微量元素肥料的施用。

全国第二次土壤普查地市级、省级汇总中,规定了微量元素丰缺指标,见表 7-3。

表 7-3　微量元素丰缺标准　　　　　　　　　　　单位:mg/kg

元素	极低	低	中	丰	高	方法
B	<0.1	0.1~0.5	0.5~1.0	1.0~2.0	>2.0	热水姜黄素法
Cu	<0.2	0.2~0.5	0.5~1.0	1.0~2.0	>2.0	DTPA 浸提
Fe	<2.5	2.5~4.5	4.5~10	10~20	>20	DTPA 浸提
Mn	<5.0	5~10	10~20	20~30	>30	DTPA 浸提
Zn	<0.3	0.3~0.5	0.5~1.0	1.0~3.0	>3.0	DTPA 浸提

表 7-3 中只是一般的标准,由于不同植物对不同微量元素敏感程度不同,所以具体标准也有一定差异。如棉花潜在缺硼的土壤临界值指标定为 0.8 mg/kg;玉米、水稻缺锌的土壤临界值指标定为 0.6 mg/kg。

✎能力培养

当地微量元素肥料施用情况调查

1. 调查准备

根据班级人数,按照每 3~5 人一组,分成若干组,由各组拟定调查提纲,经指导老师审阅修改后执行。

2. 调查活动

通过走访当地农业生产管理部门、农业技术人员、当地有规模的农场和有代表性的农户

等,了解以下情况:

（1）当地农作物有无微量元素缺乏症状?

（2）当地主要施用哪些微量元素肥料?

（3）当地施用微量元素肥料存在哪些问题?

3. 调查报告

根据调查结果撰写调查报告,不少于 500 字,包括当地微量元素肥料施用基本情况和存在问题,并针对存在问题提出改进建议。

随堂练习

1. 影响土壤微量元素有效性的因素有哪些? 联系当地实际情况说明。

2. 植物缺乏微量元素有哪些症状?

3. 当地常用的微量元素肥料有哪些? 说明其性质和施用要点。

4. 结合当地生产实际,谈谈中量、微量元素肥料的一般施用方法及注意事项。

任务 7.2　复混肥料

任务目标

知识目标:1. 了解复混肥料的概念及优缺点。

　　　　　2. 了解常用复混肥料的种类、性质和施用方法。

　　　　　3. 熟知复混肥料施用的注意事项。

技能目标:掌握常见复混肥料的施用方法。

素质目标:以强农、兴农为己任。

知识学习

目前,我国施肥正由过去的克服单一营养元素缺乏的"矫正施肥"转入多种营养成分配合的"平衡施肥"阶段。发展我国的复混肥料工业和复混肥料的施用技术已势在必行。

一、复混肥料的概念

复混肥料是指含有两种或两种以上的植物营养元素(一般指氮、磷、钾)的化学肥料,包括复合肥料和混合肥料。

（1）复合肥料　即经化学作用或混合氨化造粒过程制成的肥料,工艺流程中有明显的化学反应,如磷酸铵、硝酸钾等。

（2）混合肥料　将几种单质化肥,或一种复合肥料与一两种单质化肥,通过机械混合制成的肥料。

生产上习惯将上述两类肥料都称为复合肥料。含有氮、磷、钾三要素中两种要素的,称为二元复混肥料;含有三种要素的,称为三元复混肥料;在复混肥料中添加一种或几种中量、微量元素的,称为多元复混肥料;在复混肥料中添加植物生长调节剂、除草剂、抗病虫农药的,称为多功能复混肥料。

目前生产上混合肥料的种类和用量较多。按照混合肥料的制造方法,可将其分为三种:粉状混合肥料,采用干粉掺和或干粉混合;粒状混合肥料,先将粉状料搅拌混合,再造粒、筛选、烘干;掺和肥料,也称 BB 肥,是将粒径和容重相近的几种粒状肥料按一定比例机械混合而成,产品可散装或袋装进入市场。

复混肥料中有效成分含量一般用 $N-P_2O_5-K_2O$ 的质量分数来表示。如 18-46-0 表示该复混肥含氮 18%,含磷 46%,不含钾,是氮、磷二元复合肥料。15-15-15,表示该复混肥中氮、磷、钾各含 15%,是氮、磷、钾三元复混肥料。20-20-15-B_2,表示这种复混肥料中除含有不同数量的氮、磷、钾养分外,还含有 2% 的硼,是多元复混肥料。含其他微量元素表示成分含量时,与此相同。

二、复混肥料的优缺点

（一）复混肥料的优点

1. 养分种类多、含量高

如磷酸铵含 N 12%~18%,含 P_2O_5 46%~52%,含有 N、P 两种主要养分,能比较均衡地、较长时间地同时供应植物所需的养分,并能充分发挥营养元素之间互相促进的作用。

2. 副成分少,对土壤无不良影响

多数单质化肥都含有大量副成分,如硫酸铵会给土壤残留大量 SO_4^{2-},会引起石灰性土壤的板结,在水田会产生还原性的硫化氢而毒害植物。而复合肥料中几乎全部或大部分成分能为植物所吸收,如磷酸铵中的 $H_2PO_4^-$ 和 NH_4^+ 均可被植物吸收,对土壤不产生任何不良影响。

3. 物理性状好,便于贮存、运输和施用

复合肥料多为颗粒状,不吸湿、不结块,可节省包装、贮运、施用等费用,降低成本,提高生产率。

4. 生产成本,节约开支

复混肥料有效养分含量高,体积小,能节约包装材料和运输费用,减少施肥次数,从而降低生产成本,提高劳动生产率。

(二) 复混肥料的缺点

1. 养分比例固定,难以满足施肥技术要求

施用一种复混肥料往往很难满足各种植物对养分的不同要求;同时,也难以满足施肥技术的要求。

2. 各种养分在土壤中的移动规律和有效期不同

如氮肥的移动性比磷、钾肥大,但其后效却不如磷、钾肥长。因此,复混肥料中的各种养分施在同一时期、同样深度,很难适合植物对养分的需要,不能充分发挥各种营养元素的最佳施用效果。应根据土壤的供肥特性及植物的需肥规律,配合适当的单质肥料。

三、常用复混肥料的种类、性质和施用方法

复混肥料的种类很多,常用的主要有硝酸磷肥、磷酸铵、磷酸二氢钾等。

(一) 硝酸磷肥

1. 成分

硝酸磷肥为二元氮磷复混肥料,其养分含量因制造方法不同而有差异。硝酸磷肥主要成分是磷酸二钙、磷酸铵和硝酸铵,一部分是水溶性磷酸盐,一部分是弱酸溶性磷酸盐。

2. 性质

硝酸磷肥一般为灰白色或深灰色的颗粒,有一定的吸湿性,易结块,应注意防潮。水溶液呈弱酸性。

3. 施用

硝酸磷肥适于多种土壤和植物,可作基肥或追肥。宜旱地施用,不宜施在水田。北方比南方施用效果好。一般每亩施用量为 25~35 kg。硝酸磷肥对多数植物有良好效果,但对豆科作物、甜菜等则效果较差。

(二) 磷酸铵

1. 成分性质

磷酸铵(简称磷铵)是磷酸一铵和磷酸二铵的混合物,主要化学成分是 $NH_4H_2PO_4$ 和 $(NH_4)_2HPO_4$,含氮 14%~18%、P_2O_5 45%~50%,为二元氮磷复混肥料。性质稳定,有一定的吸湿性,在潮湿空气中易分解,使氨挥发损失。通常加防潮剂,制成颗粒。磷酸铵呈灰白色,易溶于水,水溶液 pH 7.0~7.2,氮、磷均为有效养分。

2. 施用

磷酸铵是以磷为主的高浓度速效肥料,适用于各种土壤和植物。可作基肥、种肥和追肥,但以作基肥和种肥为宜。作种肥时不要与种子直接接触,以免因养分浓度过大影响种子发芽。由于磷酸铵含磷多、含氮少,所以施肥量以有效磷含量计算,不足的氮素用氮肥补充,亩施用量一般 10~15 kg。磷酸铵不能与碱性肥料混合使用。最适宜施在玉米、水稻、小麦、花生、大豆及绿肥作物等植物上。

(三) 磷酸二氢钾

1. 成分

磷酸二氢钾(KH_2PO_4)是化学合成的磷钾二元复混肥料。纯净的工业磷酸二氢钾养分含量为 0-52-35,肥料用磷酸二氢钾养分含量为 0-24-27。

2. 性质

纯净的磷酸二氢钾为白色或灰色晶体,易溶于水,是速效肥料,吸湿性小,物理性状好,不易结块,水溶液呈酸性。

3. 施用

磷酸二氢钾可作基肥和种肥。但由于磷酸二氢钾价格昂贵,目前生产上多用于根外追肥或浸种。一般喷施浓度为 0.1%~0.3%,每亩用量 50~75 kg。一般浸种浓度为 0.2%,浸 10~12 h。

化学合成氮磷钾复混肥料的名称、主要成分和养分含量见表 7-4。

表 7-4 化学合成氮磷钾复混肥料的名称、主要成分和养分含量

肥料名称	主要成分	养分含量
磷酸一铵	$NH_4H_2PO_4$	N(11%~13%),P_2O_5(51%~53%)
磷酸二铵	$(NH_4)_2HPO_4$	N(16%~18%),P_2O_5(46%~48%)
硝酸钾	KNO_3	N 13%,K_2O 46%
硝酸磷肥	$CaHPO_4$,$NH_4H_2PO_4$,NH_4NO_3,$Ca(NO_3)_2$	N 20%,P_2O_5 20%
氨化过磷酸钙	$NH_4H_2PO_4$,$(NH_4)_2SO_4$,$Ca(H_2PO_4)_2$,$CaHPO_4$ 等	N(2%~3%),P_2O_5(13%~15%)
尿素磷铵	$CO(NH_2)_2$,$(NH_4)_2HPO_4$ 等复合物	可以按需要生产多种比例的氮磷二元复混肥料
硝磷钾肥	NH_4NO_3,NH_4Cl,$CaHPO_4$,$NH_4H_2PO_4$,$Ca(H_2PO_4)_2$,KNO_3 石膏及原料杂质等	可以按需要生产多种比例的氮磷钾三元复混肥料

四、复混肥料施用的注意事项

在农业生产上,复混肥料的应用越来越广泛。为了克服它的缺点,充分发挥其优点,提高复混肥料的肥效,在施用中必须注意以下几个问题。

(一) 选择适宜的复混肥料品种

我国地域辽阔,植物种类繁多,土壤复杂,应根据不同地区土壤与植物对养分的需求,选择相适宜的复混肥料品种,才能充分发挥复混肥料的优越性(表7-5)。例如,供磷、钾水平低的土壤,对磷、钾又比较敏感的作物,宜选用1:2:2的氮磷钾复混肥料。供磷、钾水平中等的土壤,宜选用1:1:1的氮磷钾复混肥料。南方水田多选用铵态氮复混肥料。

表7-5 土壤磷、钾供应水平与氮磷钾复混肥料中养分比例的关系

土壤供钾水平	土壤供磷水平		
	低	中	高
低	1:2:2	1:1:(1.5~2)	2:1:(3~4)
中	1:(1.5~2.1)	1:1:1	2:1:3
高	1:3:1	2:2:(0.5~1)	2:1:(1~2)

(二) 复混肥料与单质肥料配合使用

复混肥料不能完全适应各地土壤的特点与满足植物全生育期对养分的平衡供应,因此,复混肥料应配合单质肥料施用,以调节营养元素的比例,使之适合植物营养上的要求。复混肥料的用量,一般以养分含量高的元素计算,不足的养分以单质肥料补充。在施用方法上,常选用低氮、高磷钾的复混肥料作基肥,单质肥料作追肥施于植物需肥的关键时期,有利于充分发挥肥效,以争取作物高产、稳产、优质。

(三) 针对不同复混肥料的特点,采取相应的施肥方法

复混肥料各种养分比例和形态不同,价格差别也很大,因此施用时应注意采用相应的措施。凡含铵态氮的复混肥料,要深施覆土。含硝态氮素的肥料不宜施于水田。对含磷钾养分的复混肥料,应集中施在根系附近,最好作基肥用。对价格昂贵的磷酸二氢钾,一般不作基肥而用于根外追肥或浸种。

目前市场上复混肥料种类繁多,某些复混肥制造粗糙,养分混乱,有效成分低,质差价高,在选用时应引起重视。

能力培养

当地复混肥料施用情况调查

1. 调查准备

根据班级人数,按照每3~5人一组,分成若干组,由各组拟定调查提纲,经指导老师审阅修改后执行。

2. 调查活动

通过走访当地农业生产管理部门、农业技术人员、当地有规模的农场和有代表性的农户等,了解以下情况:

(1) 当地主要施用哪些复混肥料?

(2) 施用复混肥料效果如何?

(3) 当地施用复混肥料存在哪些问题?

3. 调查报告

根据调查结果撰写调查报告,不少于500字,包括目前当地复混肥料施用基本情况与存在问题,并针对存在问题提出改进措施。

随堂练习

1. 什么是复合肥料?什么是混合肥料?按照含肥料三要素的数量分为哪些类型?有效养分含量是怎样表示的?

2. 复混肥料有何优缺点?

3. 当地常用的复混肥料有哪些?如何合理施用?

任务 7.3　新型肥料

任务目标

知识目标:1. 了解新型肥料的种类。

　　　　　2. 了解常见新型肥料的特点。

技能目标:掌握常见新型肥料的施用方法。

素质目标：培养安全生产、绿色农业的理念。

📖 知识学习

随着人们对身体健康和生活质量的日益关注，对农产品产量和质量的要求也在不断提高，要求农业生产向着高产、低耗、优质、高效的方向发展，结合我国人地矛盾突出、资源利用率低等现状，肥料的革新成为关键。肥料是保障国家粮食安全的战略物资，是保持和提高地力、实现农业可持续发展的物质基础。因此，如何提高化肥利用率、减轻或免除肥料对环境的污染，生产出优质营养的农产品，是当今农业可持续发展的迫切要求。于是，新型肥料的研制和开发应运而生。新型肥料要求具有缓（控）释化、多功能化、环境友好化等多种功效和性能，新型肥料的研究与开发是21世纪农业发展的重要方向之一，是推动肥料产业科技创新的原动力。

新型肥料有别于常规的、传统的肥料，表现在功能拓展或功效提供、肥料形态更新、新型材料的应用、肥料运用方式的转变或更新等方面，能够直接或间接地为作物提供必需的营养成分；调节土壤酸碱度、改良土壤结构、改善土壤理化性质和生物化学性质；调节或改善作物的生长机制；改善肥料品质和性质或提高肥料的利用率。高效性、专业化、简便化、多功能化是新型肥料发展的趋势，其中，营养作物、培肥土壤、提高抗性、逆境生长、除草抗病等功能会成为功能性肥料发展的方向。新型肥料主要有水溶肥料、缓控释肥料、功能性肥料、商品有机肥和微生物肥料（在项目8进行介绍）等。

一、水溶肥料

水溶肥料是我国目前大量推广应用的一类新型肥料，多为通过叶面喷施或随灌溉施入。可分为营养型水溶肥料和功能型水溶肥料。营养型水溶肥料包括微量元素水溶肥料、大量元素水溶肥料、中量元素水溶肥料等；功能型水溶肥料包括含氨基酸水溶肥料、含腐殖酸水溶肥料、有机水溶肥料等。

（一）水溶肥料的种类

1. 微量元素水溶肥料

微量元素水溶肥料是由铜、铁、锰、锌、硼、钼等微量元素按照所需比例或由单一微量元素制成的液体或固体水溶肥料。固体剂型要求微量元素含量≥10.0%，液体剂型要求微量元素含量≥100 g/L，其中应至少包含一种微量元素。

2. 大量元素水溶肥料

大量元素水溶肥料是以氮、磷、钾大量元素为主，按照适合植物生长所需比例，添加铜、铁、锰、锌、硼、钼等微量元素或钙、镁中量元素制成的液体或固体水溶肥料。

3. 中量元素水溶肥料

中量元素水溶肥料是以钙、镁中量元素为主,按照适合植物生长所需比例,或添加铜、铁、锰、锌、硼、钼等微量元素制成的液体或固体水溶肥料。分为固体和液体两种剂型,固体剂型要求中量元素含量≥10.0%,液体剂型要求中量元素含量≥100 g/L,中量元素含量指钙含量、镁含量或钙镁含量之和。

4. 含氨基酸水溶肥料

含氨基酸水溶肥料是以游离氨基酸为主体,按适合植物生长所需比例,添加适量钙、镁中量元素或铜、铁、锰、锌、硼、钼微量元素而制成的液体或固体水溶肥料。分为微量元素和中量元素两种类型。中量元素型又分为固体和液体两种剂型:固体剂型要求游离氨基酸含量≥10.0%、中量元素含量≥3%,液体剂型要求游离氨基酸含量≥100 g/L、中量元素含量≥30 g/L,中量元素含量指钙、镁元素含量之和,产品应至少包含一种中量元素。微量元素型也分为固体和液体两种剂型:固体剂型要求游离氨基酸含量≥10.0%、微量元素含量≥2.0%,液体剂型要求游离氨基酸含量≥100 g/L、微量元素含量≥20 g/L。微量元素含量指铜、铁、锰、锌、硼、钼元素含量之和,产品应至少包含一种微量元素。

5. 含腐殖酸水溶肥料

含腐殖酸水溶肥料是含适合植物生长所需比例的腐殖酸,添加适量比例的氮、磷、钾大量元素或铜、铁、锰、锌、硼、钼微量元素而制成的液体或固体水溶肥料。分为大量元素和微量元素两种类型。大量元素型分为固体和液体两种剂型:固体剂型要求游离腐殖酸含量≥3.0%、大量元素含量≥20.0%,液体剂型要求游离腐殖酸含量≥30 g/L、大量元素含量≥200 g/L,大量元素含量指总 N、P_2O_5、K_2O 含量之和,产品应至少包含两种大量元素。微量元素型只有固体剂型,要求游离腐殖酸含量≥3.0%、微量元素含量≥6.0%,微量元素含量指铜、铁、锰、锌、硼、钼元素含量之和,产品应至少包含一种微量元素。

6. 有机水溶肥料

有机水溶肥料是采用有机废弃物原料经过处理后提取有机水溶原料,再与氮、磷、钾大量元素以及钙、镁、锌、硼等中微量元素复配,研制生产的全水溶、高浓缩、多功能、全营养的增效型水溶肥料产品。目前,农业农村部还没有统一的登记标准,其活性有机物质一般包括腐殖酸、黄腐酸、氨基酸、海藻酸、甲壳素等。目前,农业农村部登记有 100 多个有机水溶肥料品种,有机质含量均在 20~500 g/L,水不溶物小于 20 g/L。

(二) 水溶肥料的使用方法

水溶肥料不但配方多样,而且使用十分灵活,一般有三种使用方法。

1. 土壤浇灌或灌溉施肥

土壤浇灌或者灌溉的时候,将水溶肥料先行混合在灌溉水中,这样可以让植物根部全面接触到肥料,通过根的呼吸作用把化学营养元素运输到植株的各个组织中。利用水溶肥料与节水灌溉相结合进行施肥,适用于极度缺水地区、规模化种植的农场,以及高品质、高附加值的作物生产上,是现代农业技术发展的方向之一。

2. 叶面喷施

把水溶肥料先行稀释溶解于水中进行叶面喷施。

3. 浸种蘸根

微量元素水溶肥料用量为 0.01%～0.1%,含氨基酸水溶肥料、含腐殖酸水溶肥料为 0.01%～0.05%。水稻、甘薯、蔬菜等移栽作物可用含腐殖酸水溶肥料进行浸根、蘸根等,浸根浓度为 0.05%～0.1%,蘸根浓度为 0.1%～0.2%。

二、缓控释肥料

针对传统速效肥引发的环境污染和资源浪费等问题,越来越多的学者关注缓控释肥的研究与应用。缓控释肥料是结合现代植物营养与施肥理论和控制释放高新技术,并考虑作物营养需求规律,采取某种调控技术延缓或控制肥料在土壤中的释放期与释放量,在作物根系底下形成一个像海绵一样的小肥库,延长化肥肥效期,使作物不脱肥,使其养分释放模式(释放时间和释放率)与作物养分吸收相协调或同步的新型肥料。缓控释肥料在养分上可以按照作物所需养分进行配方设计;在供肥上可以按照作物不同生育期对养分的要求进行控制释放;在施肥上可以一次基施,不用追施;在耕作上可以进行接触施肥和简化农业耕作;在效益上,可以提高养分利用率 10～20 个百分点,省工节肥,减少过多养分对环境的污染。

(一) 缓控释肥料的种类

按照生产工艺和肥料性质,缓控释肥料可分为包膜型(硫包衣、石蜡包膜、聚合物包膜等)、合成微溶态型(脲甲醛、草酰胺等)、化学抑制型(添加脲酶和硝化抑制剂)、基质复合与胶粘型(添加风煤、磷矿粉)。

1. 包膜型

其主要包括聚合包膜肥料、硫包衣肥料、包裹型肥料等类型。

(1) 聚合包膜肥料　聚合包膜肥料是指肥料颗粒表面包裹了高分子膜层的肥料。通常有两种制备工艺方法:一是喷雾相转化工艺,即将高分子材料制备成包膜剂后,用喷嘴涂布到肥料颗粒表面形成包裹层的工艺方法;二是反应成膜工艺,即将反应单体直接涂布到肥料颗粒表面,直接反应形成高分子聚合物膜层的工艺方法。

(2) 硫包衣肥料　硫包衣肥料是在传统肥料颗粒外表面包裹一层或多层阻滞肥料养分扩散的膜,来减缓或控制肥料养分的溶出速率。硫包衣尿素是最早产业化应用的硫包衣肥料。硫包衣尿素是使用硫黄为主要包裹材料对颗粒尿素进行包裹,实现对氮素缓慢释放的缓控释肥料,一般含氮 30%～40%,含硫 10%～30%。

(3) 包裹型肥料　包裹型肥料是一种或多种植物营养物质包裹另一种植物营养物质而

形成的植物营养复合体,为区别聚合包膜肥料,包裹型肥料特指以无机材料为包裹层的缓释肥料产品,包裹层的物料所占比例达50%以上。具体要求可参照包裹肥料的化工行业标准《无机包裹型复混肥料(复合肥料)》(HG/T 4217—2011)。

2. 合成微溶态型

下面以脲醛类肥料为例进行介绍。脲醛类肥料是由尿素和醛类在一定条件下反应制成的有机微溶性缓释性氮肥。目前主要有脲甲醛、异丁叉二脲、丁烯叉二脲、脲醛缓释复合肥等,其中最具代表性的产品是脲甲醛。脲醛类肥料只适合作基肥施用,除了草坪和园林外,在水稻、小麦、棉花等大田作物施用时,应适当配合速效水溶氮肥。

3. 化学抑制型

化学抑制型又称稳定性肥料,是指在肥料生产过程中加入了脲酶抑制剂和(或)硝化抑制剂,使肥效期得到延长的一类含氮(酰胺态氮/铵态氮)肥料,包括含硝化抑制剂和脲酶抑制剂的缓释产品。稳定性肥料可以作基肥和追肥,施肥深度7~10 cm,种肥隔离7~10 cm。作基肥时,将总施肥量折合纯氮的50%施用稳定性肥料,另外50%施用普通尿素。稳定性肥料施用时应注意:由于稳定性肥料速效性慢,持久性好,需要较普通肥料提前3~5 d施用。稳定性肥料的肥效可达到60~90 d,常见蔬菜、大田作物一季施用一次就可以,注意配合施用有机肥,效果较理想。

另外还有增值尿素。增值尿素是指在基本不改变尿素生产工艺基础上,增加简单设备,向尿液中直接添加生物活性类增效剂,所生产的尿素增值产品。增效剂主要是指利用海藻酸、腐殖酸和氨基酸等天然物质经改性获得的、可以提高尿素利用率的物质。市场上的增值尿素产品主要有:木质素包膜尿素、腐殖酸尿素、海藻酸尿素、禾谷素尿素、纳米尿素、多肽尿素、微量元素增值尿素等。和普通尿素一样,增值尿素可以应用在所有适合施用尿素的作物上,但不同的是,增值尿素的施用时期、施用量、施用方法等是不一样的,施用时需注意以下事项:① 木质素包膜尿素,不能和普通尿素一样,只能作基肥一次性施用;其他增值尿素可以和普通尿素一样,既可以作基肥,也可以作追肥。② 增值尿素可以提高氮肥利用率10%~20%,施用量可比普通尿素减少10%~20%。③ 应当采取沟施、穴施等方法,并应适当配合有机肥、普通尿素、磷钾肥及中微量元素肥料施用。增值尿素不适合作叶面肥施用,不适合作冲施肥、滴灌或喷灌水肥一体化施用。

(二) 缓控释肥料的施用

缓控释肥料用途非常广泛,施用技术也非常简单,既可以作为基肥、追肥施用,还可以作为种肥施用。可以进行撒施、条施和穴施以及拌种、盖种施肥等。缓控释肥料的施用量可以在作物相同产量的情况下比速效化肥减少20%以上。另外,缓控释肥料的施用量还要根据作物的目标产量、土壤的肥力水平和肥料的养分含量综合考虑后确定。如果作物的目标产量较高,就要相应增加缓控释肥的施用量。

对于水稻、小麦等根系密集且分布均匀的作物,可以在插秧或播种前,按照推荐的专用包膜缓控释肥施用量一次性均匀撒施于地表,耕翻后种植,生长期内可以不再追肥。对于玉米、棉花等行距较大的作物,按照推荐的专用缓控释肥施用量一次性开沟基施于种子侧部,注意种肥隔离,以免烧种或烧苗。

对于花生、大豆等自身能够固氮的作物,缓控释肥配方以低氮高磷高钾型为好。作为底肥条沟施用,施用量因产量、地力不同而异,一般施用量为 $300 \sim 600$ g/hm^2。对于大棚蔬菜可作底肥,适用硫酸钾型控释肥,注意应减少 20% 的施用量,以防止氮肥损失,提高利用率,同时能减轻施肥对土壤造成次生盐碱化的影响,防止氨气对蔬菜幼苗的伤害。对于马铃薯或甘薯用于底肥,适用硫酸钾型控释肥,用肥量 $1\,125 \sim 1\,350$ kg/hm^2,集中条沟施肥。

对于苹果、桃、梨等果树,可在离树干 1 m 左右的地方呈放射状或环状沟施,深 $20 \sim 40$ cm,近树干稍浅,树冠外围较深,然后将缓控释肥施入后埋土。另外,还应根据缓控释肥的释放期,决定追肥的间隔时间。施用量:一般情况下,结果果树每株 $0.5 \sim 1.5$ kg,未结果树 750 kg/hm^2。

施用缓控释肥注意事项:一定要注意种(苗)肥隔离,至少 8 cm,以防止烧种、烧苗,作为底肥施用,注意覆土,以防止养分流失。

三、功能性肥料

功能性肥料是指除了具有提供植物营养和培肥土壤的功能以外的特殊功能的肥料。功能性肥料主要包括:高利用率肥料,改善水分利用率肥料,改善土壤结构的肥料,降解土壤有机无机污染物的肥料等;适于优良品种特性的肥料,改善作物抗倒伏特性的肥料,具有防治杂草作用的肥料,以及具有抗病虫害作用的肥料。按照肥料功能可分为多种:药肥、保水肥料、抗旱肥料、增蘖肥料、抗倒伏肥料等。

目前普遍推广的是药肥(除草、抗病虫害)。药肥是将农药和肥料按一定的比例配方相混合,并通过一定的工艺技术将肥料和农药稳定于特定的复合体系中而形成的新型生态复合肥料,一般以肥料作农药的载体。

药肥可以作基肥、追肥、叶面喷施等:① 作基肥和处理种子。药肥可与作基肥的固体肥料混在一起撒施,然后耙混于土壤中。对于含除草剂多的药肥,深施会降低其药效,一般应施于 $3 \sim 5$ cm 的土层。具有杀菌剂功能的药肥可以处理种子,处理种子的方法有拌种和浸种。② 追肥。药肥可以在作物生长期作为追肥应用。在旱地施用时注意土壤湿度,结合灌溉或下雨施用。③ 叶面喷施。常和农药(特别是植物生长调节剂)混用的水溶肥料,可通过叶面喷施方法进行施用。

四、商品有机肥料

所谓商品有机肥料,就是将有机废弃物(畜禽粪便、作物秸秆、城市垃圾和污泥等)集中进行工厂化处理,通过高温发酵除臭,消灭病毒、病菌,并通过干燥生产出的有机肥或有机-无机复混肥,包装成袋,可以就地使用,也可以较长时间贮存,远距离运输,作为一种商品进入市场。按照商品有机肥的组成可以分为:粪便有机肥、秸秆有机肥、腐殖酸有机肥、垃圾废弃物有机肥、生物有机肥(含解磷、释钾等功能性微生物和有益微生物)、复合有机肥(含粪便、秸秆、腐殖酸等多种原料)等。

商品有机肥以其肥效长、供肥稳、肥害小、异味小、易运输、易施用,以及具有无机肥不可替代的有机营养等优点,有力地推动了蔬菜、果树、花卉等种植业的发展。近几年来,随着人们对果蔬产品质量要求的不断提高和对绿色无公害农产品的渴望,加之农业产业化的发展,商品有机肥的研究与开发有了长足进展。

能力培养

我国新型肥料发展情况资料收集

1. 收集准备

根据班级人数,按照每3~5人一组,分成若干组,各组拟定资料收集内容提纲,经指导老师审阅修改后执行。

2. 收集活动

通过网络查询、期刊查阅、图书借阅等途径,了解我国新型肥料发展情况,包括新型肥料种类、生产规模、施用情况、发展趋势等。

3. 交流展示

将收集的资料做成演示文稿,并在老师的指导下与同学进行交流。

随堂练习

常用的新型肥料有哪些?如何合理施用?

项 目 小 结

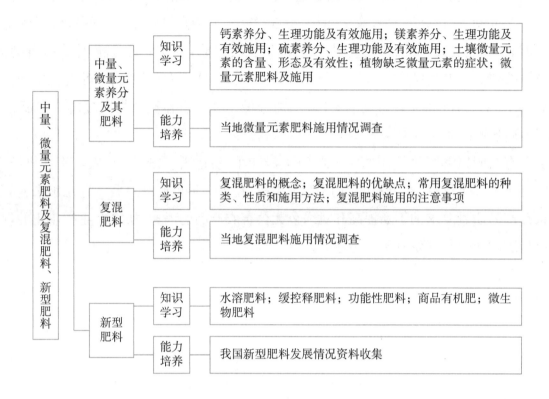

项 目 测 试

一、填空题

1. 对植物来讲,微量元素与大量元素同等重要、不可_____。通常将_____、_____、_____、_____、_____、_____、_____及_____八种元素指定为微量元素。

2. 微量元素肥料用量较少,为了施用均匀,作基肥时,可与_____、大量元素肥料或_____混匀后撒施耕翻入土,也可作_____、_____。

3. 土壤氧化还原状况对_____、_____等变价元素的有效性影响很大,如土壤水分过多,处于还原状态,它们的有效性_____。

4. 土壤酸碱度影响土壤微量元素的有效性,在土壤正常的酸碱度变化范围内,_____等元素在酸性土中有效性高,而_____在碱性条件下有效性高。

二、单项选择题

1.(   )易与土壤有机质络合,而降低了有效性。

A. 锌、硼   B. 铜、锌   C. 锰、铜   D. 锌、铁

2. 多数情况下,(　　　)等元素在植物体内流动性小,缺素症首先发生在新生组织上。

A. 锌、硼、铁　　　　　B. 铜、氯、铁　　　　　C. 锰、铜、铁　　　　　D. 锌、钼、锰

3. 之所以称硼、氯等元素为植物必需的微量元素,是因为(　　　)。

A. 它们在土壤中的数量较少　　　　　B. 它们在土壤中的浓度较低

C. 植物不经常利用它们　　　　　　　D. 植物需要量较少

4. 油菜"花而不实",棉花"蕾而不花",芹菜出现"茎裂病",说明土壤缺(　　　)元素。

A. 锌　　　　　　　B. 硼　　　　　　　C. 锰　　　　　　　D. 铜

5. 下列关于植物缺乏微量元素症状的描述错误的是(　　　)。

A. 苹果缺锌,易发生"小叶病"　　　　　B. 植物缺铁常出现失绿症

C. 大豆缺钼,根瘤过度发育　　　　　　D. 植物缺锰,新叶出现棕色细小斑点

6. 下列关于微量元素作喷肥叙述正确的是(　　　)。

A. 常用溶液的浓度为 1%~2%

B. 以叶片的正面和背面都被溶液沾湿为宜

C. 在无风的上午喷施效果好

D. 喷施 1 h 以后遇雨,可以不重新补施

三、判断题

1. 微量元素在植物体内含量少,对植物生长发育所起的作用不如大量元素。　　(　　　)

2. 土壤通气不良时,铁、锰有效性降低。　　　　　　　　　　　　　　　　(　　　)

3. 土壤中微量元素钼的有效性随 pH 升高而增加。　　　　　　　　　　　　(　　　)

4. 砂质土比黏质土容易缺乏微量元素。　　　　　　　　　　　　　　　　　(　　　)

5. 微量元素肥料作基肥可直接撒施于大田。　　　　　　　　　　　　　　　(　　　)

6. 北方石灰性土壤一般不缺钙。　　　　　　　　　　　　　　　　　　　　(　　　)

四、简答题

1. 简述土壤微量元素有效性的影响因素。

2. 简述植物缺乏铁、锌、硼元素的一般症状。

五、论述题

结合当地生产实际,谈谈微量元素肥料的一般施用技术及注意事项。

项目 **8**

有机肥料

项目导入

　　今天是2022年3月16日,星期三,气温-8~5 ℃,小雨。观光201班第1~2节是植物生产实训课程。早上8点20分早检以后,老师便组织观光201班学生来到学校西侧实训场连栋温室内,今天实训的内容是黄瓜育苗。实训准备材料有园田土、有机肥、育苗盘、小土铲、喷壶、黄瓜籽等。其中,园田土是取自温室外玉米田间的耕作层,而有机肥是生产科购买的袋装成品。今天营养土的配制采用的是3/4的园田土加入1/4的有机肥。当打开有机肥的包装袋时,一股臭味扑鼻而来,同学们纷纷捂住鼻子,嚷道:"哇! 咋这么臭啊!"

　　老师:这就是有机肥的味道。

　　同学:这也太难闻了呀!

　　同学:老师,这有机肥是用什么东西做的呀?

　　老师:有机肥俗称农家肥,由各种植物、动物残体或代谢产物组成,比如秸秆、动物残体、人畜粪尿等。另外还包括饼肥(豆饼、菜籽饼、芝麻饼、棉籽饼、茶籽饼、蓖麻籽饼等)、堆肥、沤肥、厩肥、沼肥、绿肥等。

　　同学:哦,怪不得这么臭,原来有粪尿啊。

　　老师:因为有机肥含有植物生长发育所必需的各种营养元素,例如,氨基酸、纤维素、各种酶等,所以,有机肥可以改善植物营养,加速植物新陈代谢,促进根系发育,提高植物对养分的利用率。

　　本项目主要介绍有机肥料的概念、分类及在农业生产中的作用;粪尿肥的成分、性质与施用方法;秸秆肥的种类、积制与施用方法;绿肥的作用、特性、栽培技术和施用要点;微生物肥料的概念、种类、作用及使用注意事项;饼肥、城市垃圾和污水的成分、性质及利用等知识。

　　通过本项目的学习,掌握有机肥的基本知识;掌握生产中粪尿肥的使用方法及注意事项;掌握秸秆肥的堆制方法及管理措施,秸秆还田技术注意事项;了解种植绿肥的重要意义。

　　本项目将要学习:(1) 有机肥料概述;(2) 粪尿肥;(3) 秸秆肥;(4) 绿肥作物;(5) 其他肥料。

任务 8.1 有机肥料概述

任务目标

知识目标：1. 了解有机肥料的概念、分类。

2. 理解有机肥料的作用。

技能目标：1. 能指导有机肥的制备与管理。

2. 能指导有机肥料在农业生产中进行应用。

素质目标：1. 在实践过程中要坚持节约资源和保护环境的基本国策。

2. 通过有机肥制备过程的学习，提高保持卫生、爱护自然的意识。

知识学习

一、有机肥料的概念与分类

有机肥料是指含有大量有机物质的肥料，是在农村农民们就地取材、就地积制、就地施用的一种自然肥料，习惯上又称农家肥料。有机肥料来源广，投资少，耗能低，效益大，能养地增产。我国农村素有积攒有机肥料的传统，并积累了许多宝贵经验。今后，随着农业生产的发展，有机肥料还将继续发挥它的重要作用。

我国有机肥料资源丰富，种类繁多。目前主要根据有机肥料的来源、特性和积制方法来分类。一般分为以下几类。

1. 粪尿肥类

粪尿肥类包括人粪尿、家畜粪尿、禽粪等。

2. 堆沤肥类

堆沤肥类包括堆肥、沤肥和秸秆直接还田利用等。

3. 绿肥类

绿肥类是直接翻压绿色鲜嫩植物体做成的肥料的总称。包括冬季绿肥、夏季绿肥；水生绿肥、旱生绿肥；一年生绿肥、多年生绿肥；栽培绿肥、野生绿肥等。

4. 饼肥类

饼肥类是各种含油种子，经榨油后剩余的残渣做成的肥料的总称。

5. 海肥类

海肥类有动物性海肥、植物性海肥、矿物性海肥等。

6. 泥炭及腐殖酸类肥料

泥炭又称草炭,是古代低湿地带生长的植物残体,在淹水嫌气条件下形成的相对稳定的松软堆积物。它富含有机质,具有较强的吸水和吸氨能力。它除可直接作肥料外,还可作垫圈材料、混合肥料的原料或填充物等。泥炭中含有较多腐殖质,是制造腐殖酸肥料的原料。

7. 杂肥类

杂肥类有炕土、熏土、垃圾、泥肥、墙土、屠宰场废弃物等。

8. 三废类

三废类有生活污水、工业污水、工业废渣等。

二、有机肥料在农业生产中的作用

施用有机肥料对增加植物营养、提高土壤肥力和减轻环境污染等方面有重要的作用。

(一) 有机肥料在植物营养上的作用

有机肥料是养分全面的肥料,含有植物生长发育所必需的各种营养元素。有机肥料中含有的无机态的氮、磷、钾等大量元素和钙、镁、锌、硫、铁、铜、锰、硼、钼等多种中微量元素,可以直接供给植物吸收利用。有机态的物质,可以作为植物养料的来源。例如,氨基酸、可溶性糖类、磷脂等可以作为植物有机营养的来源;纤维素可以作为植物的碳素营养来源。有机肥料在腐解过程中形成的胡敏酸、纤维素、酶等活性物质,可以改善植物营养,加强植物新陈代谢,促进根系发育,刺激植物生长,提高植物对养分的利用率。

(二) 有机肥料在土壤肥力上的作用

1. 增加土壤养分

施用有机肥料可以增加土壤有机质的含量,从而使土壤中氮、磷等营养元素有所增加。有机肥料施入土壤中,经微生物分解,使有机态养分转化成速效态养分。同时,在分解过程中,常常产生二氧化碳、有机酸和无机酸。二氧化碳可以直接供根、叶吸收,有机酸和无机酸能促进土壤中难溶性的无机养分溶解,从而增加土壤速效养分。所以,施用有机肥料既可以增加土壤潜在养分,又能增加速效养分。

2. 改善土壤的理化性质

有机肥料经过腐殖化过程,能部分形成腐殖质,具有改良土壤结构,疏松土壤,增强土壤的保水、保肥能力和缓冲性能,以及提高土温的作用。

3. 促进土壤微生物活动

施用有机肥料,一方面增加了土壤中有益微生物群,另一方面为土壤微生物活动创造了良好的土壤环境条件,使土壤微生物活动显著增强。

(三) 减少能源消耗,减轻环境污染

充分利用有机物质做肥料,可减少化肥施用量及生产化肥所需能源。特别是在农村发

展沼气,不仅可为农村提供大量有机肥料,而且还能缓和农村能源供应紧张的局面。

合理利用有机肥料,可以减少环境污染,消除畜、禽集中饲养带来的排泄物对土壤、水源、空气的污染,减轻城市生活垃圾、生活污水对环境的污染;还可以通过提高土壤的吸附力来消除或减轻农药对植物的危害。大量试验证明,腐殖质的存在直接影响和控制着农药在土壤中的残留、降解、流失、挥发等。腐殖质对汞、镉、铜、锌、铬、镍等重金属有络合作用,在一定程度上减轻了重金属对植物的污染,减少了进入食物链中的重金属数量,使农产品质量有所提高。

能力培养

有机物料腐熟剂在秸秆腐熟上的应用

1. 训练准备

准备以下用品:有机物料腐熟剂、作物秸秆(水稻或玉米)、营养调节物质、秸秆还田机械及腐熟用工具等。

2. 操作步骤

选取当地水稻或玉米收获田块,参照表 8-1 进行秸秆腐熟。

表 8-1　有机物料腐熟剂在秸秆腐熟上的应用

操作环节	操作规程	操作要求
选取秸秆种类或腐熟方式	根据当地实际情况,选取水稻秸秆和玉米秸秆中的一种,确定是直接还田还是堆沤腐熟	要选择当季收获的秸秆
选取有机物料腐熟剂	根据选取的作物秸秆和腐熟方式,选取当前使用较多而且效果较好的有机物料腐熟剂,根据秸秆量备足腐熟剂,一般一亩地秸秆使用腐熟剂 2~3 kg	(1) 有机物料腐熟剂,液体剂型有效活菌数 ≥1.0 亿个/mL,固体剂型有效活菌数 ≥1.5 亿个/g。 (2) 选取有机物料腐熟剂时应注意有无农业农村部微生物肥料登记号(无登记号的腐熟剂不能使用)。 (3) 腐熟剂应放在阴凉干燥处,避免阳光直晒
腐熟剂活化	(1) 营养液配制:取 30 ℃ 左右的温水 20~30 kg,加入 20~30 g 红糖、10~15 g 尿素、10~15 g 磷酸二铵溶解混匀。 (2) 腐熟剂活化:将腐熟剂和营养液按 1∶(10~20) 的质量比均匀混合,放置 2~3 h,每小时搅拌 1~2 次	腐熟剂活化要根据秸秆还田时间提前 3 h 进行

续表

操作环节	操作规程	操作要求
秸秆直接还田腐熟	（1）秸秆处理：作物收获后，将秸秆粉碎成 15～20 cm 长的小段，均匀、不规则地平铺在田间。 （2）营养调节：按每亩加畜禽粪便 300～500 kg，或每亩 18～20 kg 尿素、10～15 kg 磷酸二铵混合，均匀撒施在秸秆表面。 （3）将已活化好的有机物料腐熟剂，静置 10 min 后取其上部清液，于上午 10 点前或下午 3 点后混匀喷洒在作物秸秆上；或根据还田亩数，按产品推荐使用量，按每亩 2～3 kg 有机物料腐熟剂均匀撒施在作物秸秆上。 （4）覆土灌水：采用旋耕机及时对处理好的秸秆进行还田，并及时灌水；土壤湿度掌握在田间持水量的 40%～60% 为宜。 （5）腐熟效果评价：还田 3～5 d 后，秸秆表现出颜色变深、物料结构疏松、具有轻微氨味的特征，即表明秸秆腐熟，可以播种	（1）平铺秸秆时切忌碎草成堆。 （2）拍打秸秆使有机物料腐熟剂和尿素落到秸秆下面。 （3）腐熟剂不能与杀菌剂农药混合施用
秸秆堆沤还田腐熟	（1）地块选择：充分利用田间地头、沟渠或者空地挖坑，作为秸秆堆沤场地。 （2）粉碎秸秆：作物收获后，将秸秆粉碎成 10～15 cm 长的小段。 （3）准备有机物料腐熟剂混合液：按照每 1 000 kg 秸秆加 2 kg 有机物料腐熟剂、5 kg 尿素，兑水 50 倍稀释混合后备用。 （4）堆置秸秆：分层堆置 20 cm 左右，铺完一层秸秆后用水浇透，均匀淋洒有机物料腐熟剂与尿素的混合液，再在上面铺一层生泥土，然后再铺第二层秸秆，依次铺 5～6 层秸秆后用泥浆封盖或用黑塑料布密封。 （5）后期管理：根据当地气候条件及时检查，秸秆干燥后应立即补水，一般夏天 10～15 d，春冬季 20～25 d 即可腐熟做基肥。 （6）腐熟效果评价：还田后 3～5 d 秸秆表现出颜色变深、物料结构疏松、具有轻微氨味、无恶臭味的特征，即表明秸秆腐熟了	（1）有条件的地方，可将秸秆粉碎成 5～10 cm 长的小段。 （2）秸秆含水量掌握在 50%～60% 为宜，捏之手湿，指缝间有水滴出。 （3）有机物料腐熟剂用量可参照产品说明书，也可按照每 1 000 kg 秸秆加 2 kg 有机物料腐熟剂使用

3. 问题处理

除作物秸秆,也可以利用其他发酵材料,如畜禽粪便、生活垃圾、池塘淤泥等,按照堆肥工艺要求适当调节物料的碳氮比,然后根据农田秸秆堆沤方法进行堆沤。

随堂练习

1. 什么是有机肥料?根据有机肥料的来源、特性和积制方法常分为哪几类?
2. 结合当地农业生产实际,谈谈发展有机肥料的重要意义。

任务 8.2　粪　尿　肥

任务目标

知识目标:1. 理解粪尿肥的种类、成分和性质。

　　　　　2. 了解有机肥料的作用。

技能目标:1. 能指导厩肥的积制。

　　　　　2. 能指导厩肥的施用。

素质目标:1. 增强保护土壤和生态环境的责任感和使命感。

　　　　　2. 认识到生态文明和农业可持续发展之间的关系的重要性。

知识学习

一、人粪尿

人粪尿来源广泛,数量大。其特点是养分含量高,肥效快,适于各种土壤和作物。增产效果显著,群众常称其为"精肥"。但是其养分易流失和损失,同时,含有很多病菌和寄生虫卵,若使用不当,则容易传播病菌和虫卵。因此,合理贮存人粪尿和对人粪尿进行无害化处理,是利用好人粪尿的关键。

(一) 人粪尿的成分和性质

人粪是食物经过消化,未被人体吸收利用而排出体外的废弃物。人粪的主要成分:水分占 70%~80%;有机物质占 20% 左右,主要为纤维素、半纤维素、脂肪、脂肪酸、蛋白质及其分解的中间产物;矿物质约占 5%,主要是硅酸盐、磷酸盐、氯化物及钙、镁、钾、钠等盐类;还含有少量易挥发、有强烈臭味的硫化氢、丁酸等物质及大量微生物、寄生虫卵等。新鲜人粪 pH 一般呈中性。

人尿是食物经过人体消化吸收、新陈代谢后排出体外的废液,含有 95% 的水分;5% 的水溶性有机物质和无机盐类,其中,含尿素 1%~2%、氯化钠 1% 左右;此外,还含有少量的尿酸、马尿酸、磷酸盐、铵盐、生长素和微量元素等。新鲜人尿由于含有酸性磷酸盐和多种有机酸,因而呈微酸性。在贮存中,尿素水解生成碳酸铵,呈微碱性。

人粪尿中的养分含量变化较大,成年人粪尿主要养分占鲜重的质量分数见表 8-2。

表 8-2   成年人粪尿主要养分占鲜重的质量分数 单位:%

鲜物	N	P_2O_5	K_2O	有机质	水分
人粪	1.00	0.50	0.37	15~25	70~80
人尿	0.50	0.13	0.19	3~5	90~95
人粪尿	0.5~0.8	0.2~0.4	0.2~0.3	5~10	80~90

由表 8-2 可见,人粪尿含氮量最多,磷、钾较少。所以,常把人粪尿当氮肥使用。人粪中的养分主要呈有机态,需经分解腐熟后才能被植物吸收利用。人尿成分比较简单,其中 70%~80% 的氮素以尿素形态存在,因此,人尿分解快,肥效迅速。

人粪尿中不仅养分含量较高,肥效较快,而且数量大,是一项重要的肥源。一个成年人一年的排泄量及其养分含量见表 8-3。

表 8-3   一个成年人一年的排泄量及其养分含量 单位:kg

类别	排泄量	氮	含量相当的硫铵	P_2O_5	含量相当的过磷酸钙	K_2O	含量相当的硫酸钾
人粪	90	0.9	4.5	0.45	2.25	0.33	0.70
人尿	700	3.5	17.5	0.91	4.55	1.33	2.78
共计	790	4.4	22.0	1.36	6.80	1.66	3.48

(二) 人粪尿的腐熟与管理

人粪尿必须经过贮存腐熟后才能利用。因为新鲜人粪尿中养分多呈有机状态,需经腐熟转变为速效养分才能被植物吸收利用;人粪中常有病菌和寄生虫卵,通过贮存进行无害化处理,才能防止传染疾病;再者,人粪尿为零星积攒的流质肥料,养分容易挥发和渗漏,生产用肥又有季节性,必须经常收集和保存。

1. 人粪尿贮存过程中的变化

人粪尿的贮存过程也就是人粪尿的发酵腐熟过程。在贮存过程中,人粪尿在微生物作用下,把复杂的有机物分解成简单化合物,这一过程是个复杂的生物化学过程。

(1) 人尿贮存过程中的变化 人尿中的尿素在尿酶的作用下,被水解为碳酸铵,碳酸铵不稳定,可继续分解成氨、二氧化碳和水,易造成养分挥发损失。尿酸、马尿酸等含氮有机化合物也逐步被分解为氨、二氧化碳和水。腐熟后的人尿呈碱性反应。

(2) 人粪贮存过程中的变化 人粪中含氮有机物以蛋白质为主。蛋白质在微生物作用下分解成各种氨基酸,然后进一步分解成氨、二氧化碳和水,含硫的氨基酸在嫌气条件下释放出硫化氢。不含氮的有机物如纤维素、淀粉等则分解成各种有机酸、二氧化碳、甲烷和水等。腐熟后的人粪呈中性或微碱性。

人粪尿是否腐熟,可以从颜色和外观确定。腐熟后的人粪尿由澄清变为混浊。从颜色看,人粪尿由原来的黄色或褐色变成绿色或暗绿色,这是由于人粪中的黄褐色粪胆质在碱性条件下被氧化成暗绿色的胆绿素;从外观看,腐熟后的人粪尿完全成为烂浆状的流体或半流体物质。人粪尿达到腐熟的时间因温度、水分等条件而异,人尿在夏季需 2~3 d,冬季约需 10 d;人粪尿混存时,夏季需 6~7 d,其他季节温度较低时需 10~20 d。

2. 人粪尿贮存中的保氮措施及无害化处理

(1) 人粪尿贮存中的保氮措施 人粪尿的贮存方法不同,养分损失程度也不同,露天存放会使氮素大量挥发损失,见表 8-4。

表 8-4 人粪尿不同保肥方法下的氮素损失比例 单位:%

保肥方法	福建省农业科学研究所数据	湖北省农业科学研究所数据
粪缸露天放置	63.7	56.1
粪缸加棚遮阳	45.6	45.0
粪缸加盖	25.1	—
粪缸加棚加盖	8.4	7.4

注:贮存时间,福建省农业科学研究所是从 3 月 12 日开始,贮存 90 d;湖北省农业科学研究所是从 7 月 25 日开始,贮存 78 d。

人粪尿在贮存过程中产生碳酸铵,一般铵态氮含量可占全氮量的 80% 左右,可见防止和减少氨的损失是保存人粪尿有用成分的关键所在。当然,由于人粪尿是半流体物质,防止渗漏也是不可忽视的,常采取以下保氮措施。

① 改建厕所,遮阳加盖 在修建厕所贮粪池和粪坑时,应选择地势较高、避风阴凉处。粪池底部及四周要夯实,上面要搭棚加盖,以防日晒和雨淋。这样既可减少氨的挥发和尿液渗漏,又可改善环境卫生。现介绍河南省虞城县卫生防疫站研制的"漏斗式双瓮茅池",见图8-1。

该茅池具有建造简单、投资少、造价低、积肥量大、保肥性好、干净卫生等优点,适合农户推广使用。其前瓮在厕所内,后瓮在厕所外。建造时注意:第一,水泥漏斗便池与前瓮口结合处要密封。预制漏斗便池时,先在地上挖出模型,上口直径 36 cm,下口直径 13 cm,厚度为 2.5 cm。用料为水泥 5 kg、河沙 20 kg,保养 7 d 后使用。第二,瓮壁用白石灰和泥土砸制(灰土比 3∶7),打磨光滑,待 24 h 后,用排刷蘸纯水泥浆涂刷,保养 5~7 d 后再用。第三,过粪管选用硬质空心塑料管或水泥管,其长 55 cm,内径 10 cm,从前瓮中下部向后瓮的中部斜插固定,使两瓮相通,以延长粪液流程,提高无害化处理效果。第四,麻刷锥锥头平时要紧锥在前瓮漏斗下口上,以保持卫生和嫌气发酵。在打开后瓮盖取粪时,要先用长柄棍搅拌,使硫化氢、甲烷等气体逸散,以免中毒。

　　② 加入保氮物质　为减少氨的挥发,在人粪尿中加入保氮物质,易收到良好效果。可利用吸收性能强的物理保氮剂,如泥炭、干细土、青草、落叶等放粪池里作为覆盖物或与粪尿掺和,吸收尿液和氨,减少氮素损失;也可用化学保氮剂,如加入 3%~5% 的过磷酸钙或石膏、明矾或绿矾等物质,可使人粪尿中的碳酸铵变成稳定的化合物,如硫酸铵、磷酸铵等,防止氮素损失,见表 8-5。人粪尿要防止与草木灰等碱性物质混合,以免引起氨的挥发损失。

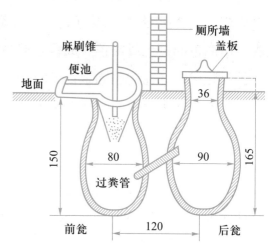

图 8-1　漏斗式双瓮茅池(单位:cm)

表 8-5　人粪尿在不同处理条件下氮素损失的质量分数　　　单位:%

贮存时间	向阳无盖		遮阳有盖	
	不加过磷酸钙	加 3% 过磷酸钙	不加过磷酸钙	加 3% 过磷酸钙
1 个月	17.3	10.2	3.6	3.2
2 个月	37.8	23.2	13.4	9.2
3 个月	55.7	31.1	20.3	11.7
4 个月	59.3	45.9	33.6	18.0
5 个月	69.8	55.5	49.2	30.4

　　(2) 人粪尿贮存中的无害化处理　人粪尿中常混有病菌和寄生虫卵,为了防止疾病传播,在贮存中必须进行无害化处理。常用以下几种方法。

　　① 粪池加盖沤制　利用缺氧条件下产生的高浓度氨及一些还原性物质来消灭病菌和虫卵。

　　② 制高温堆肥　把人粪尿与厩肥、垃圾、秸秆等混合制成堆肥,利用这些物质在发酵中产生的 60~70 ℃ 高温消灭病菌、虫卵。为防止氨挥发,粪堆应用泥密封。一般堆积两个月左

右即可翻捣、施用。

③ **药物处理** 若在农业生产上急需肥料,可采用下列药物处理方法。

加敌百虫:每 100 kg 人粪尿加 50% 敌百虫 2 g 搅匀。气温 20 ℃ 以上时,24 h 内会杀死所有的血吸虫卵及蝇蛆等。20 ℃ 以下时要经 48~72 h 才有效。每 100 kg 人粪尿加 50% 的敌百虫 600 g 能杀灭钩虫卵。

加氨水:每 100 kg 人粪尿加入浓度为 15% 的氨水 500~1 000 g,加盖密封 2~3 d,可杀死血吸虫卵。

加尿素:每 100 kg 人粪尿加入尿素 1 kg 搅匀,加盖密封 3~5 d,可杀死 95% 以上的血吸虫卵。

此外,也可用一些有杀菌灭卵作用的植物来处理。如在人粪尿中按 1%~5% 的比例加入辣蓼草、鬼柳叶、闹羊花(花、茎、叶)等。另外,苦楝、青蒿、打碗花、曼陀罗、狼毒、毛茛、辣椒秆、烟草梗、蓖麻叶、油桐叶以及油桐饼、茶籽饼等,亦有一定杀虫灭蛆效果。

(三) 人粪尿的施用

人粪尿是以氮素为主的速效有机肥料,对一般植物都有良好的效果,特别是对叶菜类植物(如白菜、甘蓝、菠菜、桑、茶等)和纤维植物(如麻类)效果更为显著。由于人粪尿中含有较多的氯,对忌氯植物(马铃薯、甘薯、甜菜等)不宜使用,以免降低块根、块茎中淀粉和糖分的含量;对烟草也不宜多用,否则会使其叶筋粗大,味辛辣,且降低燃烧性;对生姜会减少辣味,降低品质。

人粪尿多用作追肥和种肥,也可作水稻育秧和蔬菜的基肥。作追肥应分次施用,以免盐分过于集中,有碍幼苗生长。苗期追肥要适当稀释,一般稀释 4~5 倍。在旱地可条施或穴施,施后覆土。南方农民习惯泼施粪稀。水田追肥,一般在水稻返青期、分蘖前、拔节前分 3 次追施,施前排水。施时将粪稀兑水 2~3 倍泼施在田面上,施后结合耕田,2~3 d 后再灌水,这样可避免养分流失。水稻、小麦、棉花等作物,每亩可用 500~1 000 kg(以稀肥计),要分次施用。对需氮较多的叶菜类和玉米等作物,每亩可用 1 000~1 500 kg,也应分次施用。由于人粪尿数量有限,目前多集中用于菜地。

人粪尿适宜在各类土壤上施用。由于人粪尿中有机质、磷、钾含量少,要注意与其他有机肥料和磷、钾肥配合施用。人粪尿中含有较多的盐分,在北方干旱地区排水不良的低湿地和盐碱地最好少用,以免增加土壤含盐量,影响植物生长。

新鲜人尿可用来浸种。新鲜人尿对小麦、水稻、玉米和油菜等作物浸种,出苗早,根系发育好,苗期长势健壮,并有增产效果。浸种时间一般为 2~3 h。另外,柑橘砧木的枳壳插条下端在鲜尿中浸 8~12 h,可使扦插成活率大大提高。

实验表明,用鲜尿浇小麦增产效果很好。在华北地区用尿浇麦很普遍,多在小麦越冬至返青期将鲜尿直接浇麦垄。冬季施用不需腐熟和兑水,因为气温低,氮素不易分解损失;植物停止生长,一般不会造成烧苗。冬季有积雪时要待雪化后才能浇,以免发生冻害。

二、家畜粪尿与厩肥

家畜粪尿是指猪、牛、马、羊等的排泄物,其含有丰富的有机质和各种营养元素,是良好的有机肥料。厩肥是以家畜粪尿为主,加上各种垫圈材料和家畜食物残屑混合积制而成的肥料。有的地方称为栏粪或圈粪。厩肥是我国农村普遍施用的有机肥料品种。厩肥除能全面供给植物养分外,还具有改良土壤、培肥地力的效果。

(一)家畜粪尿的成分与性质

1. 成分

家畜粪的主要成分是纤维素、半纤维素、木质素、蛋白质及其分解产物,脂肪类、有机酸、酶及各种无机盐类。家畜尿的成分比较简单,全部是水溶性物质,主要是尿素、尿酸、马尿酸,以及钾、钠、钙、镁等无机盐类。由于家畜种类、年龄、饲料种类和饲养管理方法等不同,其粪尿的排泄量和养分含量差异很大,见表8-6。

表8-6 新鲜家畜粪尿中养分的平均含量   单位:%

家畜种类		N	P_2O_5	K_2O	有机质	水分
猪	粪	0.56	0.40	0.44	15.0	82
	尿	0.30	0.12	0.95	2.5	96
牛	粪	0.32	0.25	0.15	14.5	83
	尿	0.50	0.03	0.65	3.0	94
马	粪	0.55	0.30	0.24	20.0	76
	尿	1.20	0.01	1.50	6.5	90
羊	粪	0.65	0.50	0.25	28.0	65
	尿	1.40	0.03	2.10	7.2	87

由表8-6可知,畜粪中含有机质较多,为14%~28%,其中氮、磷含量比钾高;畜尿中含氮、钾较多而含磷很少。唯猪尿例外。此外,畜粪尿中还含有丰富的钙、镁、硫和各种微量元素。各种家畜粪尿中羊粪的氮、磷、钾含量最多,而猪、马次之,牛最少。从排泄量来看,牛最多,马次之,猪再次之,羊最少。

2. 性质

(1)猪粪   由于猪的饲料质量较好,所以猪粪的养分含量比较丰富,钾含量最高,氮、磷仅次于羊粪,氮素是牛粪的近两倍,磷、钾的含量均多于马粪和牛粪。猪粪的质地比较细,碳氮比较小,且氨化细菌较多,所以比较容易分解,分解后形成的腐殖质也较多,肥效快,阳离子交换量大,改土作用好。但由于猪粪含水较多,纤维分解细菌较少,不消化的饲料残渣分解较慢,所以猪粪肥性柔和,后劲足,是"温性肥料",适于各种植物和土壤,在各种家畜粪尿中猪粪为最优。

(2)牛粪 牛是反刍动物,饲料经胃的反复消化,因而粪质细密。牛饮水较多,粪中含水量高,通气性差,因此牛粪分解腐熟缓慢,肥效迟缓,发酵温度低,一般称为"冷性肥料"。牛粪中养分含量较低,碳氮比较大。为了加速分解,可把鲜粪稍加晾干,再加马粪混合堆积,可得疏松优质的有机肥料。如混入钙镁磷肥或磷矿粉,肥料质量更高。

(3)马粪 马对饲料的咀嚼不及牛细致,消化力也不及牛强。因此,粪中纤维素含量高,粪质粗,疏松多孔,水分易蒸发,含水分少。同时,马粪中含有较多的高温纤维分解细菌,能促进纤维素的分解,腐熟快,在堆积过程中发热量大,温度高,是"热性肥料"。在农业生产中常用马粪作为温床育苗的发热材料。在制造堆肥时,加入适量马粪,可促进堆肥腐熟。由于马粪质粗,改良黏质土壤效果非常显著。

(4)羊粪 羊也是反刍动物,对饲料咀嚼很细,羊饮水少,所以粪质细密干燥,肥分含量高,尤其是粪中的有机质、全氮和钙、镁等的含量较高。羊粪的发热量比马粪低,但比牛粪发热量大,发酵腐解速度也较快,因此也属"热性肥料"。羊粪宜与含水较多的猪、牛粪混合堆积。

各种家畜粪尿性质相似,一般呈碱性反应,并都有不同量的尿素、尿酸、马尿酸,其中,牛粪尿含马尿酸多,分解慢,不宜直接单独施用。

(二)厩肥的积制与施用

1. 厩肥的积制管理

厩肥的积制管理要以多积肥、积好肥为原则。不但要增加积肥数量,而且要提高肥料的质量。由于各种家畜的生活习性和饲养方式不同,其积肥管理方式也就不同。

(1)圈内积肥 因为猪多圈养,所以这种方式主要适用于猪的积肥。常用的方式有以下两种。

① 垫圈法 这种方法是将垫料经常撒在猪圈内,并保持猪圈内处于湿润状态,因猪的践踏,使垫料与粪尿充分混合、压紧。每隔一段时间起一次圈,然后在圈外再堆积一段时间,使其分解腐熟,提高肥料质量。这种积肥方式的特点是肥料经常处于嫌气分解条件下,有机质和氮素损失较少,积肥数量大,分解速度慢,且不完全。南方湿热地区,尤其是夏季,这种积肥方式对家畜卫生不利,影响家畜的健康。

② 冲圈法 在一些大型养猪场,为了避免猪病的传染,常采用冲圈积肥方式。即在猪圈内不加垫料,每天用水冲洗圈内粪便,经排水沟,集中于圈外粪池中泡沤。这种方式的特点是能经常保持圈内清洁,有利于猪的健康,肥料腐熟也快。但是这种积肥方式积肥数量少,而且要求圈底较坚硬,造价较高,肥料多为液态,运输施用不太方便。

(2)圈外积肥 圈外积肥多为牛、马、骡、驴等大牲畜所采用的积肥方式。这种积肥方式是将牲畜圈中起出的粪(含垫料、秸秆、土等),采取疏松和紧密相结合的方法堆积。其主要过程是:将起出的圈肥在初期疏松堆积,使其在好气条件下进行分解,几天后(2~3 d)堆内温度逐渐上升,堆温达 60~70 ℃,大部分病菌、虫卵和杂草种子被杀死。这时可将肥堆踏实压紧,再往上堆积新鲜的厩肥,这样,下层厩肥处于嫌气条件下继续分解,减少了有机质和氮素的损失,而上层厩肥仍可进行好气分解。如此层层堆积,直至高达 2 m 左右为止,堆面用泥封严,贮存备用。这种堆积方法,一般经 2~3 个月可达半腐熟状态,4~5 个月可完全腐熟。

为了在堆积过程中减少氮素损失,可加入 1%的过磷酸钙或磷矿粉混合堆积,以提高肥效。

2. 厩肥的成分、性质和施用

(1) 厩肥的成分和性质　由于厩肥是家畜粪尿和各种垫圈材料混合积制的肥料,在我国北方习惯用土垫圈,南方则多用秸秆垫圈,因此,厩肥的成分和性质与家畜的粪尿有所不同。其养分含量依家畜种类、饲料质量、垫圈材料种类和用量多少,以及其他条件的不同而不同(表 8-7)。

表 8-7　厩肥的平均养分含量　　　　　　　　　单位:%

家畜种类	N	P_2O_5	K_2O	CaO	MgO	SO_2	有机质	水
猪	0.45	0.19	0.60	0.68	0.08	0.08	25.0	72.4
牛	0.34	0.16	0.40	0.31	0.11	0.06	20.3	77.5
马	0.58	0.28	0.53	0.21	0.14	0.01	25.4	71.3
羊	0.83	0.23	0.67	0.33	0.28	0.15	31.8	64.6

厩肥平均含有机质 25%,N 0.5%,P_2O_5 0.25%,K_2O 0.6%,每吨厩肥平均含 N 5 kg,P_2O_5 2.5 kg,K_2O 6 kg 左右。

新鲜厩肥中的养分主要为有机态,植物不能直接吸收利用,加之新鲜厩肥中纤维素、木质素等化合物含量高,C/N 大,施用后,由于微生物的生物吸收而与作物幼苗争夺氮肥。因此,新鲜厩肥一定要经过堆腐后,才能施用。

腐熟的厩肥质量差异很大,当季养分利用率亦不同。其中,氮的利用率为 10%~30%。由于土壤对厩肥磷的固定较少,厩肥中 50%~60%的磷是水溶性或弱酸溶性磷,所以磷的利用率可达 30%~40%,超过化学磷肥的利用率。因此,凡厩肥施用量多的地块,可少施磷肥。厩肥中钾的利用率可达 60%~70%或以上,而且含钾量较高,所以施用厩肥可以缓解土壤中钾素的不足。

(2) 家畜粪尿与厩肥的施用

① 作基肥深施　厩肥一般作基肥施用,每亩用量视厩肥质量和作物需要而定,一般为

1 500~2 500 kg。施用量大时,可撒施,再深耕约 20 cm,埋入土中;施用量少时,可开沟集中施于播种行间或栽植垄上。

② 依腐熟程度施用 厩肥的腐熟程度不同,其性质和养分含量也不同。腐熟的厩肥可作种肥和追肥,施后盖土;半腐熟的厩肥多为迟效肥,可作基肥,但不能作追肥和种肥。质地黏重、排水差的土壤,应选用腐熟的厩肥,而且不宜耕翻过深。对砂质土壤,则可施用半腐熟厩肥,可翻耕深些。生长期长的植物选用半腐熟厩肥,生长期短的植物选用腐熟厩肥。对改土作用来说,腐熟程度差的厩肥改土效果好。

③ 与速效氮磷化肥配合施用 由于厩肥肥劲稳而长,与速效氮磷化肥配合,可更好地发挥厩肥肥效。尤其是施用半腐熟厩肥时,更应该注意配合速效氮磷肥,以满足植物各时期对养分的需要。

④ 依肥料性质施用 尿比粪易分解,若粪尿分存,尿可作追肥,粪可作基肥。猪粪尿分解快,可作基肥,也可作追肥。羊、马粪分解时发热高,易烧苗,一般腐熟后施用,可作苗床发热材料。

三、禽粪

(一) 禽粪的成分和性质

禽粪是鸡、鸭、鹅等禽类排泄物的总称,实际上是禽类粪尿的混合物。禽粪是优质的有机肥料,其氮、磷、钾含量通常高于羊粪,但鸡、鸭、鹅粪之间有差别:鸡粪和鸭粪含水量少,有机质含量高,鹅粪的养分含量及三要素组成比例与家畜粪相近,质量不如鸡粪和鸭粪。禽粪的平均养分含量见表 8-8。

表 8-8 禽粪的平均养分含量　　　　单位:%

禽粪种类	N	P_2O_5	K_2O	有机质	水
鸡粪	1.63	1.54	0.85	25.5	50.5
鸭粪	1.10	1.40	0.62	26.2	56.6
鹅粪	0.55	0.50	0.95	23.4	77.1

禽粪是容易腐熟的有机肥料。禽粪中氮素以尿酸态为主,尿酸不能直接被植物吸收利用,而且对植物根系有害,同时,新鲜禽粪容易招引地下害虫,因此,禽粪作肥料应堆积腐熟后施用。禽粪在堆积腐熟过程中易产生高温,属热性肥料。

(二) 禽粪的利用

1. 作肥料

腐熟的禽粪多作基肥施用,有时也作追肥和种肥。由于肥源和数量较少,一般多施用于菜地或经济作物。

禽粪作肥料施用须注意几个问题:一是用量较少,应配合其他肥料施用;二是肥效缓慢,作追肥时须提前施用;三是水稻旱育秧田施用后秧苗易黄化,甚至死亡,不宜施用。

2. 作饲料

禽粪营养丰富。据资料报道,鸡粪含有粗蛋白质 27.75%,纯蛋白质 13.1%,氨基酸 8.1%,以及大量 B 族维生素和各种微量元素。鸡粪经过发酵、干燥、化学处理、糖化、青贮(与青饲料混合贮存)、热喷等方法加工成再生饲料,可喂鸡、猪、羊、牛、鸭、鱼等畜禽,其营养效果比大麦、玉米好,接近于配合饲料。

能力培养

当地粪尿肥施用情况调查

1. 调查准备

根据班级人数,按照每3~5人一组,分成若干组,由各组拟定调查提纲,经指导老师审阅修改后执行。

2. 调查活动

通过走访当地农业生产管理部门、农业技术人员、当地有规模的农场和有代表性的农户等,了解以下情况:

(1)当地主要施用哪些粪尿肥?

(2)当地主要采用何种方法腐熟粪尿肥?

(3)当地施用粪尿肥存在哪些问题?

3. 调查报告

根据调查结果撰写调查报告,不少于 500 字,包括当地粪尿肥施用基本情况和存在问题,并针对存在问题提出改进建议。

随堂练习

1. 人粪与人尿的成分和性质有哪些不同?人粪尿在腐熟发酵过程中有哪些变化?怎样防止发酵过程中的氮素损失?

2. 家畜粪尿有什么特点?施用时注意什么问题?

3. 什么是厩肥?怎样积制厩肥?

任务 8.3　秸　秆　肥

任务目标

知识目标：1. 了解秸秆肥的概念、积制方法和管理。

　　　　2. 掌握秸秆还田的技术措施。

技能目标：1. 能指导秸秆肥的堆制和管理。

　　　　2. 能指导秸秆还田在农业生产中的应用。

素质目标：1. 了解秸秆不正当处理的危害，提高保护环境、节约能源、保障安全的意识。

　　　　2. 了解如何科学利用秸秆，培养创新意识。

知识学习

一、堆肥

堆肥是以秸秆、杂草、落叶、垃圾等有机废弃物为主要原料，掺加一定量的粪肥，经过堆积发酵而制成的肥料。一般堆肥分为高温堆肥和普通堆肥。在堆腐过程中产生高温（50～70 ℃）的堆肥称为高温堆肥，普通堆肥发酵温度较低。两者的区别是：前者为好气堆积，堆底、堆内设有通气沟、塔，腐熟快，肥料质量好；后者为嫌气紧密堆积，堆内不设通气塔、沟，腐熟时间较长。

（一）高温堆肥的堆制原理

高温堆肥是在好气性条件下进行的，是堆肥材料中的有机质在微生物的作用下进行矿质化分解和腐殖质合成的过程。由于堆肥中各时期所起作用的微生物类群不同，分解的物质不同，高温堆肥可分为发热、高温、降温和腐熟保肥四个阶段。

1. 发热阶段

堆制初期，有机质开始分解，并释放出热量，堆温由常温升到 50 ℃ 左右，为发热阶段。这一阶段主要是一些中温好气性微生物利用堆肥中的水溶性有机物质迅速繁殖，并分解蛋白质、简单糖类、淀粉等易分解的物质及部分半纤维素和纤维素，同时放出氨、二氧化碳和热量。

2. 高温阶段

堆制中期，堆温上升到 50 ℃ 以上即进入高温阶段。这一阶段，原来的中温性微生物逐渐被多种高温性微生物所代替，引起纤维素等复杂的有机物质强烈分解，并开始进行腐殖化

过程,这时能杀虫灭菌,消灭草籽。这个阶段要防止堆内温度过高、干燥及缺水,以温度不超过 65 ℃ 为好。一般可采用加水压紧的方法控制堆温。

3. 降温阶段

这是在高温过后,肥堆温度下降至 50 ℃ 以下的阶段。这一阶段,温性细菌和放线菌逐渐增加,主要分解前一阶段残留下来的难分解物质,如纤维素、木质素。这时腐殖化过程占优势,形成大量腐殖质。此时进行翻堆一次,酌情加水和稀人粪尿,重新堆积以促腐熟。

4. 腐熟保肥阶段

经过前三个阶段后,大部分有机物已被分解,堆温下降,粪堆开始下陷,C/N 变小,已进入腐熟阶段。这个阶段肥堆内是以嫌气分解为主。这时若空气流通,将使新形成的腐殖质强烈分解,引起氨的损失。同时,硝化作用形成的硝酸盐易被雨水淋失或反硝化脱氮,造成氮的损失。因此,腐熟阶段的关键是保存已形成的腐殖质和各种养分,应将粪堆压实,加土覆盖造成嫌气条件,以利后期腐熟。

(二) 堆肥腐熟的条件

1. 水分

水分是影响微生物活动和腐熟快慢的重要因素。堆肥材料只有在吸水软化后,才便于微生物的侵入和分解。微生物随水移动,可使堆肥的各个部位均匀腐熟。因此,堆肥腐熟必须有一定的水分。适宜的含水量为堆肥材料最大持水量的 60%~70%。一般可以用铁锨拍打成团,抖开即散,但粪堆外不能淌出过多粪水。

2. 通气

在堆肥腐熟初期,主要是好气微生物的活动,以好气分解为主。为使堆肥材料迅速分解,释放养分,要有良好的通气条件。若通气条件差,则以嫌气分解为主,有机质分解慢,有效养分少,堆肥腐熟时间长,但有利于腐殖质积累。所以,堆制前期应以好气分解为主;到中后期,应以嫌气分解为主,以利保存养分和积累腐殖质。因此,堆制时可以设通气草束(通气塔)或通气沟,或采取疏松堆积方法,改善通气状况,促进分解。进入后期,再将通气孔堵塞,或进行加水、压紧、封泥等以使其紧密堆积,以利腐殖质的形成和保肥。

3. 温度

肥堆内温度的升高主要是微生物在分解有机物时所释放出的热量所致。当堆温维持在 50~60 ℃ 时,真菌、细菌和放线菌共同作用,才能发生最大的分解作用;当堆温达到 75 ℃ 时,微生物的作用受到抑制,反而不利于有机质的分解。堆肥温度受环境温度影响很大,所以,高温堆肥宜选在气温较高的季节进行。提高堆温的方法除加大堆形、堆上覆盖塑料薄膜外,还可在堆内加入一定比例的马粪或接种高温纤维分解细菌等。

4. 保持适宜的碳氮比（C/N）和养分

微生物的繁殖活动需要一定的能量和水溶性养分,要求堆肥材料保持适宜的碳氮比。适于微生物分解有机质的碳氮比约为 25：1。当堆肥材料的碳氮比大于 25：1 时,有机残体被分解,微生物就会因氮的不足而使繁殖受到限制,需要从外界吸收无机氮素,否则会使堆肥腐解作用减慢。碳氮比小于 25：1 时,就有无机氮的损失。通常堆肥材料的碳氮比较大（表 8-9）,即碳多氮少。为了加快堆肥的腐解速度,应适当增加人畜粪尿或化学氮肥,调节碳氮比到（30~40）：1,一般每 1 000 kg 秸秆加入 3~5 kg 纯氮。此外,加入少量过磷酸钙,不仅可以促进堆肥腐熟,还能减少氮素的损失。

表 8-9　不同有机材料的碳氮比

材料种类	碳氮比（C/N）
紫云英	（10~17.3）：1
苜蓿和三叶草	20：1
野草	（25~45）：1
大豆秸秆	37：1
干稻草	67：1
作物秸秆	（65~85）：1
锯木屑	250：1

5. 酸碱度

各种微生物对酸碱度都有一定的适应范围,过酸、过碱均不利于有机物的分解。纤维分解菌、氨化细菌,以及堆肥中的大多数有益微生物,都适于在中性至微碱性条件下繁殖。在堆肥初期,有机质分解产生的有机酸常使 pH 降低,从而在一定程度上抑制了后期微生物活动。因此,在高温堆肥时,宜加入秸秆量 2%~3% 的石灰或 5% 的草木灰,以中和其酸度。

堆肥腐熟的条件是互相制约、相互影响的,其中,以碳氮比的调节最为重要;水分、空气、温度、酸碱度都是加速或延缓堆肥腐熟的外部条件。合理地调节各项条件,促进堆肥腐熟,就能获得优质堆肥。

（三）高温堆肥的方法与管理

高温堆肥的积制方式有地面式和半坑式两种。地面式适用于气温高、雨量大、地下水位高的地区,或北方夏季堆肥。这种方式操作方便,但堆内温度及水分不易保持。半坑式适用于气候干旱、雨量少或北方气候寒冷地区,特别适于冬季和早春采用。一般地区多采用地面式。

具体堆制方法是:堆前先把地面夯实,底部铺一层吸收性强的细土或草炭,以棉秆或玉米秆等铺 20~30 cm 厚作为通气床。将堆肥材料(麦秆、稻草、玉米秸、高粱秸秆等)铡碎(长约 10 cm),在近堆肥处地面铺成厚约 60 cm 的长方形堆,并按每 1 000 kg 秸秆掺加骡马粪600 kg、人粪尿 200~400 kg、水 1 500~2 000 kg 的大致比例,均匀撒入并充分拌和。再从堆的一端垂直切取材料,拌匀,堆在通气床上。按此,层层堆积,堆成高 1.5~2.0 m、宽 3~4 m的大堆,并在堆外覆盖 4~6 cm 细土,或用麦草泥密封。如果骡马粪和人粪不足,可用 20% 的发过热或正发热的老堆肥和 1% 左右过磷酸钙及 2% 左右硫酸铵代替。等到高温后约 10 d,温度下降,粪堆塌陷时,进行第一次翻堆,适当加水,再次盖土封好,当堆肥材料已近黑、烂、臭时,即已基本腐熟,此时应压实、封严、备用。若堆制季节降雨多,堆内湿度大,通气情况不好,温度不易升高,可采用翻堆来调节水、气、热状况,使温度很快升高。一般翻堆后冬季两到三个月,夏季一个月即可腐熟。腐熟后仍将粪堆压紧,用土覆盖严实,以利保肥。

如果用半坑式堆肥,挖圆形或长方形坑,坑深一般约 1 m,底径 2 m,口径 2.5~3 m,坑底挖深和宽各 20 cm 的"十"字沟,沟沿坑壁与地面相接。挖出的土沿坑做埂。沟面与坑壁斜沟先用秸秆掩盖,然后按以上方法堆积覆土。

(四) 堆肥腐熟的特征及堆肥的施用

1. 堆肥腐熟的特征

堆肥的腐熟程度可以从肥料的颜色、软硬程度及气味等特征来判断。半腐熟的肥料,堆肥材料组织松软易碎,分解程度差;汁液为棕色;有腐烂味,可概括为"棕、软、霉"。腐熟的肥料,材料完全变形,呈黑褐色泥状物,可捏成团,并有臭味,特征是"黑、烂、臭"。

在堆肥的半腐熟或腐熟阶段,堆内高温、干燥、缺水。通气好的情况下,有机质分解快,养分损失严重,肥堆内出现白毛或白点,并有泥土味,就是过劲的预兆,应立即捣翻、加水、压紧,防止过劲。

2. 堆肥的施用

堆肥性质与厩肥基本相同,养分含量因堆制材料与方法不同而异,见表 8-10。

表 8-10　堆肥的养分含量　　　　　　　　　　　　　单位:%

种类	N	P_2O_5	K_2O	有机质	水分	碳氮比(C/N)
高温堆肥	1~2.0	0.3~0.8	0.5~2.5	24~42	—	9.7~10.7
一般堆肥	0.4~0.5	0.18~0.26	0.45~0.70	15~25	60~75	16~20

由表 8-10 可知,堆肥含丰富的有机质,养分齐全,能供给植物多种养分,又有培肥和改土作用。堆肥肥效缓慢持久,多作基肥,结合耕地施用,一般每亩用量 1 500~2 500 kg。砂质土壤或施用期间高温多湿,或植物的生长期较长如果树等,宜施用半腐熟的堆肥;黏质土壤,或干旱天气,气温较低,生长期较短的植物,则宜施用腐熟的堆肥。

二、沤肥

沤肥是我国南方水网地区的重要积肥方法，北方在夏季也利用坑洼沤肥。前者称为"凼肥"，后者称为"坑肥"。虽然名称不同，但都是以秸秆、杂草、绿肥、草皮、垃圾等有机杂物为原料，在淹水条件下，通过微生物嫌气分解发酵沤制而成的。沤肥腐殖质积累较多，氮素损失少，是一种优质的农家肥料。沤肥同时具有沤制简便、可就地施用等优点。

1. 凼肥

凼（dàng）肥又称窖肥，是南方地区特别是湖南农村地区的主要农家肥。凼肥由于沤制地点不同，分为家凼和田凼。

（1）家凼　家凼又称常年凼，即设在村内和院内的积肥坑，将青草、落叶、垃圾、污水、人粪尿等随时倒入坑中，一年四季不断沤制，一年可出多次，而且质量较高。腐熟后可直接施用，也可作"凼引子"。

（2）田凼　在田间设凼沤肥，称为田凼。由于沤制的季节不同，分为冬凼、春凼、夏凼。

① 冬凼　在秋末或冬季选择水源较好的田块或冬浸田设凼，其大小与数目根据田块大小与原料数量而定。一般每亩 3~5 个或 7~8 个凼。将泥土向四周扒出做凼埂，埂宽 30 cm 左右，凼埂高 12~18 cm，凼底一般低于田面 12~18 cm。将秸秆、稻壳、草皮、垃圾倒入凼内，并加适量人粪尿混合，保持浅水沤制。开春后上下倒翻，加些人粪尿，一般每月翻凼一次，共翻 3~4 次。农历二三月间即可沤好。

② 春凼　春季二三月在稻田设凼，为了促进腐熟，最好加入部分腐熟的冬凼或家凼作"粪引子"。以青草、绿肥、稻根、猪牛粪为主，沤几天后，再加入草皮、垃圾和老凼肥混合，每 10~15 d 翻动一次，每次加入少量粪尿，促进腐熟，一般翻 3~4 次，约 2 个月腐熟。

③ 夏凼　夏季选择田边地角设凼，沤制方法相同。夏季温度高，腐熟速度快，约 20 d 即可沤好。

2. 坑肥

利用自然坑或人工挖的坑，将麦糠、麦秸、落叶、草皮、垃圾及牲畜粪尿堆放于坑中，然后灌入一定量的水，使其在淹水条件下发酵腐熟。下雨后，趁坑中有大量积水时，也可放入秸秆、落叶、青草等有机物和泥土，共同沤制。

三、沼气发酵肥料

沼气发酵是利用人畜粪尿、植物秸秆、青草和污水等有机废物，在嫌气密闭的环境中，保持一定的温度、水分、酸碱度等条件，经过多种微生物和甲烷细菌共同发酵分解的结果。其生物变化过程如下：第一步，各种复杂有机物经微生物作用，转化为低级脂肪酸，如丁酸、丙酸、乙酸等；第二步，将第一步的产物经甲烷细菌的作用，转化为甲烷和二氧化碳。甲烷是一种可燃的气体,又名沼气。随着沼气的广泛应用,沼气池粪成为一种新的农家肥料来源。据研究,沼气原料经沼气发酵的过程,有 40%~45% 的干物质被分解为速效养分,特别是有效氮含量增加。据测定,沼气池粪的有效氮含量比原材料中有效氮含量提高了 5 倍。沼气粪肥中有效氮比一般堆肥高,一般堆肥有效氮含量仅占全氮的 10%~20%,而沼气池粪有效氮含量占全氮的 50%~70%。由此可见,沼气池粪是一种很好的农家肥料。它可以作追肥,也可作基肥施用。沼气池粪取出后,氨态氮易挥发损失,应注意覆土封存,施用时应埋入土壤内。

四、秸秆直接还田

(一) 秸秆直接还田的作用

作物秸秆直接还田,有利于提高土壤有机质含量,促进土壤微生物活动,改善土壤的物理性和结构性,固定和保持土壤氮素养料,增加难溶性养分的有效性,并可节约运输和堆制费用。

1. 增加有机质含量

秸秆的组成中含有较多纤维素、木质素,有助于土壤腐殖质的形成,使土壤中的有机质得到更新和补偿。

2. 改善土壤的结构性

秸秆直接还田,补充了养料和能源,促进了微生物活动,增加了多糖类物质的分泌,有改善土壤结构的作用。秸秆直接还田所形成的腐殖质随即与黏粒复合,促进土壤团粒结构的形成,可以避免秸秆腐熟后施用导致腐殖质活性可能因干燥而变性失效的缺点。

3. 固定和保存氮素养料

新鲜秸秆施入土壤后,一方面,可以为好气或嫌气性自生固氮菌提供能源,促进固氮作用,增加土壤氮素;另一方面,还能促进土壤微生物活动,能较多地吸收土壤中的速效氮素,合成细菌体,从而把氮素养料保存下来。这些氮素大部分较易转化为有效态,供当季作物利用。同时,秸秆在土壤中分解后,能提供各种养分供植物利用。

4. 促进土壤中养料的转化

秸秆直接施入土壤,加强了微生物活动,可以加速土壤有机质的矿质化。同时,秸秆分解过程中产生有机酸,有助于土壤中磷、钾和微量元素养分的释放。

(二) 秸秆直接还田技术

为了提高秸秆还田的效果,避免可能出现的不利影响,在还田技术上应注意以下几点。

1. 配施氮、磷化肥

由于作物秸秆碳氮比大,如果土壤中氮素不足,分解初期往往会使作物缺氮,为了克服微生物与幼苗争氮的现象,秸秆直接还田应配施氮磷肥。南方稻区在稻草还田时,每亩应施

10 kg 碳铵作耙面肥;北方地区以玉米秸秆还田时,每亩应施 15 kg 碳铵,并配施 25 kg 过磷酸钙。

2. 秸秆应切碎后深翻入土

秸秆直接还田前应切碎然后翻耕。翻耕时应注意秸秆和泥土尽量混合均匀,同时严密覆盖,防止跑墒,以利腐解。

3. 加强水分管理

秸秆还田时,若土壤墒情太差,则应及时灌水。稻区稻草还田后,水浆管理要以促进腐解、防止有害物质形成为原则。根据稻草还田数量和土壤性质等具体情况,采用浅水勤灌、干干湿湿、脱水上水、经常轻烤等方法。

4. 施用时期与方法

旱地施用时应边收、边耕埋,特别是玉米秸秆,因初收获时秸秆含水量较多,及时耕埋有利于腐解。若玉米秸秆或麦秸秆作棉田基肥,宜在晚秋耕埋。麦田高留茬在夏休闲地要尽早耕翻入土。

水田宜在插秧前 7~15 d 施用。用草量多的可间隔时间长些;反之宜短些。一般是将稻草切成 10~20 cm 长,撒在田面,同时施用适量的石灰(酸性土每亩施 30~35 kg),浸泡 3~4 d 再耕翻,5~6 d 后耙平、插秧。

5. 施用量

一般秸秆可全部还田。在薄地氮肥不足、离播期又较近的情况下,秸秆用量不宜过多;而在肥地,氮素化肥又较多,距离播期较远的情况下,则可增加用量。一般秸秆用量以每亩 300~400 kg 为宜。在水稻区,由于秸秆随翻随插秧,数量不宜过多。

另外,秸秆直接还田,由于秸秆未经高温发酵,可能导致各种病虫害蔓延传播,如大、小麦的赤霉病、根腐病,玉米的黑穗病和大、小斑病,大豆的叶斑病,水稻的白叶枯病、条斑病,油菜菌核病,大蒜的锈病等。因此,带有病菌和害虫的秸秆不宜直接还田,应高温堆肥或沤制后施用。

能力培养

堆肥和沤肥的制作

1. 训练准备

根据班级人数,按照每 3~5 人一组,分成若干组,每组准备以下材料和用具:粪桶、锄头、铁铲、作物秸秆、青草、人畜粪尿、马粪、羊粪、石灰、干细土、草木质、磷矿粉。

2. 操作步骤

了解堆肥和沤肥的积制原理,掌握积制方法,利用各种微生物的作用,将有机残体中复杂的有机体进行分解腐熟,使各种有机物质转化为腐殖质和可溶性的无机养分,为农业增产提供更多的优质肥料。

（1）堆肥的积制　堆肥的积制有高温堆肥和普通堆肥两种方法,根据具体条件选择一种进行堆制。

高温堆肥:根据地区气候条件不同,可分为半坑式堆积(表 8-11)和地面式堆积(表 8-12)两种。我国北方地区一般采用半坑式堆积法,南方地区一般多采用地面式堆积法。

普通堆肥:普通堆肥分为地面式、半坑式和坑式三种。地面式适于高温多雨、湿度大、地下水位高的地区采用。半坑式和坑式适于雨量较少、气候干旱、蒸发量大或气候寒冷的地区。

普通堆肥堆制方法和步骤与高温堆肥基本相同,不同之处是不加马粪液,不挖通风沟,不设通气塔,在每堆积完一层后要铺一层 3~5 cm 厚的细土。

表 8-11　高温堆肥的制作(半坑式堆积法)

操作环节	操作规程	注意事项
挖坑	半坑式堆积法先在地面挖圆形坑,坑内直径 2 m、深 2 m、可垫入 500 kg 的秸秆材料(坑的大小最好根据材料的多少来决定),坑底挖十字通风沟,接连坑壁作斜坡状伸到地面,进风处的沟口可做成喇叭形,沟深约 25 cm、宽约 15 cm	
垫料	坑边的斜坡形通气沟,树立一束秸秆以免材料堵塞通气沟,中央垂直插入一束秸秆作通气塔。坑形及通气沟做好后,把切成 10~12 cm 长的秸秆或杂草铺在中央秸秆上层,厚 30 cm,踏实后泼施人畜粪尿和马粪液,撒上少量草木灰或石灰,如加磷矿粉,可均匀撒在原料上,如此层层堆积,一直堆至高出地面 1~1.2 m,堆好后再在堆上覆盖 5~7 cm 厚细土	在堆积过程中,应注意每层材料数量的分配,原则上人畜粪尿应下层少、上层逐渐增加,而其他材料以下层较厚、上层较薄为宜。肥堆四周也要用泥糊封
翻堆	过 3~5 d 后,肥堆开始下陷,中央冒热气,温度可达 60~70 ℃,经常注意水分的补充,直至材料已松碎,呈暗褐,即为腐熟堆肥。如不及时施用,务须压紧糊顶,以免肥分损失。若急于施用,在降温后 5~7 d 可以翻堆,使上下里外倒翻均匀,再行堆积	堆制时注意补充水分

表 8-12　高温堆肥的制作(地面式堆积法)

操作环节	操作规程	注意事项
挖坑	若用地面堆积,应选择较高、干燥背风、水源方便的地面,挖通气十字沟或井字沟,宽、深约 20 cm,并伸出堆外,沟上横铺一层长秸秆至掩盖沟为度,在堆的中央垂直插入一束秸秆作通气塔用	选择适宜堆肥的地面

操作环节	操作规程	注意事项
垫料	然后和半坑式堆积法一样层层堆积至 2 m 高,四周用稀泥封好	
翻堆	一般 5 d 内堆温显著升高,几天后可达 70 ℃ 以上。堆温下降后破堆,将材料充分翻倒,根据需要可适量加粪尿和水。并注意补充适当的水分,直至秸秆松碎,呈暗褐,湿时用手握之柔软而有弹性,即为腐熟堆肥	

　　(2)沤肥的积制　沤肥的积制方法有凼肥和草塘泥两种形式(表 8-13、表 8-14),各地可因地制宜进行积制。

表 8-13　沤肥的制作(凼肥沤制法)

操作环节	操作规程	注意事项
挖坑	根据田块大小不同决定设 1~5 个圆形或长方形的凼,凼周围作埂,埂宽 30 cm 左右,高出水面 12~15 cm,埂内面要夯实打紧,凼底略低于田面 10~12 cm	
垫料	将沤肥材料放入凼内和适当人畜粪尿混匀,浸水淹渍,并经常保持一层薄水	
翻凼	要进行翻凼,一般翻凼 2~4 次,即可腐熟施用。翻凼的时间,随季节不同而不同,冬季 20~30 d 翻一次,春季 10~15 d 翻一次,夏季一周翻一次	

表 8-14　沤肥的制作(草塘泥沤制法)

操作环节	操作规程	注意事项
堆塘	预制稻草河泥:在冬春之间,挖取河泥,加入 3% 左右稻草,草长 30 cm 左右为宜,混合堆积于附近泥塘内,泥塘深 1~1.2 m,便于以后挖取搬移	因地制宜选择植物秸秆,可采用稻草或麦秆等
田中制塘	设塘:春分到清明,在冬作田中挖坑,坑的大小以沤制 1 万 kg 左右肥料为宜,过小发酵不好,过大操作不便。坑内径 3 m,深 1.2~1.5 m,四周筑埂,埂高约 60 cm,并夯实,以免漏水漏肥,然后把预制的稻草河泥放入坑内,浸水淹渍一个月左右	做好防漏措施
调制	调制:在绿肥作物开花时,将稻草河泥从塘中挖出堆在塘沿周围,用绿肥垫入塘底,然后将稻草河泥、绿肥、猪厩肥分层加入(一般 500 kg 稻草河泥加绿肥 750 kg、猪厩肥 1 000 kg),随时加水,每堆一层用脚踩实,堆满为止,塘面保持薄水层	垫料要踩实,塘面要保持薄水层

续表

操作环节	操作规程	注意事项
翻塘	翻塘:沤制一个月后,要进行翻塘,翻塘时要搞匀搞透,以加速分解,并使分解均匀,还可加入少量绿肥和粪水,有利于第二次发酵,翻后水分以成泥浆状为宜,不再泡淹,加盖稻草,保持水分和肥分。开春收后,水稻栽秧前即可施用	翻塘要全面,才能保证垫料分解均匀
腐熟	沤肥腐熟检查标准:表面起蜂窝眼,颜色黑绿,质地松软,有臭气即为腐熟	

3. 问题处理

(1) 简述高温堆肥和普通堆肥的优缺点。

(2) 简述堆肥和沤肥的主要区别。

随堂练习

1. 什么是堆肥? 什么是沤肥? 怎样积制?

2. 秸秆直接还田的主要作用是什么? 为了提高还田效果,应注意哪些问题?

任务 8.4　绿 肥 作 物

任务目标

知识目标:1. 了解种植绿肥作物的重要意义。

　　　　　2. 了解常见的几种绿肥作物栽培的技术要点。

技能目标:1. 能指导绿肥的制备和管理。

　　　　　2. 能指导绿肥在农业生产中的应用。

素质目标:1. 树立和践行绿水青山就是金山银山的理念。

　　　　　2. 理解营养归还学说的原理,理解维护农业可持续发展的重要性。

知识学习

在农业生产中,凡利用绿色植物的幼嫩茎叶直接或间接施入土中作为肥料的,都称为绿肥。专门栽培用作绿肥的作物称为绿肥作物。翻压绿肥的措施称为"压青"或"掩青"。大多数绿肥作物为豆科植物,也有少数为禾本科植物、十字花科植物。除了旱生绿肥外,还有水生绿肥。种植绿肥作物是培肥地力、促进农业生产发展的重要途径之一。

一、种植绿肥作物的意义

(一)重要的有机肥源

绿肥作物种类多,适应性强,种植范围比较广泛,可利用荒坡、水面、田边地角和五旁四坎,见缝插针进行种植,也可以和作物轮作、间作套种等。绿肥作物产草量高,平均每亩绿肥鲜草产量 1 000~1 500 kg,高者可达 2 000~2 500 kg,甚至上万千克。这样,种 1 亩绿肥,可肥 1~2 亩地。有的绿肥作物一年种植,多年采收。因此,发展绿肥作物是开辟肥源的重要途径。

(二)增加土壤养分,提高土壤肥力

绿肥作物多为豆科植物,其具根瘤菌,能固定空气中的游离氮素。绿肥鲜草含氮量约 0.45%,其中 2/3 来自根瘤菌从空气中固定的氮素,1/3 来自土壤。若以每亩鲜草 1 000~2 000 kg 计算,就有 4.5~9 kg 纯氮。其中,由根瘤菌从空气中固氮 3~6 kg,相当于 15~30 kg 硫酸铵。因此,绿肥根瘤就是天然的"小氮肥厂"。

绿肥作物根系发达,能吸收下层养分和难溶性磷、钾等。翻压后,这些养分在耕层积累,供植物利用,起到富集、活化土壤养分的作用。

绿肥作物含有多种养分,其中以氮最多,钾次之,磷较少。绿肥作物种类不同,养分含量亦不同,见表 8-15。

表 8-15 主要绿肥作物的养分含量   单位:%

绿肥种类	鲜草成分(占绿色体的比例)				干草成分(占干物重的比例)		
	N	P_2O_5	K_2O	水分	N	P_2O_5	K_2O
地丁	—	—	—	—	2.80	0.22	2.53
毛叶苕子	0.47	0.09	0.45	—	2.35	0.48	2.25
紫花苜蓿	0.56	0.18	0.31	—	2.16	0.53	1.49
紫穗槐(嫩)	1.32	0.36	0.79	60.9	3.36	0.76	2.01
柽麻	0.78	0.15	0.30	72.1	2.98	0.50	1.10
田菁	0.52	0.07	0.15	80.0	2.60	0.54	1.68
草木樨	0.48	0.13	0.44	80.0	2.82	0.92	2.40
油菜	0.43	0.26	0.44	82.8	2.52	1.53	2.57
光叶紫花苕子	0.50	0.13	0.42	84.4	3.12	0.83	2.60
紫云英	0.33	0.08	0.23	88.0	2.75	0.66	1.91
绿萍	0.24	0.02	0.12	94.0	2.77	0.35	1.18

（三）增加和更新土壤有机质

绿肥作物中有机质含量在 12%~15%。向土壤翻压 1 000 kg 绿肥，可提供新鲜有机质 120~150 kg，这对提高土壤肥力、改良土壤理化性质有良好的作用。因为绿肥碳氮比较小，矿质化速度快，残留量少，所以腐殖质积累量不大。不仅如此，绿肥还有促进土壤中原有有机质的分解作用，这种作用称为激发效应。施用绿肥提供了新鲜有机质，但不一定明显提高土壤有机质含量，因为有机质积累量受许多因素制约。据我国北方 34 份测定资料说明，每亩翻压绿肥 800~1 500 kg，在 20 cm 土层内有机质增加 0.076%~0.24%，平均为 0.145%；华北因气候原因，矿质化分解快，土壤中有机质积累量偏低。一般水田高于旱田，连续多次翻压比一次翻压积累量大。

（四）改良土壤理化性状，改良低产田

绿肥能提供大量新鲜有机质和钙素养分，加上根系有较强的穿透能力和团聚作用，有利于水稳性团粒结构的形成，改善土壤的理化性质，使土壤水、肥、气、热协调，耕性变好，因此，种植绿肥能改良盐碱地，减轻盐分上升。同时，土壤穿插较深，能促进降水或淡水的淋溶作用，加速土壤脱盐，见表 8-16。

表 8-16　种植田菁加速土壤脱盐的效果　　　　　　　　　　　　单位:%

处理	土壤含盐量		脱盐率	平均脱盐率
	雨　前	雨　后		
种田菁	0.442~1.607	0.154~0.489	65.2~69.2	67.4
不种田菁	0.292~2.424	0.226~1.049	22.6~56.7	39.7

（五）增加地面覆盖

绿肥作物茎叶茂盛，可在短时间内覆盖地表，减少水、土、肥的流失。在荒坡种植多年生绿肥，其保持水土、防风固沙、增加地面覆盖的效果十分显著。

（六）有利于促进农、牧、副业全面发展

绿肥作物一般含有丰富的蛋白质、脂肪、糖类和维生素等，绝大多数绿肥作物是家畜的优质饲料。种植绿肥作物为促进畜牧业的发展创造了有利条件。

许多绿肥作物，如紫云英、苕子、田菁及苜蓿等的开花期长，花粉品质好，是良好的蜜源植物。有的绿肥还可以作副业的原料，所以，发展绿肥对促进农、牧、副业的全面发展有极重要的意义。

二、主要绿肥作物的特性与栽培要点

绿肥作物的种类较多,现将主要绿肥作物的特性与栽培要点分别介绍如下。

(一) 田菁

田菁又称碱菁、涝豆,是一年生直立豆科植物(图8-2),抗逆性强,我国各地均可种植,是改良盐碱地的先锋作物。

1. 生育特性

田菁喜温暖、湿润。田菁种子发芽和生长的最适气温为 20~30 ℃。春播 15 ℃时能发芽,但出苗和苗期生长缓慢。夏播时只要土壤水分充足,就出苗快又齐,苗后期生长迅速。田菁抗逆性强,耐盐能力随着苗龄的增长而提高。在含盐量 3~5 g/kg 的盐土或 pH 8~9 的碱土上都能生长(苗期表土含盐量小于 2.5 g/kg)。田菁的耐涝性也是随着苗龄的增长而提高的。幼苗长出真叶后,只要水不没顶,就可正常生长。因为田菁受淹部位茎部形成通气的海绵状组织,在接近水面处长出许多水生根,以适应水生环境。因此,田菁能与水稻间套种。

图 8-2　田菁

2. 栽培技术要点

(1) 播种

① 种子处理　田菁的种子硬籽率一般为 10%~30%,播前要进行种子处理。在墒情好的情况下,用温水浸种。播前将种子浸入相当于种子量 2~3 倍的温水(60 ℃左右)中搅拌 2~3 min,让它自然冷却 20 min 后捞出晾干,即可播种。

② 播种期　田菁的播种期很长,从 3 月上旬到 6 月播种,当年都可收到种子。早播则生长期长,产量高。具体播期依用途(留种、压肥)、茬口、温度、湿度和土壤含盐量情况而定。留种田宜早播。盐碱地应在大雨后 2~3 d 内播种;旱地早春套种田菁作当季追肥时,可采用冬播"土里捂"或顶凌播种,争取早播。旱作茬夏季播种田菁作下季稻基肥的,最迟不过 6 月底;作下季麦类基肥的,最迟不过 7 月中旬,否则产草量不高。早稻田套种田菁作基肥时,田菁的移栽期以有利于协调水稻、田菁生长为原则:早熟水稻、土壤肥力差、小苗移栽的,适当提早;反之,应适当推迟,使田菁苗控制在稻封行时与稻苗同样高,封行后稍微露出禾面。

③ 播种量　绿肥田播种量一般每亩 3~5 kg,留种田 2~3 kg,盐碱地上播种量要加大,作短期速生绿肥间套播种时,用种量不少于每亩 5 kg。

④ 播种方法　绿肥田可撒播,留种田条播为好。春旱要深播,沟深 3~5 cm,应使开沟、播种、施肥、盖种、踏实同时进行。播后遇雨要松土,以防止土壤板结。重盐碱地上应采用开深沟、浅覆土或开沟结合灌水等方法播种。

早稻间套田菁,一般采用育苗移栽。育苗方式有水育和旱育,移栽方式有大苗(苗高10 cm以上,苗龄40 d左右)与小苗带土移栽。密度为每亩3 000~10 000株,其原则是:早熟水稻,田瘦的,宜密些;反之则稀些。在不减少水稻栽插密度与不减产的基础上,田菁采用扩大行距、缩小株距的办法,适当密植,有利于增加鲜草产量,降低田菁茎秆木质化比例。

(2)田间管理

① 中耕松土 田菁苗期生长慢,耐盐力差,所以,雨后要及时中耕除草,以防止土壤板结。

② 施用磷肥 盐碱地上施用磷肥,能提高田菁成苗率,增加鲜草与种子产量。

③ 防治虫害 田菁的主要害虫有斜纹夜蛾和黄粉蝶,应注意及早防治。

④ 水田栽田菁 返青后及时查苗、补苗,合理灌溉、施肥。

⑤ 及时压青 田菁在现蕾到初花期压青比较合适。压青方法可以用犁直接翻压;对间套插种的可以用锨翻压。压青时要保证翻压质量,注意压严。

(3)留种 留种地要选用轻盐碱地和肥力较好的地,也可用空隙地、河边和滩地。当苗高70 cm左右时间苗,每亩留苗3 000~4 000株。在盛花期打顶心和边心,可提高种子产量和质量。留种田不宜积水。田菁种荚易裂荚落粒。在10月底或11月初,有70%荚果变黄褐至紫褐色,即可收割、脱粒、晒干贮藏留用。收种后的田菁茎秆剥下的皮可当作麻的代用品使用,秆可以做燃料。

(二)柽麻

柽麻又称太阳麻、菽麻、印度麻,为一年生草本植物(图8-3)。柽麻具有适应性强、播期长、生长期短、长得快、产量高、再生性强等特点,是适于我国各地种植的夏季速生绿肥。

1. 生育特性

柽麻性喜温暖、湿润,耐旱、耐瘠、耐酸,适应性广,气温在12~42 ℃时都能生长。在砂质土壤上生长良好。适宜的土壤pH为4.5~9。有一定耐盐能力,在含盐量小于2 g/kg的土壤上能生长;耐涝性较差,地面淹水一天叶片就开始发黄脱落,不宜在黏重土壤上种植。当水分充足、温度在20 ℃左右时播种,出苗快、生长迅速、产量高。

图8-3 柽麻

2. 栽培技术要点

(1)种子处理 柽麻种子有硬粒,播前应进行温水浸种或擦种。近年来,柽麻枯萎病严重发生,在播前用0.3%~0.5%多菌灵胶悬剂浸种8~14 h,或用0.5%多菌灵盐酸溶液浸种6~8 h,也可用2%甲醛溶液浸种12 h,均有80%以上的防病效果。

(2)播种 柽麻播种期长,一般从4月下旬到8月中旬均可播种。要适时早播,以获得较高的鲜草产量。留种用的播期为躲过 2~3 代豆荚螟危害种子,应适当迟播,根据各地气温不同,在 5 月中下旬到 6 月上旬播种为宜。压肥每亩用种量 3~4 kg;短期生长利用的不少于每亩 5 kg;瘦田、迟播的播量应增大;留种用的每亩 2~3 kg。播种方法:撒播、条播均可。留种田以条播为好,行距 50 cm 左右,播深约 5 cm。

(3) 田间管理　土壤肥力差的,应适当施用基肥与磷肥。苗期长势弱,应酌情施提苗肥。苗期要中耕除草 1~2 次,并适时浇水,稻田或低洼积水田应做好排水工作。

(4) 留种　柽麻产种量低而不稳,其原因是多方面的。因此,要获得柽麻种子高产,应抓好以下几方面工作。

① 适当推迟播种期或采用早播刈割,利用再生茬留种,躲过螟害。

② 加强田间管理,及时防治病虫害,排水防渍,增施磷钾肥。必要时可在主茎顶花序现蕾时打顶。

③ 适时收打。当种荚 60% 以上成熟、变褐色、摇动时有响声,即可收割,捆成小捆,竖起使其后熟,晒干后脱粒收藏。

可充分利用荒坡、堤坡、路旁、渠边等空闲地种柽麻留种,既收种又剥麻皮,增加收入。

④ 翻压利用。柽麻用作压绿肥时,在盛花至初荚期,未木质化前耕翻压入土中较为合适。

(三) 紫云英

紫云英又称红花草、红花草子,为一年生或越年生豆科草本植物(图 8-4)。长期以来,紫云英是长江以南早发、高产、早熟的稻田冬绿肥。已在北方试种推广,在旱作地上也有种植。

1. 生育特性

紫云英性好温暖湿润的气候条件,适宜在 pH 5.5~7.5 的土壤上生长。耐盐碱能力差,土壤含盐量在 1 g/kg 以上和土壤 pH 低于 5 时,生长不良;不耐干旱也怕渍水;耐寒力差。种子发芽的适温为 15~20 ℃,低于 5 ℃ 或高于 30 ℃ 时发芽困难。日平均气温在 10~15 ℃ 时生长很快。开花结籽的适温为 15~20 ℃。低于 -10 ℃ 枝叶会受冻害。

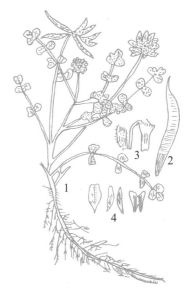

1. 植株; 2. 荚果; 3. 雄蕊、雌蕊和花萼(展开);
4. 花冠的各片。

图 8-4　紫云英

在适宜条件下,紫云英播后 5 d 开始出苗,第 12 天长出第一片真叶,6 片真叶时开始分枝。冬前形成的分枝对产量影响很大,冬后分枝一般不能生长。

2. 栽培技术要点

（1）种子处理

① 选种 陈旧种子发芽率低，存放 3 年发芽率下降 50% 以上，故应选用新鲜种子。一般用相对密度 1.03~1.09 的盐水（50 kg 水加食盐 2.5~5 kg）选种，去秕去劣。

② 擦种 紫云英有 20% 左右的硬粒。人工擦种可加速种子发芽。可用碾米机碾 1~2 遍。

③ 浸种 把擦过的种子用清水浸泡 8~12 h，也可每 50 kg 水加 1 kg 硫酸铵（浸 30 kg 种子）或 10 kg 腐熟人粪尿，有利于促进壮苗。

④ 接种根瘤菌 接种根瘤菌是新区发展紫云英的关键，久种的老区接种高效菌株也有明显增产效果。播前在遮阳处将根瘤菌剂（每亩用 10 mL 新菌液）用清水调开，拌入种子，稍加风干，即可播种。接种后的种子不宜直接拌用过磷酸钙，以免菌种受害。

（2）播种 为了保证安全越冬，也为翌年早发、旺长、高产打下良好的基础，应争取适时早播，使紫云英能在越冬前长成株高 5~12 cm，有 3~4 个分枝，根深、瘤多，叶茂枝盛的壮苗。一般长江以北 8 月到 9 月中下旬，长江以南 9 月下旬到 10 月上旬，在割稻前 25~35 d 播种较为适宜。肥田晚播，瘦田宜早播。发芽率达 80% 以上的种子播种量为每亩 2~3 kg。播时采用横竖交叉播种，做到"走稳看准，拿少撒高，撒播均匀"。

（3）田间管理

① 施肥 在肥力低、苗势弱的田块里，苗期使用少量氮肥。水稻收后应及早给紫云英施用磷肥。一般施过磷酸钙 15 kg/亩左右或钙镁磷肥 25~30 kg/亩。

② 开沟排水、合理灌溉 紫云英喜湿润，但最怕渍水，因此，播前要开好田间排灌沟，做好旱能灌、涝能排的准备。播前看田上水，控制在播后 2~3 d 内自然落干。发芽出苗后，必须保持田间湿润而不渍水。冬前，早春各阶段遇旱都要灌水。

③ 防冻防寒 收稻时，做到早收稻，快运稻。收稻后遇干旱，待土壤干缩开细裂缝后要及时灌水，炼苗促壮，有利于越冬。另外，也可采用稻田留高茬（6 cm 左右），棉田延期拔棉秆，施用腊肥，灌越冬水等。

④ 防治病虫 主要害虫有蚜虫、蓟马、潜叶蝇等，可用 20% 乐果的 1 000~1 200 倍稀释液喷杀，白粉病、菌核病等用石硫合剂（0.3°Bé）防治。

（4）利用 紫云英的利用方法可分为压青与割青两种。直接翻压可作早稻基肥，一般以盛花期翻压为好，因为此时鲜草产量高，养分丰富，组织柔软易腐烂分解。压青量以每亩 1 000~1 500 kg 为宜。压青深度依土壤、气候条件及绿肥老嫩程度而定。土壤砂性强、土温较高、绿肥嫩的要压深些，反之，可浅些。

割青用紫云英可制堆肥或沤肥或作家畜饲料。

（5）留种

① 定片留种、合理布局 留种田应有计划地早安排。一般按冬播面积的8%~12%留种。留种田要集中连片,避免水泡干旱。选地势高、较阴凉、排灌方便、肥力中等、杂草少、不重茬田块作留种田。

② 选用较晚熟种子 因为成熟较晚的种子质量高,生长较齐,开花较晚,产量高。早熟种子开花早,生育期逐年缩短,鲜草产量低。

③ 加强田间管理,培育壮苗 在紫云英生长过程中酌情及时排灌,掌握氮肥用量,适增磷钾肥,使苗株健壮而不旺长,来年荚多籽粒饱满。同时,要及时防治病虫害。

④ 及时收获,注意选种 收种前进行大田去杂去劣。当种荚有80%左右变黑,在早上8点左右露水未干时抢收。收后先打下种荚,待种荚晒透后再打籽。收获时若遇阴雨,应防止种荚发热、发霉。

（四）苕子

苕子又称巢菜,一年生或越年生草本豆科植物,是一种优良的冬绿肥。我国目前栽培最多的有光叶紫花苕子和毛叶紫花苕子(图8-5)。光叶紫花苕子主要在我国南方种植,毛叶紫花苕子抗寒性较强,适于在我国北方种植。

1. 生育特性

毛叶紫花苕子抗寒性较强,能耐-20 ℃的低温;光叶紫花苕子抗寒性较弱,在-15 ℃左右会造成严重冻害。苕子发芽适宜温度在20 ℃左右,播后5~6 d出苗;气温下降到5 ℃左右时,冬前只能部分出苗。苕子耐旱不耐渍,在长期渍水条件下,根系受

图8-5 毛叶紫花苕子

抑制,枝叶变黄,鲜草产量降低。土壤最大持水量在60%~70%较适宜。光叶紫花苕子耕层土壤含水量低于10%时出苗困难,达20%左右出苗快,大于40%时出现渍害。苕子抗逆性强,对土壤要求不严格,砂土、壤土、黏土都可种植,有一定耐酸耐盐碱能力。适宜的土壤酸碱度为pH 5~8.5,可在pH 4.5~9.0范围内种植,在土壤含盐量为10 g/kg时生长良好。耐瘠性也很强,故适应性较广。

2. 栽培技术要点

（1）播种 南方苕子作越冬绿肥,要适时早播,以利安全越冬。苏北、皖北、鲁南、豫东一带宜在8—9月播种;江南、西南地区宜在9—10月;北方春播适宜顶凌早播。早播则生育期延长,鲜草产量高。春麦地套种宜在4—5月播种,产量高的苕子田一般每亩播7万~10万株基本苗,每0.5 kg种子约可得12 000株苗,故每亩适宜播种量为3~4 kg。留种田一般每亩0.5~1 kg。套种田每亩2~3 kg。稻田撒播出苗率低,播量约5 kg,一般肥沃田播量可减少,瘠薄田播量可以加大。播种方法宜采用条播或穴播。撒播时必须注意有充足的水分

和播后覆土。稻田套种,可在收稻前 10~15 d,当田面有薄层水时撒播,以后保持土壤湿润。收稻时留茬要高些。棉田套种,在最后一次锄草时条播套入,播在棉花垄的斜面上,以免苗期水淹和践踏。

在盐碱地播种苕子,可采用深沟浅盖,并用腐熟的堆肥、厩肥和细土覆盖。

（2）田间管理

① 施肥　每亩施 10~15 kg 磷肥作基肥或早期追施。寒冷地区在迟播、苗差的情况下,早春宜追施少量速效氮肥。

② 排灌　苕子不耐涝渍。田间必须沟渠配套,排水通畅,田内无积水。播种时或春秋季遇旱,应及时灌溉。

③ 防冻　寒冷地区,在壮苗过冬基础上,还要采取施河泥或撒稻草等措施,以防冻害。

（3）适时翻压　苕子翻压时间、数量和方法要因地制宜,灵活掌握。具体要求是:稻田在插秧前 10 d 左右翻压,旱田单作苕子田,在下茬作物播种前 7~10 d 进行;苕麦间作田,要在麦收前 10~15 d 进行。在此时间范围内,对播种早、产量高、墒情好的地块先压;晚播、产量低的地块可适当晚压,以充分利用苕子的旺长季节,增加鲜草产量。

翻压数量要本着就地产草、就地利用和均衡增产的原则,并依据土壤的肥瘦灵活掌握。一般春苕子在 1 000~1 500 kg,亩产鲜草超过 1 500 kg 时,可割去部分鲜草,移至异地压青或作饲料或沤肥用。

（4）留种　由于多种原因,苕子留种困难,产量不稳。一般可采取以下措施。

① 设立支架　设立支架有利于田间通风透光,降低温度,减少枯枝,减轻病害,增加开花结荚面,提高结荚率与籽粒饱满程度,达到高产、早熟。支架可用棉秆搭设或间插茎秆稍高的作物秸秆。

② 留种苕子田要选择地势较高、土质疏松、通透性良好、排灌方便、中等肥力以下的砂壤土或壤土地。如土壤过肥,则生长茂密,通风透光差,易捂花落荚,降低产量。涝洼黏土通透性差,排水不畅,保苗困难,产量不高。

③ 稀播匀植　一般每亩保苗 2 000~6 000 株,密度依土壤肥力而定。要防止前期徒长,掌握在现蕾封行。在清明前后,对密度大、长势过旺的田块,要疏苗或刈割,对弱苗要追施磷钾肥。

④ 为防止早衰,对蕾花过旺的植株,可采取摘顶心、打边芽、喷施磷硼肥等措施,后期控制植株生长。

⑤ 及时采收　苕子的种子成熟期不一致,种荚又会开裂,收获时应从下而上采收。种荚有五成枯黄带褐色、三成淡黄、二成带青时,趁晨露未干抢收,随收随运,在晴天晒 1~2 d 后立即脱粒。

（五）草木樨

草木樨是一种优良的肥饲兼用的绿肥作物,具有适应性广、鲜草产量高、种子繁殖量大等优点。过去主要在我国北方栽种,近年来作为优良的春播绿肥逐步南移。

草木樨为豆科草木樨属植物,有黄花、白花,一年生、二年生之分(图8-6)。我国东北、西北、华北等地区栽培的二年生草木樨,其中白花草木樨生长势强,生长茂盛,分枝多,产草量高,香豆素含量少。当年春播的一年生比二年生的生长快。南方如江苏等省引种的有二年生白花和一年生黄花草木樨。

1. 营养枝的一部分; 2. 生殖枝的一部分;
3. 花及其各部分; 4. 荚果。

图8-6　黄花二年生草木樨

1. 生育特性

草木樨宜在石灰性黏壤土上生长,耐旱、耐寒、耐盐碱,抗瘠薄力强,即使在砂土、砂砾土、陡坡、沟壑、沙荒等瘠薄地上也可以生长。

草木樨耐旱能力相当强。据苗期观察,当 $0 \sim 30$ cm 表土含水量降至 5% 时,叶片出现凋萎,甚至脱落,但生长点还处于休眠状态,可维持 30 d 不死,遇透雨仍能恢复生长。但草木樨在生长迅速阶段,仍要求较多水分,否则会影响产量。草木樨耐寒,幼苗在第一片真叶时能耐 -14 ℃的短时期低温。发育健壮的植株,在越冬期间能耐 -30 ℃的严寒,但返青后,抗寒能力差,若遇气温突变,易受冻害。草木樨有相当的耐盐能力,仅次于田菁、怪麻。$0 \sim 15$ cm 土层的氯化钠含量在 1.5 g/kg 以下的,均能正常生长;大于 2.5 g/kg,则严重受害,甚至死苗。

草木樨耐涝性很差,不宜在低洼积水地种植,地面积水时间长会淹死。地温稳定在 $5 \sim 7$ ℃,土壤含水量在 10%~12% 时,草木樨种子开始萌发。出苗后一个月内生长很慢,分枝后生长加快。二年生者当年只生长枝叶,营养物质逐步贮藏于根中,第二年开春根茎的丛生越冬芽开始萌动,重新长出茎叶,并开花结实。一年生者春播可当年收获种子。

2. 栽培技术要点

（1）种子处理　草木樨种子有40%~60%硬籽,尤其是新收下来与干旱年份生产的种子硬粒率更高。硬籽不易吸收水分,发芽率很低。播种前用粗砂摩擦或放在碾子上碾磨均可,一般要求黑色的果皮完全碾掉,黄色种皮以起毛为度。

（2）播种时间、方法与用种量　草木樨播期幅度大,春、夏、秋季均可播种,一般以春播为主。二月份即可开始播种,以早为宜。鲜草产量随播期推迟而明显下降。在北方,当地表化冻6~9 cm 时即可播种,注意尽量避开春寒的威胁。夏播也不宜迟,一般在 7 月上旬以前为宜,否则产量不高,还影响后茬作物的播种。

播种方法,可条播、撒播或穴播。播后覆土不宜深,以2~3 cm为好。北方早春干旱,播后用碾子压1~2遍,有利出苗。播种量每亩1.2~2.5 kg,留种田每亩0.5~1 kg。套种于麦田、油菜田的,播量大于棉田、玉米田。在干旱条件下撒播,要加大播量。

草木樨套种时应注意以下特点。

① 以大小行间套方式为好。

② 与主作物共生时间不宜超过60~70 d。

③ 主作物应选用早熟品种,并略推迟草木樨的播期。

(3) 田间管理

① 锄草松土 草木樨苗期生长缓慢,幼苗嫩弱,易遭杂草危害,出苗后必须及时锄草、松土,并防止人畜践踏。

② 开沟排水 草木樨怕湿,尤其是根系膨大后特别怕涝害,应及时开沟理墒。

③ 麦田套种草木樨 收割留茬要高,一般留10~15 cm为宜。北方在干旱地区或年份,在草木樨苗期与麦收后期争取灌水,有利于保苗促长。

④ 培土镇压 二年生草木樨宿根越冬留种地,在秋季割草后,一定要培土,使根茎入土深超过5 cm,冬前与早春进行镇压,亦有利于返青。

(4) 利用 一年生草木樨在初花期到盛花前利用为好。二年生草木樨当年或翌年返青后耕翻。耕翻要求深埋、细掩、镇压、保墒,一定要把根犁断与沤烂,使越冬芽不能再生。在干旱地区返青初期采用剃除根颈办法,使根中所积累的养分与水分以伤流形式溢出,以提高根茬还田的效果。

草木樨再生力较强,一年生者开花前可酌情刈割一次;二年生者当年割1~2次(第一次在7月上中旬,留茬9~12 cm,以利再生;第二次打2~3次霜后落叶前,留茬可低些),第二年孕蕾前刈割1次(留茬15 cm)后,可留种用,不留种的可再刈割2次(6月上旬至7月下旬)。

(5) 留种 草木樨花期长,种子成熟很不一致,且成熟种子极易脱落。当植株下部荚果1/3变黑、中部1/3变黄时,即可收割。收下的种子有后熟作用。一般趁晨露未干时收割,以减少种子脱落。

(六) 箭筈豌豆

箭筈豌豆又称大巢菜、春巢菜、野豌豆等,为一年生或越年生豆科草本植物(图8-7)。箭筈豌豆产草量较高,营养价值也较高,不仅是一种优良的绿肥作物,也是良好的饲草,适

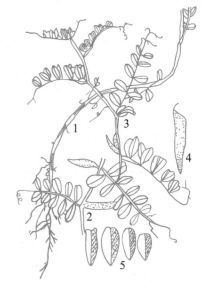

1、2、3. 根、植株中部及上部;
4. 荚果;5. 四种叶形。

图8-7 箭筈豌豆

宜我国南北方种植。种子还可作淀粉原料,但饲用或食用必须经过浸泡、加温煮熟、冲洗等处理,破坏或减少氰氢酸含量,以免中毒。

1. 生育特性

箭筈豌豆性喜冷凉、干燥气候,耐寒、怕热,适应性广。气温4℃时,种子可发芽,15℃时发芽最快。生长最适气温10~20℃,高于25℃或低于5℃对生长发育不利,苗期能耐短时间的-10℃低温。耐瘠薄,对土壤要求不严,砂土及黏土、pH在6.5~8的土壤均可种植。更适宜在排水良好的壤土种植,不耐盐碱。

2. 栽培要点

(1)播种 淮河以南9月下旬到11月上旬播种;江淮地区秋播以9月中旬到10月下旬为宜,春播在3月中旬以前,西北及东北地区适宜春播。播种量随气候、土壤和利用目的不同而异。压肥用播种4 kg/亩左右;春播因生育期短,应适当加大播量,以6 kg/亩为宜;留种用3~4 kg/亩。肥土少播,瘠薄土壤加大播种量。播种方式以条播为宜,行距30 cm左右,也可穴播或撒播,覆土2~3 cm为宜。

(2)田间管理 播后如土壤板结,要及时松土。苗期生长缓慢,易遭杂草危害,要及时除草。遇干旱要灌水,遇涝渍要排水。

(3)翻压 从箭筈豌豆养分含量看,一般在初荚期翻压,鲜草产量和含氮量最高。南方多在播种前7~10 d翻压,北方多在秋季或冬前翻压,但还要考虑下茬作物播期。

(4)采种 箭筈豌豆产种量高,是比较容易解决种子不足的绿肥。要获得高产,主要应掌握好播种量,秋播适当晚些,春播要早,加大行距,选择中等肥力土壤,增施磷肥,及时采收。

(七)水生绿肥

1. 满江红

满江红在春秋季温度低时,呈红色;夏季温度高时,呈绿色,故又名红萍、绿萍,是一种浮生于水面的蕨类植物。满江红与蓝藻(又名鱼腥藻)共生,光合作用和共生固氮能力强,生长速度快,是产量较高的水生绿肥兼饲草作物。20世纪60年代,我国南方各地开始种植,20世纪70年代,北方也开始引进。

(1)生育特性 满江红喜欢在平静的水面群聚生活。它对温度非常敏感,但种类不同,反应也有所不同。生长的最适温度为20~25℃,低于5℃或高于40℃时基本停止生长。

满江红对养分的要求是随温度而变化的,但任何时候对磷肥都很敏感。在日平均温度15℃以下时为低温营养阶段,在施磷肥的基础上应配施氮、钾肥。因蓝藻15℃以上才能固氮,这时应补施适量氮肥,以促进生长。低温天气施适量钾肥能促进光合作用和增加满江红的抗寒能力。在日平均温度20~30℃时为常温营养阶段,这时应以施磷肥为主;日平均温度在30℃以上时为高温营养阶段,应在施磷的基础上适量施用氮肥,可以促进满江红和蓝藻两者共生关系的协调,提高蓝藻的固氮能力,促进满江红繁殖。铁、镁、硼、钙、钼、钴等对加速满江红生长和提高固氮量亦不可缺少。满江红能生长在 pH 3.5~10.0 的环境中,但最适 pH 为 6.5~7.5。在 0.5%浓度的盐分溶液中能正常生长,可作耐盐的先行作物。满江红的养分含量随品种和生长状况而异,正常情况下,满江红含水分 94%左右,含氮 0.24%左右,含磷 0.02%左右,含钾(K_2O)0.12%左右。

(2) 繁殖　满江红可进行无性繁殖和有性繁殖。目前主要是利用无性繁殖,无性繁殖是通过萍体的侧枝断离和次生侧芽进行的,这种方式繁殖快,成本低。在适宜的条件下,3~4 d 产量可翻一番。有性繁殖是利用孢子繁殖,可通过采集孢子培养有性苗繁殖。孢子形成多在春秋季。采孢方法是将萍体捞出堆沤,使萍体腐烂,再晒干粉碎,最后将干萍粉置于筛上,于水上漂洗,即可获得纯度高、质量好的孢子。在播种前将孢子和细土按 1∶(10~15)拌匀,即可播种。播种量每亩 10 kg。在南方,孢子作为越夏作物及秋繁利用,一般采取秋播。在北方,将孢子作越冬保种,春繁利用,播后要覆盖塑料薄膜等,覆盖期在 30 d 以内,一般当萍苗生长到 25~30 张小叶以后,即可逐渐拆除覆盖物,锻炼幼苗。

(3) 利用

① 稻行放养　利用水稻移栽后的稻行间水面放养,俗称稻田养萍。满江红在稻行间生长期为 20~30 d,采用压青、药物杀灭、滋生霉菌(自然倒萍)等倒萍形式,作为水稻的追肥。

② 冬水田放养　冬季田间积水,不宜种植其他绿肥作物,可充分利用冬水田及冷浸田水面和光能,放养满江红。

③ 夏、秋短期放养　利用 10 d 以上的空闲时间放养满江红。如连作稻专用秧田的放养利用;冬绿肥田翻耕以后即放养细叶满江红,离插秧前一般 10 多天时间,每亩鲜萍产量也可达 1 500~2 500 kg。

④ 河塘水面放养　选择水面平稳、水质较好的内河或池塘水面放养满江红,这样既不占地,又可提供大量的绿肥和饲料。

(4) 满江红冬夏保种

① 越冬　低温是阻碍满江红越冬期生长,甚至造成死亡的主要原因,所以,做好满江红的安全越冬,是放养中极为重要的环节。必须因地制宜加强管理,采取适当的保种方法。

● 塘泉水越冬:在浙江、湖南等地,利用泉水塘、泉水田放养满江红越冬。

● 废热水越冬:利用发电厂或其他工厂排出的无毒、无油污的废热水,引入田间或渠道小河,放养满江红。

● 覆盖越冬:在严寒地区,也可以选择背风向阳的屋边田块,挖成低于地面的萍床,在萍床的北沿筑成低的防风泥墙,在萍床的上方采用塑料膜、玻璃或草棚覆盖保暖防冻,对满江红的保种繁殖有良好的效果。

② 越夏　夏季高温对满江红的生长极为不利,可采用以下方法。

- 泉水(冷水)田越夏:泉水田水温低,克服了高温的影响,同时亦减轻了虫、藻危害,成本低,管理简单,是夏保夏繁的理想场所。

- 湿润放养越夏:采用遮阳棚、树荫下湿润放养,即养萍田面上不留水层,保持湿润,使萍根扎入土中,以提高越夏能力。

- 利用单季晚稻田过渡越夏:单季晚稻田插秧比较迟,前期夏保处于发棵阶段,遮阳度比较适中,具有遮光、降温的效果,可以达到夏保夏繁的目的。

- 冷藏越夏:夏萍留种量很小,可采用萍体冷藏保种。

（5）稻田放养技术

① 放萍要适期适量　气温高、稻苗健壮时,可在插秧前放养或边插边放,每次放萍250~300 kg,以满天星的形式放萍。气温低,稻苗小,可在插秧后 7~10 d 放萍。

② 管理

第一,勤施萍肥。施肥种类和数量要根据温度高低、萍体颜色、水质及土壤肥瘦等确定。在水温 10~15 ℃时施用氮、磷、钾肥均有良好作用;在水温 20~30 ℃的常温阶段,以及夏季高温时,以施磷肥为主。以萍体颜色而言,萍体呈绿色,施磷不施氮;红绿相间的,以磷、氮配合施用;红多绿少的,以氮肥为主,配施磷肥。以土质、水质而言,肥田少施,瘦田勤施。

第二,勤灌浅灌。放养期间要勤灌、浅灌,这样可调节土壤空气和热量状况,又利于红萍根系吸收养分。

第三,防治病虫害。稻田养萍要注意蚜虫、萍象甲、萍灰螟、萍螟的危害,做到经常检查,及时防治,避免出现"虫倒萍"。

③ 及时倒萍　稻田养萍的增产作用是通过萍体腐解释放养分来实现的。要根据当地气候条件、水稻生长规律和萍种特性确定倒萍期和倒萍量,控制萍体在稻行间生长时间为13~15 d,达到 2 000 kg/亩左右;水稻行间若形成"自然倒萍"的光、温、湿条件,可实现自然倒萍,也可利用除草剂(五氯酚钠)及人工压青等方法进行药剂倒萍或人工倒萍。

2. 水葫芦

水葫芦又名凤眼莲、凤眼兰、洋水仙等。水葫芦为雨久花科凤眼莲属多年生水生植物。水葫芦浮生于水面,须根,根系发达;叶簇生,叶柄中下部膨大似葫芦,故有"水葫芦"之称。水葫芦鲜草含氮 2.0%、磷 0.4%、钾 2.0%、粗蛋白 1.2%左右;适应性强、繁殖快、产量高,又能净化水质,可在河港、湖泊、池塘、沟渠中生长,是优良绿肥兼饲料作物,现广泛栽培于全国各地。

水葫芦喜温暖多湿条件,适宜生长温度为 25~32 ℃。超过 40 ℃生长受抑制,较耐寒。0 ℃以下,叶片虽枯萎,但根茎和叶芽仍有生命力,能适应各种环境,在水面或潮湿洼地上均可生长,耐湿性也较强。

水葫芦以无性繁殖为主,即靠叶腋抽出葡萄枝,形成新株。在一定水肥条件和适宜温度下,繁殖速度快,产量高。单株 1 月内可繁殖到 10~40 株,最高可达 80 株。水质瘦的,需增施肥料;流动水面采用分格围养,防止种苗散失,通常每亩水面年产鲜草 2.5 万~5 万 kg。由于水葫芦原产于热带,冬天越冬保种是关键。在冬季气温不低于 0 ℃时,可以自然越冬;但在冬季冰冻地区,应采取保温措施,常用薄膜或草帘等方法覆盖防冻,也可利用工业余热水、温泉水引灌种苗田,或用温室防冻。

水葫芦吸钾能力特强,能有效回收利用水中的养分,还能吸收水中的金、银、汞、铅和有毒物质铬、镉等金属,是一种很好的净化水质植物,也是美化环境的观赏植物。

能力培养

当地主要绿肥作物的识别和田间生长状况记载

1. 训练准备

根据班级人数,按照每 3~5 人一组,分成若干组,每组选择当地种植绿肥作物的地区,并准备以下材料和用具:手持式放大镜、有刻度的直尺、天平(感量 0.1 g)、5 号筛子。

2. 操作步骤

通过实践,要求学生能识别当地绿肥作物的主要品种,初步掌握绿肥作物的观察记载标准和方法。

当地主要绿肥作物形态特征观察记载项目有:植物类别、根的类型、茎的类型、叶的类型、叶形、叶缘、花冠、花色、花序、果实种类、果皮颜色、果形、种子形状、种皮颜色等(详见《植物生长与环境》教材相关部分知识)。形态特征近似的绿肥作物,应注意其主要区别点。本次实践主要记载绿肥作物田间生长状况。

(1)生育期

① 播种期　实际播种日期,用年、月、日表示。

② 出苗期　用月/日表示。全区内有 10% 的幼苗出土的日期为出苗初期,50% 的幼苗出土的日期为出苗(盛)期。出苗数达 90% 以上时为齐苗期。

③ 分枝期　10% 以上植株开始出现分枝的日期为分枝初期,50% 以上的植株生出分枝时为分枝盛期。

④ 伸长期　全田有 50% 以上植株主茎开始伸长并出现明显节间的日期。

⑤ 现蕾期　50% 以上的茎枝(包括主茎及分枝)开始出现花蕾的日期。

⑥ 初花期　25% 以上的茎枝开始开花的日期。

⑦ 盛花期　75% 以上的茎枝开始开花的日期。

⑧ 结荚期　50% 以上的茎枝开始结荚的日期。

⑨ 成熟期 75%以上的荚已成熟(荚果呈黄色、浅黄色)的日期。

⑩ 种子收获期 实际收获种子或种荚的日期。

(2) 生育动态考查

① 实苗数 小区内定2~5点,每点面积0.25 m²(条播时每点取0.5 m长),越冬前和越冬后各调查一次,注明调查日期,记载植株总数。先换算成每亩理论苗数,再乘以土地利用率,得出每公顷实苗数。

② 分枝数 分枝数包括主茎及分枝在内,收获时取植株10~20株,记载每株平均分枝数。

③ 株高增长情况 在越冬前、现蕾期、初花期、盛花期、收获期各调查一次,注明调查日期。每次取20株平均,测量从地面到植株最高叶片顶端的长度(cm)。

④ 植株重量增长情况 一般只测地上部分。将各生育期测量株高后的植株称重,计算平均每株鲜重(g/株),再经晒干(或60~70 ℃温度下烘干),然后测得平均干重(g/株)。

(3) 经济性状考查

① 鲜草产量 初花至盛花期,选2~3点,每点割1 m²(或0.25 m²)的鲜草称重,并折算成每公顷鲜草产量。测定时要避免在雨后或早晨有露水时进行。

② 干草率 取植株20株,称得鲜重后切碎,在60~70 ℃下烘干或晒干,称重后求其干草率。

$$干草率(\%) = 干草质量(g) \div 鲜草质量(g) \times 100$$

③ 根重 在测定鲜草产量的同时,在小区选择生长均匀的2~3点,每点面积为0.25 m²。先割去地上部分,再挖取耕层内带土的根(深30~50 cm),浸泡于水中,在细筛上筛去土壤,称风干或烘干根重,并折算成每公顷根重。

④ 结瘤情况 在苗期、伸长期、现蕾期、花期、成熟期细心挖掘植株根系,观察根瘤的有无、大小、形状、着生部位、颜色及有效根瘤的多少。在结合测定根重时,可先将根瘤摘下测其鲜、干重。

⑤ 种子产量 收获后,将种子风干、扬净、称重,并折算成公顷产量。

⑥ 其他 如单株结荚花序数、花序结荚数、单株荚数、荚粒数、单株粒数、单株粒重及千粒重等。

3. 问题处理

(1) 列表比较当地主要绿肥的形态特征。

(2) 选择当地具有代表性的一两种绿肥作物,定点观察其生育期和经济性状,根据观察结果,分析该作物的优缺点。

将各观察项目以表格形式记载下来(表8-17、表8-18、表8-19可供参考)。

表 8-17　生育期记录表

绿肥名称	出苗期		分枝期		伸长期	现蕾期	初花期	盛花期	结荚期	成熟期	种子收获期
	出苗初期	齐苗期	分枝初期	分枝盛期							

表 8-18　生育动态记录表

绿肥名称	实苗数/(万/hm²)	分枝数/(个/株)	株高增长/cm					植株重量增长/(g/株)				
			越冬前	现蕾期	初花期	盛花期	收获期	越冬前	现蕾期	初花期	盛花期	收获期

表 8-19　经济性状记录表

绿肥名称	鲜草产量/(kg/hm²)	干草率/%	根重/(kg/hm²)	种子产量/(kg/hm²)	单株结荚花序数/(个/株)	花序结荚数/个	荚粒数/个	单株荚数/个	单株粒数/个	单株粒重/g	千粒重/g

随堂练习

1. 为什么要推广种植绿肥作物？绿肥作物的施用技术要点有哪些？

2. 当地有哪些绿肥作物？请讨论其利用方式及合理性。

任务 8.5　其他肥料

任务目标

知识目标：1. 掌握微生物肥料的概念、种类及作用。

2. 了解饼肥的成分、性质及施用方法。

3. 了解城市垃圾、污水等的利用。

技能目标：1. 能指导微生物肥料在农业生产中的应用。

2. 能指导污水的合理利用。

素质目标：1. 坚持节约资源和保护环境的基本国策。

2. 坚定科学合理开发使用微生物及城市垃圾等资源的信念。

 知识学习

一、微生物肥料

微生物肥料是指一类含有活微生物的特定制品,又称菌剂、生物肥料、菌肥(细菌肥料)等。它以微生物的生命活动过程和产物来改善植物营养条件,发挥土壤潜在能力,刺激植物生长发育,抵抗病菌危害,提高植物的产量和品质,并可以避免由化学肥料的大量施用所带来的种种弊端。微生物肥料在我国具有良好的生产应用前景。

(一) 微生物肥料的种类

微生物肥料的分类方法有多种。按照微生物制品中特定的微生物种类,将微生物肥料分为细菌肥料(如根瘤菌肥料、固氮菌肥料等)、放线菌肥料(如抗生菌类)和真菌类肥料(如菌根真菌);按照微生物的作用机制又分为根瘤菌肥料、固氮肥料、解磷细菌肥料;按照生物制品内含有微生物种类的多少,又可分为单一微生物肥料和复合微生物肥料。复合微生物肥料是当前生产中种类多、情况复杂,也是需要深入研究的一种肥料。

(二) 微生物肥料的作用

1. 增进土壤肥力

这是微生物肥料的主要功效之一。例如各种自生、联合或共生的固氮微生物肥料,包含的微生物在频繁的生命活动中可以增加土壤的氮素。又如多种溶磷、溶钾的微生物,可以将土壤中的难溶性磷、钾分解出来,转变为作物能吸收利用的磷、钾化合物。

2. 协助植物吸收营养

微生物肥料中重要的品种之一是根瘤菌肥料。施用后,其中的根瘤菌可以侵染豆科植物根部,在植物根上形成根瘤,生活在根瘤里的根瘤菌类菌体利用豆科植物宿主提供的能量,将空气中的氮转化成氨,进而转化成植物能吸收利用的谷氨酸类优质氮素,满足豆科植物对氮的需求。泡囊-丛枝(VA)菌根真菌可与多种植物根系共生,真菌丝可以吸收较多的营养供给植物吸收利用,其中对磷的吸收最明显,对活动性差、移动缓慢的锌、铜、钙等元素也有较强的吸收作用。

3. 刺激和调控植物生长

许多用于肥料生产的微生物种类,在生长繁殖过程中可以产生对植物有益的代谢产物,如生长素、吲哚乙酸、赤霉素、多种维生素、氨基酸等,能够刺激和调节作物生长,使作物生长健壮,营养状况改善,进而有增产效果。

4. 减轻植物病(虫)害

研究证明,多种微生物可以诱导植物分泌过氧化物酶、多酚氧化酶、苯甲氨酸解氨酶、脂

氧合酶、几丁质酶、β-1,3 葡聚糖酶等,参与植物防御反应,利于防病、抗病。有的微生物还能产生抗生素类物质,有的则由于在作物根区形成优势种群,使病原微生物难以生长繁殖而减少了作物病虫害的发生。

5. 对作物品质的影响

许多作物施用微生物肥料后,对其品质有良好的影响。已有研究证明,与豆科植物共生的根瘤菌固定的氮素主要输往籽粒,因此,用根瘤菌接种剂以后,豆科植物的籽粒蛋白质含量明显提高。有的微生物肥料施用后,可增加产品中的维生素 C、糖分和氨基酸含量。

(三) 微生物肥料的特点和施用

1. 特点

(1) 微生物肥料的效用是由制品中特定的有效活菌数决定的,对此类产品的有效活菌数有具体的规定,有效活菌数降到一定数量时,它的作用也就不存在了。除了活菌数量以外,还应有不同微生物特有的活性指标,目前有关活性指标尚在探索之中。

(2) 微生物肥料是一类农用活菌制剂,从生产到使用都要创造适合微生物的生存环境,主要是水分、pH、温度、载体中残糖量、包装材料等。如产品中水分过多,易滋生霉菌,过多的霉菌易造成种子霉烂、产生缺苗断垄现象;温度过高(如长时间在 35 ℃以上)或冻融、反复冻融,可导致产品中微生物活菌数量急剧减少。

(3) 微生物肥料作为活菌制剂具有有效期。产品刚生产出来时,活菌含量较高,随着保存时间延长和保存条件的变化,产品中的有效微生物数量逐步减少,当减到一定数量时,其有效作用则显示不出来。不同微生物肥料的有效期是不同的。使用者一方面要注意在有效期内使用,另一方面要注意维持微生物生命活动的必要条件。

2. 施用

(1) 注意适用作物和适用地区　我国国土面积大,土壤类型多,肥力状况差异大,作物种类多,品种更迭快,一种微生物肥料是否适用于本地区,各地推广部门应该做规范的田间试验,然后逐步推广。

(2) 注意施用技术　使用时切勿长时间暴露在阳光下,以免紫外线杀死肥料中的微生物。有的产品不宜与化肥混施,尤其是一些与固氮有关的微生物肥料,不宜与化学氮肥混用,以免影响微生物的有效性。拌种或蘸根是微生物肥料的常见用法。

必须指出,微生物肥料与富含氮、磷、钾的化学肥料不同,它是通过微生物的生命活动直接或间接地促进植物生长的,生产上不能用微生物肥料完全取代化学肥料或其他有机肥料。

二、饼肥

含油种子经过压榨去油后所剩的渣粕用作肥料的,统称饼肥。手工榨油机所产生的油粕一般为圆饼状;机械榨油的,油粕多为粉状。

我国饼肥的种类很多,主要有大豆饼、菜籽饼、芝麻饼、棉籽饼、蓖麻籽饼、桐籽饼、油茶饼等。农民历来把油饼看作优质肥料,一般多施用于瓜果、花卉、棉花等价值较高的植物上。由于油饼含有大量的有机质和蛋白质,又含有脂肪和维生素等,营养价值高,因此,从经济角度考虑,凡是可作饲料的油饼,最好先作畜禽饲料,而后用畜禽粪尿肥田,这样,既发展了饲养业,增加了畜禽产品,同时又增加了肥料来源,是一举两得之事。胡麻饼、杏仁饼中含有氢氰配糖物,棉籽饼含有棉酚,菜籽饼含有皂素,蓖麻饼含有蓖麻素,桐籽饼含有桐油酸和皂素,上述油饼所含化合物对牲畜有毒,所以不宜作饲料。但棉籽饼经过处理后,可作牛饲料。此外,大麻籽饼、柏籽饼、苍耳籽饼、椰籽饼、椿树籽饼均属含毒素的饼肥,都不能作饲料用,可直接作基肥施用。

(一) 饼肥的成分和性质

饼肥养分含量高,富含有机质和氮素,并含有相当数量的磷、钾及各种微量元素,一般含有机质 75%~85%,N 2%~7%,P_2O_5 1%~3%,K_2O 1%~2%(表8-20)。

表 8-20　主要饼肥的氮、磷、钾含量　　　　　　　单位:%

油饼种类	N	P_2O_5	K_2O
大豆饼	7.00	1.32	2.13
花生饼	6.32	1.17	1.34
芝麻饼	5.80	3.00	1.30
蓖麻籽饼	5.00	2.00	1.90
菜籽饼	4.60	2.48	1.40
桐籽饼	3.60	1.30	1.30
棉籽饼	3.41	1.63	0.97
茶籽饼	1.11	0.37	1.23

饼肥中的氮、磷多呈有机态。氮以蛋白质形态为主,钾盐都是水溶性的,所以油饼是一种迟效性的有机肥,必须经过微生物发酵分解后,才能发挥肥效。

(二) 饼肥的施用

饼肥是优质有机肥料,养料完全,肥力持久,适用于各类土壤和多种作物。尤其对瓜果、棉花、烟草等作物,能显著提高产量,并改进品质。

饼肥可作基肥、追肥。如果是饼粉,就可直接施用,否则需要碾细。一般在播种前 2~3周施用,翻入土中,以便充分腐熟。饼肥不宜在播种时施用,因为它在土中分解时会产生高温和生成各种有机酸,对种子发芽及幼苗出土均有不利影响。

饼肥作追肥时,必须经过腐熟,才有利于根系吸收利用。一般采用与堆肥或厩肥混合堆积的方式发酵;或用水浸泡数天,即可施用。施用方法是在植株旁开沟条施或穴施。饼肥用量每亩一般为 50~75 kg。

三、城市垃圾的利用

(一)成分和性质

城市垃圾是日常生活中的废弃物,成分复杂,数量很大。如果重视利用垃圾肥料,既可以改善城市环境卫生,又有利于农业生产。

垃圾的养分含量因来源不同而异,一般含全氮 0.18%~0.50%,全磷 0.23%~0.42%,全钾 0.29%~0.62%。

(二)施用方法

城市垃圾宜作高温堆肥。一般应经过筛选捣碎、消毒、拌匀等步骤。筛选是筛去砖块、石头、玻璃碴等杂物。经过筛选的垃圾可与人粪尿、马粪等有机肥混合,制成堆肥。这样可以促使垃圾中的有机物分解,增加养分,提高垃圾肥质量。

垃圾制成的混合堆肥一般用作城郊蔬菜地和大田作物的基肥,用量与圈肥相近,肥效良好。炉灰垃圾在充分碾碎后,施于黏重土壤上兼有改良土壤物理性状的作用。

四、污水的利用

合理地利用污水灌溉农田,能提高作物产量,并减少对环境的污染,化害为利。近年来,我国很多城市郊区农民利用污水灌溉,取得了良好效果。

(一)污水的种类和性质

污水按其来源,可分为生活污水和工业污水两种。生活污水多半是阴沟污水、稀薄人粪尿等,含有氮、磷、钾和有机物质。我国城市污水中平均养分含量为:N 39.8~45.1 mg/kg,P_2O_5 8.5~18.2 mg/kg,K_2O 13.1~20.6 mg/kg。生活污水的性质与人粪尿稀释后相似,可以直接用于农田。但因其含有较多的寄生虫卵、病菌及悬浮物、氯化物、硫酸盐等有害物质,在灌溉前一般应采用沉淀法去除虫卵。污水沉淀 2 h 后,可除去 80%的寄生虫卵。

工业污水主要是工矿企业在生产过程中产生的各种废水,它除植物所需要的某些养料外,还含有一定的污染物质。目前,在农业上利用较普遍的工业废水主要有石油工业废水和造纸工业废水,这些废水含有一定的肥料成分,但也含有一些有害物质,须经过处理后方可利用。

(二)污水处理

使用污水灌溉农田,为了不污染土壤和环境,必须经过处理。常用的处理方法是物理法。因污水中所含的固态和液态物质与水的密度不同,故可用静止和过滤的方法进行处理分离,使污水净化。通常利用格栅、隔油板、沉淀池等简单设施对污水加以处理。如在支渠、毛渠中经过高粱秆两次拦油,可明显减少污水中的含油量。污水经过沉淀池,由于流速降低,可使虫卵、煤灰、泥沙、悬浮物等有害物质下沉,从而使污水得到净化。

(三) 污水的灌溉技术

用污水灌溉农田应注意灌溉量,其基本原则是:大苗多浇,小苗少浇,作物现蕾开花期不浇;植株高的作物多浇,瓜果类作物少浇,块根类作物不浇等。这样既能发挥污水肥效,又能减少污水中的有害物质对植物食用部分的污染。此外,还可采用清水和污水轮灌或清水和污水混灌的方法,使污水得到合理利用。

能力培养

当地有机肥料施用情况调查

1. 调查准备

根据班级人数,按照每3~5人一组,分成若干组,由各组拟定调查提纲,经指导老师审阅修改后执行。

2. 调查活动

通过走访当地农业生产管理部门、农业技术人员、当地有规模的农场和有代表性的农户等,了解以下情况:

(1) 当地主要施用哪些有机肥料?

(2) 当地主要在哪些作物上施用有机肥料?

(3) 当地使用有机肥料的效果如何?

(4) 当地使用有机肥料存在哪些问题?

3. 调查报告

通过本次有机肥料施用情况调查,请写出目前当地有机肥料施用情况、存在问题及解决措施(不少于500字)。

随堂练习

1. 什么是饼肥?怎样合理施用饼肥?

2. 如何合理利用城市垃圾及污水?

3. 什么是微生物肥料?微生物肥料有什么作用?

4. 简述微生物肥料的特点和施用注意事项。

项目小结

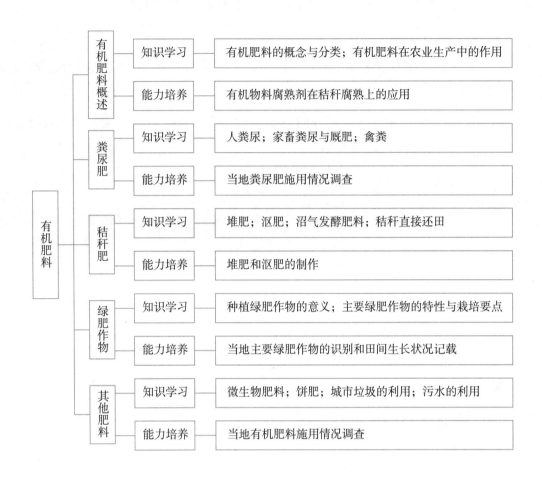

- 有机肥料
  - 有机肥料概述
    - 知识学习：有机肥料的概念与分类；有机肥料在农业生产中的作用
    - 能力培养：有机物料腐熟剂在秸秆腐熟上的应用
  - 粪尿肥
    - 知识学习：人粪尿；家畜粪尿与厩肥；禽粪
    - 能力培养：当地粪尿肥施用情况调查
  - 秸秆肥
    - 知识学习：堆肥；沤肥；沼气发酵肥料；秸秆直接还田
    - 能力培养：堆肥和沤肥的制作
  - 绿肥作物
    - 知识学习：种植绿肥作物的意义；主要绿肥作物的特性与栽培要点
    - 能力培养：当地主要绿肥作物的识别和田间生长状况记载
  - 其他肥料
    - 知识学习：微生物肥料；饼肥；城市垃圾的利用；污水的利用
    - 能力培养：当地有机肥料施用情况调查

项目测试

一、名词解释

堆肥；厩肥；绿肥；饼肥；微生物肥料。

二、单项选择题

1. 微生物活动需要适当的酸碱度，堆肥的(　　)环境有利于微生物生长繁殖。

A. 酸性　　B. 强酸性　　C. 中性及微碱性　　D. 碱性

2. 下列肥料中，典型的冷性肥料是(　　)。

A. 猪粪　　B. 牛粪　　C. 马粪　　D. 羊粪

3. 根瘤菌肥是一种(　　)肥料。

A. 有机　　B. 化学　　C. 生物　　D. 有机无机复合

4. 人粪尿必须经过贮存腐熟后才能施用，下列原因叙述错误的是(　　)。

A. 人粪尿中养分多呈有机态　　B. 人粪中常有病菌和寄生虫卵

C. 人粪尿为零星积攒的肥料　　　　　D. 人粪尿是以氮素为主的速效有机肥料

5. 下列有关垫圈法和冲圈法的叙述,正确的是(　　)。

A. 垫圈法肥料经常处于好气条件下分解　　B. 垫圈法比冲圈法有机质和氮素损失多

C. 冲圈法比垫圈法有利于猪的健康　　　　D. 冲圈法比垫圈法的猪圈造价低

6. 厩肥应依腐熟程度施用,下列说法错误的是(　　)。

A. 质地黏重的土壤应选用腐熟的厩肥　　　B. 生育期长的植物应选用腐熟的厩肥

C. 砂质土应选用半腐熟的厩肥　　　　　　D. 改土应选用腐熟程度差的厩肥

三、判断题

1. 畜粪比畜尿肥效快。　　　　　　　　　　　　　　　　　　　　　(　　)

2. 高温堆肥高温阶段腐殖化过程占优势。　　　　　　　　　　　　　　(　　)

3. 马粪、羊粪都是冷性肥料。　　　　　　　　　　　　　　　　　　　(　　)

4. 堆肥腐熟的高温阶段不应加水。　　　　　　　　　　　　　　　　　(　　)

5. 微生物肥料作为活菌制剂面临有效期问题。　　　　　　　　　　　　(　　)

6. 人粪尿是含氮为主的速效有机肥料。　　　　　　　　　　　　　　　(　　)

7. 堆制过程中肥堆内出现白点或白毛是过劲的征兆。　　　　　　　　　(　　)

8. 沼气肥是在好气条件下制取沼气后剩下的残渣和发酵液。　　　　　　(　　)

9. 带有病菌的秸秆不宜直接还田。　　　　　　　　　　　　　　　　　(　　)

10. 禽粪实际上是粪尿的混合物。　　　　　　　　　　　　　　　　　(　　)

四、简答题

1. 堆肥和沤肥在积制方法上有哪些异同点?

2. 简述微生物肥料的特点和使用注意事项。

3. 有机肥料在农业生产中有什么作用?

五、论述题

1. 人粪尿在腐熟发酵过程中有哪些变化?怎样防止发酵过程中的氮素损失?

2. 秸秆直接还田的主要作用是什么?为了提高还田效果,应注意哪些问题?

3. 为什么要发展种植绿肥作物?绿肥的施用技术要点有哪些?

项 目 链 接

土壤有机质与土壤固碳

土壤有机质是土壤的关键组分和肥力基础,构成了巨大的有机碳库,对气候变化有重要的调节作用。提升土壤固碳潜力对碳中和与农业可持续发展具有重要意义。

全球地表以下至 1 m 深的土层储存碳约 25 000 亿 t(15 500 亿 t 有机碳和 9 500 亿 t 的无机碳)。其中,有机碳库为大气碳库(7 500 亿 t)的 2 倍,接近陆地植被生物量碳的 1.8 倍。土壤有机碳库是地球表层系统中最大、最具有活性的生态系统碳库,其微小变化将对大气二氧化碳浓度产生巨大影响。据统计,全球每年因土壤呼吸(包括土壤生物呼吸和土壤中植物根系呼吸)释放的二氧化碳为 500 亿~760 亿 t,占陆地生态系统与大气间碳交换总量的 2/3,接近于大气碳库的 1/10。可见,土壤有机碳的保持与稳定对全球气候变化起着重要的调节作用,并影响着陆地生态系统的分布、组成、结构和功能。

土壤有机碳库主要集中在植物根系分布的表层。由于气候、植被和土壤类型等不同,土壤有机碳储量地理差异较大。例如,干旱区农田土壤有机碳密度较低,仅为 30 t/hm²,而在高纬度草原地区可高达 80 t/hm² 以上。据估算,全球土壤表层(20 cm 以内)有机碳储量约为 6 150 亿 t,占土壤剖面(1 m)有机碳总储量的 40%。土壤表层碳密度易受到人为活动的强烈干扰,因而土壤碳管理在全球环境管控中具有重要地位。

一、土壤有机质与土壤碳库

1. 土壤有机质及其类型

一般来说,土壤有机质主要来源于植物残体、根系及其分泌物,以及土壤微生物及其代谢产物,是不同分子大小和碳链结构的糖类、单宁、脂质、木质素、蛋白质和芳香族化合物等类群的有机物质的集合体。有机质组分在土壤中经历不同的分解与转化过程,同时与土壤矿物质和团聚体结合并受其保护。以闭蓄态或包被态等物理形式保护在土壤团聚体内和团聚体间的有机质,称为颗粒态有机质,属于潜在快速更新的碳库;而主要以化学结合态固定存在于矿物质组分的有机质,称为矿物结合态有机质,它们分解程度较高、分解较慢,属于抗性有机质,为慢更新碳库。因此,颗粒态有机质富集来源于植物的较新鲜有机质,微生物利用性较高,而矿物结合态有机质,因植物源有机质组分基本分解,主要为微生物来源的有机组分。另外,微生物分解产物短期可能仍以分解中间状态的小分子有机组分存在,环境中迁移性较强,这部分主要是可溶性有机质。土壤中的微生物,在测定土壤有机质时也能被检测到,且可以采用单独的熏蒸提取而测出来,这部分活的和死亡的微生物成为微生物生物量碳。一般地,微生物生物量碳占土壤有机碳的 1%~3%,特殊情形下可能占 5%。有机质丰富的土壤,颗粒态有机碳可能占主导地位,反之,以微生物来源为主的矿物结合态碳占优势。最近十多年气候变化研究证明,土壤中有机质积累实际上是植物源有机质不断被土壤/团聚体结合保护的结果,因此,土壤有机质与团聚体发育不可分割,土壤有机质的保持实际上是土壤团聚体的发育和稳定的过程,这将碳库与土壤结构紧密地联系起来。

土壤团聚体是矿物质—有机质—微生物相互作用形成的土壤基本颗粒,是土壤生物地球化学循环及土壤肥力和质量的基本反应单元,是土壤有机质储存的重要场所。团聚体的建成可以理解为有机分子与矿物质颗粒的结合,先形成有机—无机复合体,然后通过新有机质(颗粒态有机质)胶凝为更大的团聚体。大团聚体是土壤中有机质—微生物—生物活性的功能活跃区域,因为栖于其中的微生物往往选择保持有可利用碳组分(如颗粒态有机碳)的微生境。土壤有机碳库形态的多样性分布和有机质分子组成的多样化构成了土壤生物多样性,并潜在影响土壤的生态系统功能多样性。随着团聚体保护与封存在土壤固碳中越来越得到重视,了解团聚体尺度有机碳的稳定与微生物活性的关系是理解土壤固碳与生态系统功能协调关系的核心问题。

有学者提出土壤有机质连续体概念模型,展现了土壤有机质理论应用的前景。该模型提出的观点涉及两个方面:一是土壤有机质分子的微生物分解与有机质分子在团聚体中的分布和空间隔离有关;二是有机质分子在团聚体中的存在与其和土壤矿物结合保护而避免微生物挖掘利用有关。因此,进入土壤的有机质的分解序列与其在团聚体中分布和结合稳定的序列存在契合关系。土壤中的有机质是一系列既处于不同分解阶段又结合或保护于不同粒径团聚体的生命来源的有机分子集合。考虑到有机质的分解程度和微生物参与分解的区系序列,分解程度较低的生物大分子和主要参与初期分解的真菌及其残体多存在于粒径较大的团聚体中,而充分降解释放的较小分子以及主要参与后期分解的细菌及其残留物趋向于向较小团聚体集中。团聚体结构中土壤微生境的多样性,可能赋予了土壤有机质的分子多样性与微生物区系及种群的多样性。

2. 土壤有机质的功能

土壤有机质的积累改善了土壤质量并促进了土壤功能的发挥,这尤其体现在农业生产力和土壤管理的可持续性方面。作为土壤的关键组成部分,有机质通过对土壤结构发育和地球生物化学过程的双重控制,对各种土壤过程起着调节作用,发挥着多种生态服务功能。这些功能主要表现在:① 保障生物量生产和能源生产;② 维持土壤生物多样性;③ 提供养分、保水和保肥的功能;④ 固碳和稳定气候变化功能;⑤ 改善土壤物理结构的功能;⑥ 生物激活功能,即刺激土壤生物(包括根系)代谢活动的功能,也包括可矿质化有机质对土壤微生物的激发效应。随着对土壤有机质含量、组成、结构和功能研究的深入和有机分子分离、检测和定量等有机化学分析及鉴定技术水平的提升,剖析土壤有机质的丰度、组成、结构及其生物活性的条件日益成熟。

二、不同生态系统中的土壤有机碳库

陆地生态系统主要包括森林生态系统、草原生态系统、农田生态系统与湿地生态系统等。其中,全球森林、草原和农田生态系统碳储量分别占整个陆地生态系统碳储量的46%~56%、29%~31%和5%~8%。这些生态系统中土壤有机碳储量所占比例较大,其有机碳库变化和调控是陆地生态系统碳循环与气候变化反馈的核心机制。

森林生态系统是陆地生态系统中最大的碳储库和碳吸收汇。森林土壤按1 m深估算,其有机碳储量达7 900亿~9 300亿t,是全球土壤有机碳储库的主要贡献者。按照生态系统的碳库估算,全球森林土壤层持有的有机碳库分布为:北方针叶林 4 710 亿 t,热带亚热带森林 4 800 亿 t,温带森林 1 000 亿 t。可见,在全球碳库中,保护北方森林和热带森林具有优先地位。在中国,森林土壤有机碳主要储存于东北黑土区和热带亚热带红黄壤地区。北方苔原土壤碳库对日益加剧的全球变化最为敏感,而热带森林土壤碳库因植被退化最不稳定,所以温带森林土壤可能是大气二氧化碳浓度的主要调节者。

草原生态系统是世界上分布最广的植被类型。据估算,世界草原面积约为 35 亿 hm^2,有机碳储量达到 7 600 亿 t,约占陆地生态系统总有机碳储量的 15%,其中近 90% 以有机碳的形态贮存在草原土壤层中。在草原生态系统中,土壤有机碳的来源主要是植物残根和凋落物。草原中土壤有机碳主要集中于 0~20 cm 的表层土壤中,其中 0~10 cm 土壤有机碳含量是深层土壤(80~100 cm)的 4~10 倍。草原土壤随着水分递减,碳密度也在逐渐降低,其中黑钙土、暗栗钙土、栗钙土与同纬度的森林土壤碳密度相当。

农田生态系统指全球农田,面积约为 13.7 亿 hm^2,其有机碳储量约为 1 700 亿 t,超过全球陆地有机碳储量的 10%。不同土地利用方式下土壤碳储量存在较大差异。例如,水稻土作为长期水耕熟化下形成的人为土壤,固碳能力显著高于其他农业土壤。在我国,近 30 万 hm^2 的水稻土碳库为 13 亿 t,碳密度 46 t/hm^2 以上,而农业土壤的平均有机碳密度仅为 36 t/hm^2 左右。从农田土壤有机碳在剖面的丰度分布来看,表层土壤由于容易受到农业固碳措施的影响,其含量大大高于深层土壤。

湿地生态系统也是陆地生态系统的重要组成之一,尽管全球湿地面积仅占陆地面积的 4%~6%,但因湿地植物较高的生物量生产率和较低的分解率,湿地土壤能够储存大量的有机碳。全球湿地土壤总碳库为 5 500 亿 t,占全球陆地土壤碳库的 1/3。如果这些有机碳全部释放到大气中,大气二氧化碳浓度将增加约 50%,全球平均气温将升高 0.8~2.5 ℃。研究表明,湿地土壤有机碳密度,一般在 150 t/hm^2 以上,很多沼泽和泥炭湿地的碳密度高达 300 t/hm^2。在一些泥炭沼泽湿地,表层土壤有机质含量高达 50% 以上。全球湿地碳绝大多数储存在泥炭地中,主要分布于北半球温带及寒带地区。湿地作为温室气体的储存库、排放源和吸收汇,对全球气候变化具有重要的影响,湿地开发因造成温室气体排放而越来越受到诟病。

三、农业土壤固碳措施

联合国政府间气候变化专门委员会第四次评估报告指出,农业温室气体减排潜力 90% 是通过土壤固碳,因此,通过适当的农业管理措施,农业土壤可以发挥较大的固碳作用,从而减少农业生产引起的土壤温室气体排放。农业上主要的土壤固碳措施有以下几种。

秸秆还田是常见的农业管理措施,也是重要的土壤固碳途径之一。作物秸秆是农业生产过程中的主要副产品,含有丰富的氮、磷、钾等营养元素和其他微量元素,是一种宝贵的可再生有机资源。秸秆还田不仅能改善土壤结构,增加土壤团聚体稳定性,提高土壤中养分含量,而且能促进作物生长,增加作物产量,尤其重要的是能增加土壤有机质含量、减少土壤温室气体排放。据估计,秸秆约占生产性农作物总生物量的50%,全球范围内每年农业生产约产生40亿t秸秆,具有巨大的固碳减排潜能。以中国江苏为例,2014年未被利用的秸秆资源相当于170万t标准煤,若将其全部还田,所返还的养分替代化肥可抵消36万t二氧化碳当量温室气体的排放;若将其全部进行热裂解炭化,则可以生产近130万t生物质炭,发电9.19亿kW·h,所生产的生物质炭有机碳含量为77万t,施入土壤相当于固碳280万t二氧化碳当量。综合土壤固碳和稻田甲烷减排,推广秸秆"旱重水轻"还田技术(即主要还田于旱作季,尽量少还田于稻作季),中国农田每年可减少二氧化碳排放当量约2.1亿t,相当于2000年中国全年二氧化碳排放量的6.2%。

生物质炭是有机物质在完全或部分缺氧的条件下低温热裂解生成的固态混合物,原料可包括作物秸秆、树木枝干、畜禽粪便和稻壳等,其在农业应用实现土壤固碳的技术近年来受到了广泛关注。由于生物质炭较为稳定,难以被微生物降解,使得其成为土壤的惰性碳库,只有5%的碳会通过土壤微生物的作用重新释放到大气,而土壤多固定了20%的碳。研究估计,如果能将作物秸秆、树木枝干等转化为生物质炭施于土壤,而不是直接燃烧,全球尺度下碳排放将降低12%~84%。国际生物质炭组织估计,到2040年,平均每年仅利用农林废弃物就可以减少3.67亿t二氧化碳当量温室气体排放。就全球作物秸秆的利用情况来看,发展以及推广应用低温热裂解生物质炭技术,对于农业应对气候变化和实现粮食生产可持续发展具有重要的意义。

保护性耕作已经被世界各国广泛采用。据联合国粮农组织统计,目前全球保护性耕作面积约为1.7亿hm²,占总耕地面积的11%。随着全球气候变化加剧,人类逐渐认识到自身活动,特别是耕作对土壤温室气体排放的贡献,保护性耕作作为一项有效减少温室气体排放的措施受到特别关注。研究表明,土壤有机质分解的关键在于有机质在土壤中失去团聚体的保护而被微生物所分解,在常规耕作模式下,土壤结构的破坏以及频繁的干湿交替作用,使原来受到团聚体保护的土壤有机碳暴露而被土壤微生物利用,导致土壤有机碳矿质化速率提高,加速了土壤碳的释放。实施保护性耕作后,减少了对土壤的扰动,一方面降低了土壤有机质的矿质化分解,另一方面还能够促进土壤团聚体的发育。研究表明,通过采用保护性耕作和其他农田管理措施,60%~70%的损失碳可被重新固定。在全球范围内,如果采用保护性耕作等碳管理措施,每年从大气中吸收固定的碳量为4亿~12亿t,相当于全球每年排放量的5%~15%。

四、土壤固碳与可持续农业

土壤有机质是耕地地力最重要的性状之一,是土壤质量和功能的核心。在农业生产中,土壤有机质是至关重要的决定因子。对于我国一些粮食主产区来说,年平均粮食单产水平与其耕地土壤的平均有机质水平密切相关。我国耕地面积约为1.3亿hm²,约占我国国土面积的 1/8。以占全球 7% 的耕地养活了全球 1/5 的人口,我国农业一直担负着保障不断增长人口的粮食安全的重任。然而,就碳密度来说,我国土壤总体上低于世界平均值。因此,提高我国农业土壤的碳密度对提升土壤肥力和保障粮食生产具有重要意义。

提升土壤固碳,从本质上看是从其量的平衡角度关注有机碳在土壤的封存,因而增加有机质储存成为农业固碳减排的主要途径。通过改善农业发展模式、发展可持续农业、提高农田土壤碳储量,实现温室气体减排是应对全球气候变化的必然要求,同时,也是提升土壤质量和作物产量的必然选择。以生物质炭为例,因其具有良好的理化性质和高度稳定性,在农田应用中不仅能实现短期土壤增碳的目标,而且能改良土壤、降低土壤污染、改善作物的生长环境而提升产量和品质。

可持续农业要求实现生态环保、高效多元化发展。在应对全球气候变化的大背景下,只有将生产效益和生态效益相统一,探索固碳与保持土壤健康、提高作物产量协同的可持续发展农业道路,发展一种全新的以低能耗和低污染为基础的绿色农业经济,才能全面实现农产品优质化、营养化、功能化,从而达到农业生态系统的持续良性循环。

项目 9

合理施肥与土壤培肥

项目导入

2022年5月16—20日,我校观光专业201班进行校园果树施肥管理实训实习。我校实训楼前边的果园里栽有大量果树,有杏树、梨树、樱桃树、李子树、苹果树、山楂树、山里红树等。春季果树开始发芽,生长速度较快,需要养分较多,所以要进行果树土壤施肥。果树土壤施肥的方法常见的有环状沟施肥法、放射状沟施肥法、条沟施肥法等。环状沟施肥法是在果树的树冠周围挖一环状沟,沟深20~30 cm,沟宽20~30 cm,施肥后覆土踏实即可;放射状沟施肥法是在距树木一定距离处,以树干为中心,向树冠外围挖4~8条放射状直沟,沟深30 cm,沟宽30 cm,沟长与树冠外沿相齐,肥料施在沟内,施肥后覆土踩实即可,来年在交错位置挖沟施肥。今年我们采用的是放射状沟施肥法。观光201班的同学实训态度很认真,施肥沟挖得笔直,沟深浅一致,施肥也非常均匀,提出表扬。

同学们兴高采烈地在果树下忙碌着。

"我们学校的杏子特别好吃!""我们学校的山梨、山楂也特别好吃!"学生们一边干活一边嚷道。

老师:"那是因为我们学校果园里不仅果树的品种好,而且土壤质地也比较好,土壤所含营养丰富,透水保肥能力强,果园肥水非常充足,同时,我校果园的环境又通风透光,果子才好吃的。"

同学:"那我们多给果树施点肥吧,让我们学校的果子结得多多的,那多好呀!"

通过本项目的学习,我们将了解植物营养的基本特性;植物施肥的主要环节与方法;合理施肥的基本原理及施肥量的确定方法;肥料合理混用的原则及具体做法;作物减肥增效技术;肥沃土壤的特征及培肥措施;低产土壤的种类、形成原因及改良利用方法;我国土壤资源的特点、存在问题及保护利用的注意事项。

本项目将要学习:(1) 植物的营养特性;(2) 肥料混合与合理施肥;(3) 作物减肥增效技术;(4) 土壤的培肥;(5) 我国主要低产土壤的改良利用;(6) 我国土壤资源的保护。

任务 9.1　植物的营养特性

任务目标

知识目标：1. 熟悉植物营养元素的种类。

2. 掌握植物营养临界期、植物营养最大效率期的概念及吸收养分的规律。

3. 掌握植物营养的共性和个性。

4. 熟悉施肥的环节与方法。

技能目标：1. 能指导生产中肥料的管理。

2. 能运用所学知识进行当地植物的合理施肥。

3. 能结合生产实际对植物营养元素失调症状进行诊断,并提出合理的施肥建议。

素质目标：1. 通过对植物营养需求的学习,了解我国绿色高效新型肥料已发展到世界领先水平,增强爱国主义情怀和民族自豪感。

2. 客观理性认识化肥只有适量施用,才能保护土壤,保护我们赖以生存的环境。

知识学习

植物体由水和干物质两部分组成。在一般新鲜的植物体内,含有 75%～95% 的水分和 5%～25% 的干物质。植物体干物质组成十分复杂,可分为有机物和无机物两大类。检测发现,植物体内有 70 余种化学元素,几乎包括自然界存在的所有元素。植物体内的各元素含量差异很大,植物对元素的吸收,除决定于它的营养特性外,还受到环境因素的制约。

一、植物必需营养元素

经生物试验证实,植物体内所含的化学元素并非全部都是植物生长发育所必需的,有些只是机械或偶然进入植物体内,甚至大量积累。因此,不能根据元素在植物体内有无和含量多少来判断其是否为植物生长所必需。确定必需营养元素有以下 3 个标准。

(1) 对植物生长发育来说是必不可少的,缺乏该元素时,植物生命周期不能完成。

(2) 缺少该元素时植物会表现出特定的症状,而且其他任何一种化学元素均不能完全替代其作用,只有补充这种元素后,症状才能减轻或消失。

(3) 该元素对植物起直接的营养作用,而不是因改善生活环境所产生的间接作用。

根据以上标准,到目前为止,已确定为植物必需的营养元素有 17 种,即碳(C)、氢(H)、

氧(O)、氮(N)、磷(P)、钾(K)、钙(Ca)、镁(Mg)、硫(S)、铁(Fe)、锰(Mn)、硼(B)、锌(Zn)、铜(Cu)、钼(Mo)、氯(Cl)和镍(Ni)。

在 17 种必需营养元素中,氮、磷、钾是除碳、氢、氧外植物需求量比较大、收获时带走养分比较多的元素,而收获后通过残茬和根的形式归还到土壤的数量少,常常表现为土壤中有效含量较低,在多数情况下需要通过施肥才能满足植物生长发育对其营养的需求。因此人们称氮、磷、钾这三种元素为"肥料三要素"或"植物营养三要素"。

根据植物体内含量的多少,将必需营养元素划分为大量营养元素、中量营养元素和微量营养元素。

(1) 大量营养元素　大量营养元素平均含量占植株干物重的百分之几十到百分之几,包括碳、氢、氧、氮、磷、钾 6 种。

(2) 中量营养元素　中量营养元素平均含量占植株干物重的百分之几到千分之几,包括钙、镁、硫 3 种,也称为次量元素。

(3) 微量营养元素　微量营养元素平均含量占植株干物重的千分之几到十万分之几,包括铁、锰、硼、锌、铜、钼、氯、镍 8 种。

上述植物必需营养元素中,碳和氧主要来自空气中的二氧化碳,氢来源于水,其他大部分都是从土壤中吸取的。由此可见,土壤不仅对植物生长起到支撑作用,而且是植物所需养分的最主要供应者。因此,土壤养分状况对植物生长和产量有着直接影响,尤其是土壤中有效态养分的含量对产量的影响更为显著。

除了植物必需的营养元素之外,有些元素对某些植物表现出一定的刺激作用或促进作用;有些元素只对某些植物生长是必需的,但对其他植物没有相同性;有些元素可以简单替代必需营养元素的某些功能,这些元素称为有益元素。例如,硅是水稻所必需的元素,钠对盐生植物和糖用甜菜的生长有促进作用等。

在植物体内,不论必需营养元素数量多或少,含量差距可能达十倍、千倍甚至十万倍,对植物生长发育来说都是同等重要的,任何一种营养元素的特殊功能都不能完全被其他元素所代替,这就是营养元素的同等重要律和不可代替律。

二、植物对养分的吸收

植物对养分的吸收主要依靠根系来完成,也可通过叶、茎等吸收养分,作为根系营养的补充。其中,通过根系吸收养分的过程称为根部营养,通过叶、茎等根外器官吸收养分的过程则称为根外营养。

(一) 植物的根部营养

1. 植物根系吸收养分的部位

根系是植物吸收养分和水分的重要器官。对于活的植物来说,根尖大致可以分为四个区,即根冠区、分生区、伸长区、根毛区。通常,根毛区是根尖吸收养分最活跃的区域,吸收的养分可以被快速运输到其他部位。分生区没有输导组织,所吸收的养分不能迅速运出而发生大量的积累,是根尖吸收养分最多的部位。植物的种类不同,其根系的类型不同,因此,吸收土壤中养分的效率也不同。

2. 植物根系吸收养分的形态

植物根系吸收养分的形态有离子态、分子态和气态,一般以离子态养分为主,其次为分子态养分。土壤中的离子态养分主要有一、二、三价阳离子和阴离子,如 K^+、Na^+、NH_4^+、Ca^{2+}、Mg^{2+}、Cu^{2+}、NO_3^-、$H_2PO_4^-$、SO_4^{2-}、MoO_4^{2-} 等离子。分子态养分主要是一些小分子的有机化合物,如尿素、氨基酸、磷脂、生长素等。而大部分有机态养分需要经过微生物分解转变为离子态养分后,才能被植物吸收利用。

3. 养分向根系迁移的途径

土壤养分必须到达根系表面之后,与根系接触才能被植物吸收。分散在土壤各个部位的养分到达根系附近或根表的过程称为土壤养分的迁移。土壤中的养分向根系迁移的方式有三种:截获、质流和扩散。

(1) 截获 截获是指植物根系在生长与伸长过程中,直接与土壤中的养分接触而获得养分的方式。因此,植物根系越发达,根毛越多,截获的养分数量也越多。一般根系截获的养分占植物吸收养分总量的 0.2%~10%,远远不能满足植物生长的需要。所以,截获作用不是养分迁移的主要方式。

(2) 质流 质流是指由于植物的蒸腾作用,植物根系吸收水分时带动养分由土体向根际土壤流动的过程。因为蒸腾作用和根系吸水,造成土体与根际土壤之间出现水势差,水分由土体向根际土壤流动,使得土壤溶液中的养分也随之迁移到植物根系的表面供植物吸收利用。一般来说,当气温高、植物蒸腾作用强、土壤溶液中养分浓度高时,通过质流作用到达植物根系表面的养分量多;反之则少。

(3) 扩散 扩散是指由于植物根系吸收养分,使得土体与根际土壤间出现养分浓度差而引起的土壤中养分迁移的现象。由于植物根系不断地从土壤中吸收养分,使得根际土壤出现养分亏缺区,养分沿着浓度梯度由土体向根际土壤迁移。这种迁移常受到多种因素的影响。影响扩散作用的因素主要有土壤含水量、养分扩散系数、土壤质地和温度等。NO_3^-、K^+、Cl^- 等在土壤中的扩散系数大,容易扩散;$H_2PO_4^-$ 扩散系数小,在土壤中的扩散较慢,但几乎全部的磷都是以扩散作用到达根表的。

扩散和质流是土体养分迁移至植物根系表面的主要方式。但在不同的情况下,这两个因素对养分的迁移所起的作用并不完全相同。一般认为,在长距离时,质流是补充根系养分的主要形式;在短距离内,扩散补充养分的作用较大。

4. 根系对养分的吸收

迁移至根系表面的养分,还要经过一系列复杂的过程才能进入植物根细胞内被吸收利用。养分种类不同,进入根细胞的部位不同,其机制也不同。关于植物对离子态养分的吸收方式,目前比较一致的看法是主要分为被动吸收和主动吸收两种形式。

养分究竟是如何进入植物细胞膜内的,到目前为止还不十分清楚。很多学者通过研究提出不少假说。解释植物主动吸收离子态养分的机制主要有载体学说、离子泵学说等。这里仅介绍载体学说。

载体学说是指生物膜上的某些分子载体可以选择性地与某种离子相结合,并可载运该离子通过生物膜,将离子释放到细胞质内。

许多试验表明,植物根系不仅能够吸收无机养分,也能吸收有机养分。植物根系吸收的有机养分主要是一些分子结构较为简单的有机化合物,如大麦吸收赖氨酸,玉米吸收甘氨酸,水稻幼苗能直接吸收各种氨基酸或核苷酸及核酸。有机养分究竟以什么方式进入根细胞,目前尚不完全清楚。有人用胞饮作用解释有机物的吸收。所谓胞饮作用,是指吸附在质膜上含大分子物质的液体微滴或微粒,通过质膜内陷形成小囊泡,逐渐向细胞内移动的主动转运过程(图 9-1)。

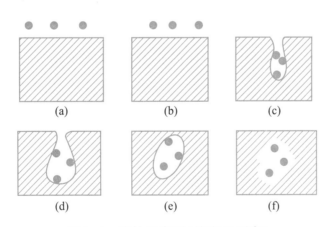

图 9-1　胞饮示意图(按字母顺序)

资料来源:金为民. 土壤肥料[M]. 2 版. 北京:中国农业出版社,2009.

总的说来,植物对离子态养分的吸收量远远多于有机态养分,而且吸收速率也要快得多。

(二) 植物的根外营养

在根部营养受阻的情况下,可及时通过对叶片、茎部等施肥进行补救。因此,根外营养是补充根部营养的一种辅助方式。

1. 根外营养的特点

(1) 直接供给养分,防止养分在土壤中被转化固定　通过叶面喷施能直接供给植物养分,减少土壤固定。某些微量元素如铁、锰、锌、铜等易被土壤固定,采取叶面喷施,可以提高肥料利用率。

（2）养分吸收转化速率快，能及时满足植物需要 有人将^{32}P涂在棉花叶部，5 min后发现各个器官内均含有^{32}P，尤以根尖和幼叶含量最高。10 d以后，各器官中的含磷量达到最高值。而根部施肥15 d后，植物吸收^{32}P的量仅接近于叶面施肥5 min时的吸收量。向土壤中施入尿素，一般4~5 d后才见效果；但叶面喷施2 d后就能观察到明显效果（表9-1）。由于叶部施肥的吸收和转化速度快，可作为消除某种缺素症、补救植物因遭受自然灾害而造成的损失及解决植物生长后期需要及时供给养分的问题。

表9-1 植物叶片吸收养分的速度

养分	植物	吸收50%养分所需的时间	养分	植物	吸收50%养分所需的时间
N（尿素）	柑橘	12 h	K	甘蔗	1~4 d
	苹果，菠萝	1~4 h	Zn	扁豆	1 d
	黄瓜，玉米	1~46 h	Mn	扁豆	1~2 d
	烟草	24~36 h	Fe	扁豆	1 d（吸收8%）
P	苹果	1~11 d	Mo	扁豆	1 d（吸收2%）
	甘蔗	15 d			

资料来源：周连仁，姜佰文，徐凤花，等. 肥料加工技术[M]. 北京：化学工业出版社，2007.

（3）直接促进植物体内的代谢作用，作用效果明显 采用叶面施肥，各种养分可直接从叶片进入植物体，参与植物的新陈代谢过程。试验证明，叶面施肥能显著提高酶的活性，增加光合作用和呼吸作用强度，促进植物体内各种生理反应，促进有机物的合成、转化和运输，从而有利于干物质的积累，提高产量，改善品质。

（4）降低成本，提高肥效 采用土壤施肥，由于肥料固定、挥发、渗漏、流失等，肥料损失严重。若要达到相同的养分吸收效果，叶面施肥与根部施肥相比，肥料用量仅为根部施肥的1/10~1/5。根外施肥不仅用肥量少，效率高，还可与植物生长调节剂、农药配合施用，从而节省劳动成本，提高生产效益。

2. 影响根外营养的因素

（1）溶液组成 植物叶片对不同养分吸收的效率是不同的。就钾肥而言，叶片吸收速率$KCl > KNO_3 > KH_2PO_4$；对氮肥来说，叶片吸收速率尿素>硝酸盐>铵盐。在喷施生理活性物质和微量元素肥料时，可以加入尿素促进吸收，防止叶片出现暂时黄化。

（2）溶液浓度和溶液pH 在一定浓度范围内，植物叶片吸收养分的速度和数量随浓度提高而增加。所以，在叶片不受肥害的情况下，应适当提高喷施肥料的浓度，促进吸收。但如果浓度过高，叶片会出现灼烧症状。尤其高浓度的铵态氮肥对叶片的损伤最为严重，可添加少量蔗糖抑制这种损伤作用。

一般而言,肥料溶液呈酸性,有利于阴离子吸收;肥料溶液呈碱性,有利于阳离子吸收。所以,如果要供给阳离子,溶液的 pH 应调至微碱性;如果要供给阴离子,溶液的 pH 应调至微酸性。

(3)溶液湿润叶片的时间　溶液湿润叶片的时间与叶片施肥的效果密切相关。试验证明,如果能使营养液湿润叶片的时间超过 0.5~1 h,叶片吸收养分数量就多。因此,叶面施肥最好选择在下午或傍晚无风的天气进行。雨天或雨前不宜进行叶面追肥。此外,喷施时加入湿润剂以降低溶液的表面张力,增加溶液与叶片的接触面积,可明显促进叶片对养分的吸收。

(4)植物叶片的类型　双子叶植物如棉花、油菜、豆类、薯类等叶面积大,叶片角质层较薄,溶液中的养分易被吸收。单子叶植物如水稻、小麦、玉米等叶面积较小,叶片角质层较厚,营养液易随平行脉流失,溶液中养分不易被吸收,因此对单子叶植物施肥时应将溶液浓度加大或增加喷施次数。

(5)喷施次数和部位　各种营养元素进入植物体后,其移动性是不同的。据研究,移动性很强的元素为 N 和 K,其中 N>K;移动性较强的元素有 P、Cl、S,其中 P>Cl>S;部分移动的元素为 Zn、Cu、Mn、Mo 等,其中 Zn>Cu>Mn>Mo;不移动的元素有 B 和 Ca 等。在喷施不易移动的元素时,必须增加喷施次数,同时注意喷施部位,如铁肥只有喷施在新叶上效果才好。通常每隔一定时间连续喷施的效果,比一次喷施的效果好。但也不宜喷施次数过多,以免增加劳力,增大成本。因此在生产实践中以 2~3 次为宜。

此外,植物叶片表面的表皮组织是栅栏组织,比较致密;叶片背面是海绵组织,比较疏松,细胞间隙大,故叶片背面吸收养分的速率快。所以喷施溶液时,叶的正反两面都要喷,尽量喷施均匀、细致。

3. 常用根外肥(叶面肥)的配制

常用根外肥(叶面肥)的配制见表 9-2。

表 9-2　常用根外肥(叶面肥)的配制

叶面肥类型	常用浓度/%	配制方法	适用范围	注意事项
尿素水溶液	1~2	0.5~1.0 kg 尿素对水 50 kg	所有作物	
过磷酸钙浸出液	1~3	过磷酸钙过筛后 1 份加水 10 份,搅拌放置 1 d,取上部清夜即可	多数作物	所用过磷酸钙必须是优质品
硫酸钾或氯化钾水溶液	1~1.5	0.5~0.75 kg 钾肥对水 50 kg	硫酸钾可用于多数作物,氯化钾忌氯作物除外	氯化钾因含有氯离子,喷施浓度不宜过大

续表

叶面肥类型	常用浓度/%	配制方法	适用范围	注意事项
磷酸二氢钾水溶液	0.2~0.5	100 kg 水中加入磷酸二氢钾 200~500 kg（可加 100 g 洗衣粉增强叶面吸附力）	多数作物	可用于浸种
锌肥水溶液	0.1~0.2	100 kg 水中加入 100~200 g 硫酸锌	多数作物	
硼肥水溶液	0.2~0.3	100 kg 水中加入 200~300 g 硼砂或硼酸	棉花、油菜等十字花科作物	
钼肥水溶液	0.05~0.1	100 kg 水中加入 50~100 g 钼酸铵	豆类	
锰肥水溶液	0.05~0.1	100 kg 水中加入 50~100 g 硫酸锰	棉花、豆类、果树	
铁肥水溶液	0.1~0.5	100 kg 水中加入 100~500 g 硫酸亚铁	多用于果树类	

资料来源：金为民．土壤肥料［M］．2 版．北京：中国农业出版社，2009.

三、植物营养的共性与个性

不同的植物种类其营养特性是不同的。即便是同一种植物，在不同的生育时期其营养特性也是有差异的。所以，只有了解植物在不同生育期对营养条件的需求特点，才能有效地应用施肥手段进行合理调节，从而达到提高产量、改善品质和保护环境的目的。

植物营养的共性，是指不同植物在营养方面的需求多数是相同的。如高等植物生长发育都需要 17 种必需营养元素，缺少某一种元素就无法完成正常的生长活动，这种特性就属于植物营养的共性。

植物营养的个性，是指不同植物或同一种植物不同生育期对养分需求有其特殊性。植物营养的个性主要有以下几种表现。

1. 不同植物需要的养分不同

如叶类蔬菜需要较多的氮；豆科植物需要较多的磷；块茎、块根类植物如红薯、土豆等需要较多的钾；油菜、甜菜、苹果需较多的硼；玉米、菠菜需要较多的锌；花生、甘蓝需要较多的铁等。

2. 不同植物或同种植物不同类型吸收养分的能力不同

如豆科植物能很好地利用难溶性磷肥中的磷，玉米只有中等利用能力；粳稻比籼稻需要养分多,杂交水稻比常规水稻需养分多。

3. 不同植物对不同肥料的适应性不同

不同植物对不同肥料的适应性不同,不同植物对养分形态的反应也有差别,如北方大田农作物施磷适宜使用过磷酸钙,而南方则适用钙镁磷肥;水稻适宜施用铵态氮肥,棉花则适宜施用硝态氮肥;葱、蒜喜欢硫素,烟草则忌氯;番茄生长发育前期宜施铵态氮肥,后期宜施硝态氮肥。

四、植物营养的连续性和阶段性

植物从种子萌发到新种子形成的整个生长期内,要经历许多不同的生长发育阶段。除前期种子营养阶段和后期根部停止吸收养分的阶段外,其他阶段都要通过根系从土壤中吸收养分。植物从土壤中吸收养分的整个时期,称为植物的营养期。在此期间,植物要连续不断地吸收养分,以满足生命活动的需要,称为植物营养的连续性。因每个阶段的营养特点有所差异,植

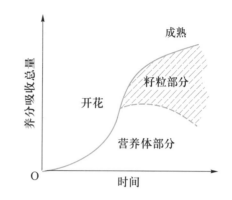

图 9-2 植物生长发育期间养分吸收量及养分在营养体与籽粒中的分配

资料来源:宋志伟. 土壤肥料[M]. 北京:高等教育出版社,2009.

物对养分种类、数量和比例的要求也不同(图 9-2),这就是植物营养的阶段性。

在植物营养期中,植物对养分的需求有两个时期极为关键,一个是植物营养临界期,另一个是植物营养最大效率期。

1. 植物营养临界期

植物营养临界期是指营养元素缺乏、过剩或比例不平衡,对于植物生长发育产生显著不良影响的那段时期。在这个时期,植物对养分的需求在绝对数量上不多,但很敏感,需求迫切,此时若缺乏该养分,则会显著影响植物的生长和发育,即使以后再补充或调整养分的供应,也难以弥补损失。

大多数植物的磷素营养临界期出现在幼苗期,小麦、水稻、玉米磷素营养临界期在三叶期,棉花在二、三叶期。水稻氮素营养临界期在三叶期和幼穗分化期,棉花在现蕾初期,小麦和玉米一般在分蘖期和幼穗分化期。钾的营养元素临界期资料较少,有资料显示,水稻在分蘖初期和幼穗形成期。由此看出,植物营养临界期一般在幼苗期,即种子养分耗竭与根系吸收土壤养分的转折期。所以,在农业生产中,培育壮苗、施足基肥、施好种肥对植物高产来说尤为重要。

2. 植物营养最大效率期

在植物生长发育过程中,有一个时期植物需要养分的绝对数量最多,吸收速率最快,且养分作用效率最大,这个时期称为植物营养最大效率期,也称强度营养期。

植物营养最大效率期因植物不同而异。一般而言,植物营养最大效率期出现在生长最

旺盛和形成产量最高的时期,即植物生长中、后期。此时植物生长量大,需肥量多,对施肥反应最为敏感。就氮而言,稻、麦最大效率期在分蘖期,玉米在喇叭口和抽雄初期;棉花的氮、磷最大效率期在花铃期;甘薯的磷、钾最大效率期在块根膨胀期。

植物营养临界期和最大效率期是植物营养和施肥的两个关键时期,在这两个时期,如能根据植物自身的营养特点,及时供应植物所需养分,就能显著提高产量。

同时,必须指出的是,植物营养有它的阶段性,也有其连续性。施肥时既要满足植物营养阶段性的要求,还要注意养分吸收的连续性。即要考虑植物整个生育期对养分的需求状况,并结合各营养阶段特点进行。做到基肥、种肥、追肥相结合,以达到高产、优质、低成本、高效益的目的。

能力培养

植物营养缺素症的观察与诊断

1. 技能目标

通过观察视频资料、图谱以及实物,对当地作物缺素典型症状有所认识,并能利用实物进行观察,初步掌握识别不同缺素症状的方法。

2. 方法原理

在作物生长发育过程中,需要 17 种必需营养元素,而且各种营养元素间按一定的比例保持相对的平衡,当某种营养元素相对缺乏或过剩时,作物正常生长会受到影响,并可能在外形上出现异常生长的症状。由于各种营养元素的作用和功能不同,导致植物的外观症状也不同。有些缺素症状比较典型,通过植物外观症状就能判断出来,有些缺素症状表现不典型,除借助外观诊断外,还需采用施肥诊断或化学诊断的方法才能判断出来。因此,诊断植物营养缺素症状的方法,一般有外观诊断、施肥诊断和化学诊断 3 种。

(1)外观诊断　外观诊断一般是根据植物的形态、颜色,植物的长相、长势等情况,与正常生长发育的植物进行比对,从而判断植物营养的丰缺状况。

(2)施肥诊断　如果通过外观诊断不能确认植物缺少某种元素,可采用根外营养的方法进行诊断。其做法是分别配制 0.1%~0.2% 浓度的含有怀疑缺乏的系列营养元素的溶液,分别喷到做好标记的疑似病株叶部,也可将各处理病叶分别浸泡到溶液中 1~2 h,还可将各溶液分别涂抹到处理病叶上,隔 7~10 d 看施肥前后以及各个处理的叶色、长相、长势等的变化,确认缺乏元素。

(3)化学诊断　化学诊断的方法通常是对土壤和植物进行营养元素含量测定,再对照各种营养元素缺少的临界值加以判断,或对照参考标准确定植株所处的营养水平。

本操作以外观诊断为例,施肥诊断和化学诊断可根据需要查阅相关资料。

3. 材料准备

主要材料和用具有缺素植株标本、有缺素症状作物的试验田、常见作物缺素症图谱、多媒体播放器等。

4. 操作步骤

(1) 看图像　首先采用多媒体教学手段,观看植物缺素症的图像,并与健康植株进行比较分析。

(2) 实地观察　在试验田中选择有明显缺素症的植物,最好选择当地几种主要植物的不同时期的缺素症,进行多次观察,进行营养诊断。

(3) 分析诊断　根据形态观察的初步结果,查对作物营养元素缺乏症检索简表(表 9-3),再参考表 9-4 几种主要作物缺乏氮、磷、钾的症状,进行综合分析,做出正确诊断。

表 9-3　作物营养元素缺乏症检索简表

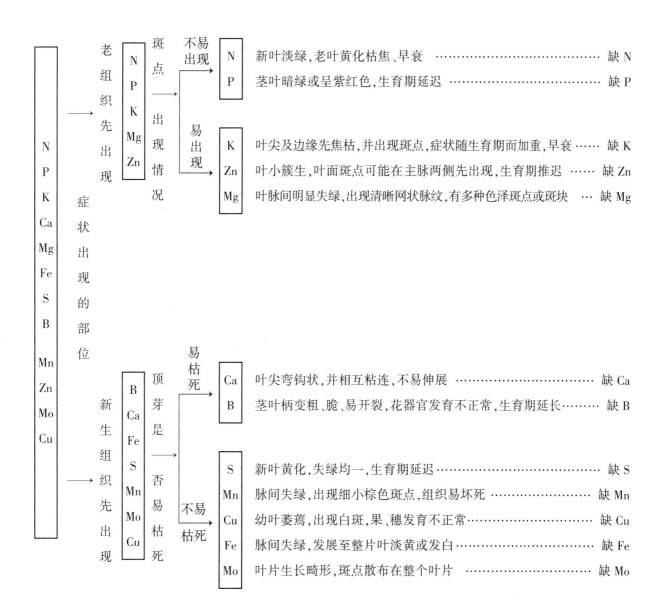

表 9-4　几种主要作物缺乏氮、磷、钾的症状

作物	缺氮	缺磷	缺钾
水稻	植株矮小,分蘖少,叶片小,呈黄绿色,结穗短小	叶片细弱,呈浓绿色,严重时有赤褐色斑点,根系发育不良,分蘖少,生育期延长	叶色蓝绿,软弱下垂,叶面有赤褐色斑点,直至枯黄,易倒伏
小麦	叶片稀少,叶色发黄,植株细长,分蘖少,穗短小	叶片紫褐色,植株细小,分蘖少,抽穗成熟延迟	老叶尖及边缘黄焦,茎秆细,叶柄短而软弱,易倒伏
棉花	叶色发黄,植株矮小,分枝少,结桃、坐桃率低	叶色暗绿,植株矮小,结铃成熟期延迟,棉籽不饱满	叶片有黄白色斑块,叶尖及叶缘有棕色斑点,向下卷曲,棉铃小,吐絮差
大豆	叶片出现青铜色斑块,渐渐变黄而干枯,植株矮小,分枝少	叶色浓绿,叶片尖窄直立,植株矮小、生长缓慢,开花后叶有棕色斑点,根瘤发育不良	叶片黄绿,叶面皱缩,叶尖及叶缘黄色部分最后呈棕色而干枯
花生	叶片淡黄,基部发红,根瘤很少,植株生长不良	老叶蓝绿色,基部发红,根瘤发育不良	叶色淡绿。边缘枯焦,生长受抑制
甜菜	叶片形成迟缓并显著减少,先是老叶由淡绿变黄绿色,继而全株呈黄绿色,老叶枯死	叶片暗绿,叶丛矮小,比正常植株直立,以后叶缘出现红色或红褐色病斑,并逐渐扩大,直至枯落	老叶尖和叶缘开始变黄,继而呈枯焦状,逐渐蔓延至中部;叶面皱曲,叶柄不易折断,或呈棕色斑点或条纹
番茄	生长缓慢,从老叶开始失绿,渐渐发黄,果实小,色淡	生长迟缓,茎叶呈紫红色,叶片小,株型矮小似发僵,果实小,易开裂	先从老叶叶脉间开始发黄,逐渐扩展加深变褐色,叶脉绿色清晰,最后枯萎,果实小,呈浅褐色
黄瓜	生长缓慢,从老叶开始失绿,渐渐发黄,果实色浅呈白绿色,靠果柄前一段很细,果实端部靠花蒂一段突然膨大成畸形果	叶色深绿,发育不良,果实畸形,呈镰刀形,色深	先从老叶叶脉间开始发黄,逐渐扩展加深变为褐色,最后枯萎,果实小,花蒂部分稍弯,呈黄绿相间色
大白菜	生长缓慢,叶片从下向上渐渐发黄,株型小	生长缓慢,老叶发黄,中间叶色深绿	下部叶子变黄,出现浅黄褐色斑块,逐渐枯焦

续表

作物	缺氮	缺磷	缺钾
苹果	叶小,淡绿色,老叶橙色、红色或紫色,提早脱落。叶柄和小枝夹角变小,枝条褐红色,短而细,果芽和花稀少,果小色深	叶小,深绿带铜色,分枝减少,叶稀疏,果小	开始时叶尖失绿,随后坏死或呈烧伤状,这些症状首先出现在基部枝条或果枝叶片上,之后逐渐向嫩叶发展
梨	下部老叶发黄,新叶变小,严重时全树叶片淡黄至黄色,老叶红色,提前脱落,幼树发育受阻形成"小老树",成年树衰老快,花芽减少,果小,果肉中石细胞增多,成熟提早	无明显形态症状,主要是生长受阻,花、果少,开花成熟期延迟,早期落叶	由于纤维素、木质素减少,枝长细弱,叶色变黄,逐渐坏死,有的叶片叶缘生长缓慢,但中部生长较快,形成杯状卷曲或皱缩
柑橘	新叶发黄,小而稀,叶落早,花小且落花落果多,严重时小枝枯死,果小,缺氮初期叶子出现黄斑,继而全叶变黄	症状多在花芽和果实形成期出现,叶片失去光泽,暗绿色,老叶有褐斑,严重时呈紫红色,花少,果皮厚而粗糙,味酸,叶片稀少,树冠矮小	老叶叶尖叶缘黄化,叶小,沿主脉皱缩,呈畸形,果小,皮厚而光滑,落果多,抗寒抗旱能力下降

5. 注意事项

（1）植物的长势及形态表现不仅与营养有关,还要考虑生长习性和光、温、水等环境条件,避免诊断错误。

（2）植物同时缺乏各种营养的症状不多见,一般是先表现出最易缺乏的营养症状。

（3）不要和植物的其他病害症状相混淆。

（4）营养元素不能横向移动,所以有时可以看到植株的一侧或叶片的一半出现更典型的症状。

6. 训练报告

报告内容:时间地点、方法原理、操作过程、数据记录、收获与体会等。

随堂练习

1. 确定植物必需营养元素的标准是什么?

2. 养分向根系迁移有哪几种方式?

3. 植物根系营养有哪些特点?

4. 什么叫植物营养临界期？

5. 什么叫植物营养最大效率期？

任务 9.2　肥料混合与合理施肥

任务目标

知识目标：1. 了解肥料混合的原则。

　　　　　2. 掌握几种常用肥料混合的方法。

　　　　　3. 了解合理施肥的基本原理。

　　　　　4. 掌握施肥量确定的原则和方法。

　　　　　5. 掌握肥料利用率的概念及影响因素。

技能目标：1. 能指导生产中肥料混合施用。

　　　　　2. 能指导施肥量的确定。

　　　　　3. 能指导农业生产中的合理施肥。

素质目标：1. 懂得合理利用肥料等资源的重要意义，懂得维护农业可持续发展的重要性。

　　　　　2. 懂得过量施肥对农产品品质的影响和人类健康的危害，激发对生命的敬畏之情。

📖知识学习

施肥就是按照作物特性，将各种养分进行搭配，分期分批供给作物，满足作物对各种养分的需要。为了达到这个目的，在生产实际中，常将几种肥料混合在一起施用。因为肥料正确混合后，可以取长补短，有利于肥效的提高，同时也节约了施肥时间和劳力。但绝不是任何肥料都可以随意混合的。

一、肥料混合的原则

肥料混合，应遵循以下原则。

（1）肥料混合后，不能使其中任何一种养分的有效性降低或引起养分的损失。

（2）肥料混合后，能使肥料的物理性质得到改善，至少不会产生不良的物理性状，便于贮藏和使用。

（3）肥料混合后，肥料中的养分种类和比例要适合植物营养的需要。

二、正确混合肥料

肥料能否混合分为以下几种情况。

（一）可以混合

几种肥料混合后,不但养分没有损失,而且能够改善肥料的物理性质。

1. 化肥与有机肥料混合

堆肥、厩肥与过磷酸钙混合施用,可减少磷的固定;堆肥、厩肥与钙镁磷肥、磷矿粉混合,可促进难溶性磷的溶解;人粪尿与少量过磷酸钙混合后形成磷酸二氢铵,可以防止或减少氨的挥发损失。

2. 化肥与化肥混合

硫酸铵与过磷酸钙混合,可提高肥效,对土壤无不良影响;磷矿粉与硫酸铵混合,可使磷矿粉肥效提高;尿素与过磷酸钙混合生成磷酸尿素,可减少尿素在土壤中转化为氨而造成损失;硝酸铵与氯化钾混合,物理性变好,潮解性较小,便于施用。

（二）可以暂时混合,但不宜久放

有些肥料可以混合,但不宜久放,应立即施用。如果混合后存放时间过长,会引起肥料中养分含量的损失,或物理性质变坏。如过磷酸钙与硝态氮肥混合后易引起肥料潮解,使物理性质变坏,不便施用,同时还会引起硝态氮逐渐分解,造成氮的损失;尿素与氯化钾混合,放置时间过长会增加肥料的吸湿性,影响施用,所以,它们混合后应立即施用;普钙与碳酸氢铵混合,碳酸氢铵加入量在10%以内为宜。

（三）不可混合

这类肥料如果混合施用,就会引起养分的损失。例如,铵态氮肥中的硫酸铵、碳酸氢铵,硝态氮肥中的硝酸铵,腐熟的粪尿类肥料与草木灰、石灰、钙镁磷肥等碱性肥料都不能混合施用,若混合会使氮素挥发损失。过磷酸钙也不能与碱性肥料混合,如混合施用会降低有效磷的含量。

肥料混合情况可参见图9-3,要根据具体情况正确混合肥料。

三、合理施肥的原理

合理施肥是一项理论性和技术性都很强的农业措施。肥料的合理施用,包括有机肥料和化学肥料的配合、各种营养成分的适宜配比、肥料品种的正确选择、经济的施肥量、适宜的施肥时期和施肥方法等。施肥是否合理的主要标志是能否提高肥料利用率,以及施用量是否经济、适宜。深刻认识植物营养的特性和规律,是合理施肥的理论基础。

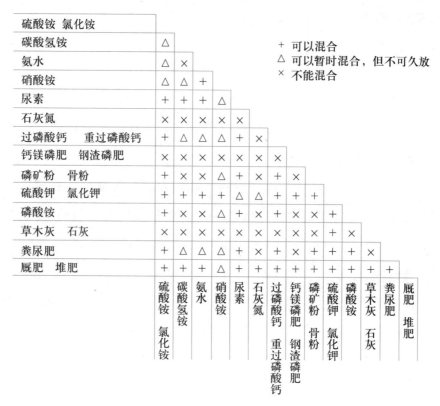

图 9-3　肥料混合情况

(一) 养分归还学说

植物在生长发育过程中,从土壤摄取其生活所必需的矿质养分。每茬植物的收获必然要从土壤中带走某些养分,于是使得这些养分物质在土壤中越来越少。如果不把植物从土壤中所摄取的养分物质归还给土壤,最后土壤就会变得十分瘠薄。用施肥的办法,可使土壤养分的损耗与营养物质的归还之间保持着一定的平衡,这就是养分归还学说。

养分归还学说的要点如下。

(1) 随着植物的每次收获,必然要从土壤中取走大量养分。例如,亩产 500 kg 稻谷,水稻的地上部分要从土壤中摄取 N 8.5~12.5 kg,P_2O_5 4.5~8.5 kg,K_2O 10.5~11.5 kg。亩产 304.8 kg 小麦籽粒,从土壤中摄取养分量分别为:N 8.4 kg,P_2O_5 4.7 kg,K_2O 5.7 kg。

(2) 如果归还于土壤的养分不协调,地力必然会下降,造成作物产量降低,甚至一无所获。这一事实,已为生产上的大量试验所证明。

(3) 要完全避免土壤因植物生长发育而消耗营养物质是不可能的,但是恢复土壤中所消耗的物质是可能的,办法就是施肥。

养分归还学说突破了过去局限于生物循环的范畴,强调通过施肥,扩大物质循环圈,使植物的高产优质和高效益成为可能。

(二) 最小养分律

在植物生长发育过程中,如果缺乏一种或几种必需营养元素,按植物需要量来说,最缺的那种养分就是最小养分。这种最小养分往往是植物产量或品质的限制因子,就像导致木桶漏水的最短的那块木板一样,找出植物生产最缺的元素,就找到了限制植物产量或品质的关键因素(图9-4)。植物产量的提高常常取决于这一最小养分数量的增加。而无视这个限制因素的存在,即使增加其他营养成分,也难以提高植物的产量。这就告诉我们,在施用肥料时,应该找出植物所需各种养分之间的适当比例关系,才能够经济、有效、合理地施用肥料。

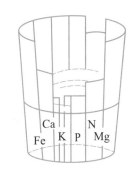

图9-4　最小养分律木桶图解

最小养分律的基本要点如下。

(1) 最小养分是指按植物对养分的需要量来讲,土壤供给能力最低的那一种。所以,决定植物产量的是土壤中某种对植物需要来说相对含量最少而非绝对含量最少的养分。

(2) 最小养分不是固定不变的,而是随条件变化而变化的。将最小养分元素增加到能满足植物需要的数量时,这种养分就不再是最小养分了,而另一种营养元素又会成为新的最小养分(见图9-5)。

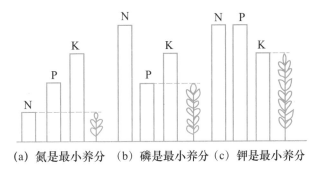

(a) 氮是最小养分　(b) 磷是最小养分　(c) 钾是最小养分

图9-5　最小养分随某种植物生长阶段而变化示意图

(3) 如果不是最小养分的元素,施用再多,也不能进一步提高植物的产量,而且还会降低施肥的经济效益。

总之,最小养分律告诉我们,施肥一定要因地制宜,有针对性地选择肥料种类,缺什么养分,就施什么养分。这样不仅可以较好地满足植物对养分的需要,而且由于养分能平衡供应,植物对养分利用也比较充分,从而达到增产、节肥和提高施肥效果的目的。

（三）报酬递减律

在农业生产实践中,大量施肥和产量关系的试验资料表明:植物产量水平较低时,产量随施肥量的增加而增加。当产量达到一定水平后,在其他技术条件(如品种、灌溉、种植密度等)相对稳定的前提下,虽然产量随着施肥量的增加而提高,但植物的增产幅度却随着施肥量的增加而渐次递减。这种趋势反映了客观存在的肥料经济效益问题,即随着施肥量的增加,施肥的经济效益有逐渐减少的趋势。也就是说,在一定土地上所得到的报酬,开始是随着向该土地投入的肥料费用的增加而增加,而后随着投入的费用进一步增多而逐渐减少。

报酬递减律说明,不是施肥越多越增产。运用这一原理,在生产中应注意投入(施肥)与报酬(增产)的关系,找出经济效益高的最佳方案,避免盲目施肥。

(四) 因子综合作用律

因子综合作用律指植物丰产是由影响植物生长发育的各种因子,如水分、养分、光照、温度、空气、品种及耕作条件等综合作用的结果。为了充分发挥肥料的增产作用,一方面,施肥措施必须与其他农业技术措施密切配合,如施肥与灌溉相结合可以大大提高施肥的经济效益;选用耐肥的、新的植物品种可以显著提高肥料的增产效果等。另一方面,各种肥料之间的配合施用,也应该因地制宜地加以综合运用。

应用上述施肥基本理论指导施肥实践时,必须注意到植物吸收养分是一个主动的、有选择的吸收过程;植物必需的营养元素中,每一种营养元素在植物新陈代谢上都各有其独特功能,彼此之间不能互相代替;作物的营养期与其生育期基本上是吻合的,但并不完全一致。因此,把握因子综合作用律,可以促进植物良好生长发育,达到优质、高产、高效益和改良培肥土壤的目的。

四、施肥的环节与方法

在农业生产中,大多数植物要通过基肥、种肥和追肥三个基本的施肥环节才能满足营养需要。由于植物种植方式不同,每一个施肥环节所起的作用不同,因此,每个环节的施肥方法也就随之不同。

(一) 基肥的施用方法

基肥在农村常称底肥,是指在植物播种或移栽定植前结合土壤耕作施用的肥料。基肥在施肥环节中占有重要地位,它的任务是培肥土壤和供给植物整个生育期中所需的养分。基肥的施用量比较大,一般占总施肥量的一半以上(以含养分计),多以肥效持久的有机肥料为主,并适当配合化学肥料。基肥的施用方法因植物种类不同而有区别。

1. 大田作物基肥施用方法

(1) 撒施法　是施基肥常用的方法。在犁地前,把有机肥料均匀撒施于地表,然后结合犁地翻入土中。密植作物和施肥量较大的迟效性肥料,均可采用此种方法。

(2) 条施法　是沿植物种植行开沟施肥的方法。适于条播、垄作植物施肥。

(3) 穴施法　是将肥料先施入植物种植穴中,与土混合后再播种的方法。这种方法适于穴播稀植作物和宽行中耕作物。

(4) 分层施肥法　这种施肥方法是结合深耕,分层施入肥料,以满足植物各生长发育阶段对养分的需要。在施用数量上,土壤的上、中层多于下层;在肥料施用质量上,上层施速效性肥料,下层施迟效性肥料;瘦地多施,肥地少施。

2. 果树基肥施用方法

(1) 放射状沟施肥法　是在距树一定距离外,以树干为中心,向树冠外围挖 4~8 条放射状直沟,沟深、宽各 50 cm,沟长与树冠半径一致,肥料施在沟内,施后盖土,来年再交错位置挖沟施肥(图 9-6)。这种施肥法适用于成年果树。

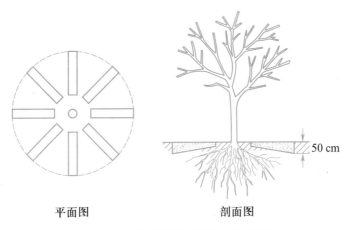

平面图　　　　　剖面图

图 9-6　放射状沟施肥法示意图

(2) 环状沟施肥法　是在树冠外围下的地面上,挖一环状沟,深、宽各 30~60 cm,肥料施入沟内后覆土踏实。来年再施肥时,可在第一年施肥沟的外侧再挖沟施肥,以逐年扩大施肥范围(图 9-7)。这种方法适用于根系分布范围小的幼年果树。

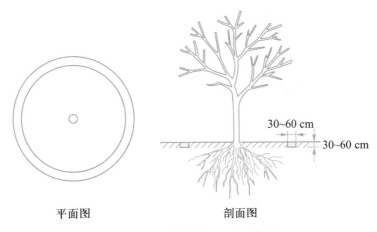

平面图　　　　　剖面图

图 9-7　环状沟施肥法示意图

(3) 全园施肥法　是将肥料撒施在果树行间或株间,然后耕锄入土。此法适用于成年果树。全园施肥法、放射状沟施肥法和环状沟施肥法结合进行,效果更好。

基肥可用单质肥料,也可将多种肥料混合施用。混合施用可以按照植物营养特点和土壤肥力状况调整基肥中各种营养元素比例,提高肥效,因此效果更好。

（二）种肥的施用方法

种肥是在植物播种或定植时，将肥料施于种子附近或与种子混合施用。种肥的任务是满足植物幼苗阶段对养分的需要。常用速效性化肥或腐熟的有机肥作种肥。主要施用方法如下。

（1）拌种　将肥料与种子混合拌匀后，直接播种。

（2）浸种　将可溶性的肥料溶于水后，配制成不同浓度的肥料溶液，将种子浸泡在配制好的肥料溶液中，一定时间后，捞出晾干播种。

（3）盖种　是将腐熟的有机肥或颜色较深、质地较轻的肥料与土或沙混合后盖在种子的上面。盖种施肥除可给幼苗提供养分，还可保墒，促进种子萌发。

种肥施用不当会引起烧种、烂种，造成缺苗。因此，凡是浓度过大的肥料，过酸、过碱或含有毒物质的肥料，以及容易产生高温的肥料，均不能作种肥。在土壤墒情不足时，不能施用种肥。种肥的用量不可过大。用化学肥料作种肥时，除浸种外，肥料和种子应隔开，分别施播。

（三）追肥的施用方法

追肥是指在植物生长发育期间施用的肥料。目的是在植物生长发育期间，特别是迫切需要营养期间，及时满足植物对养分的迫切需要。追肥多以速效性化肥为主，腐熟良好的有机肥料也可用作追肥，但要深施入土。追肥的施用方法如下。

（1）撒施　一般结合中耕覆土或灌水时施用。将肥料均匀撒施于地表，然后进行中耕覆土或灌水。

（2）条施　距植株茎秆 5~10 cm 处开沟，将肥料施入后覆土，或用施肥器（如耧等）将肥料施入土中。这种方法多用于小麦、谷子、大豆等密播植物。

（3）穴施　是用锄或锨开穴，施入肥料后再覆土。也可在植株基部土壤上打洞，将肥料施入后盖土，或将肥料溶于水中，用壶浇入洞内覆土。此法适用于稀播植物中后期追肥。

（4）随水灌施　是结合灌水，把化肥或流质腐熟有机肥撒在进水口处，让肥料随水渗入土壤。此法省工，肥效快且均匀，但应注意灌水量不可过大，以防养分流失。

（5）根外追肥　根外追施是用肥少、收效快、肥效高的一种辅助措施。根外追肥有根外喷施法和组织浸施法。根外喷施法是将肥料配制成一定浓度的溶液，直接喷洒在植物茎叶上；组织浸施法是将植物组织浸入配制好的肥料溶液中，直接供给植物养料，如水稻的蘸秧根、甘薯的蘸浸苗等。根外追肥的技术关键是根据植物种类确定溶液的浓度和追施时期。

果树的追肥，可以选用环状沟施肥法或放射状沟施肥法。

五、施肥量的确定

(一) 确定施肥量的原则

在农业生产中,确定适宜的施肥量,是一个复杂的问题。因此,应遵循以下原则。

1. 全面考虑与合理施肥有关的因素

必须深入了解植物、土壤、肥料三者之间的关系,还应结合环境条件(日照、气温、降雨量等)和相应的农业技术条件综合考虑植物施肥量。各种条件综合水平高,施肥量可适当大些,否则应适当减少。只有综合分析才能避免主观、片面性。

2. 施肥量必须满足植物对养分的需要

植物获得一定的产量必然要消耗一定量的土壤养分,而施肥量必须足以补充植物消耗的养分数量,避免土壤养分亏缺,肥力下降,不利于植物的持续增产。

3. 施肥量必须保持土壤养分平衡

土壤养分平衡包括土壤中养分总量和有效养分的平衡,以及各种养分间的平衡。施肥量除能平衡土壤养分总量与有效养分以外,还能适当加大限制植物产量提高的最小养分的数量,以协调土壤各种养分的关系,保证各种养分平衡供应,满足植物需要。对于土壤养分含量过高的,可以少量施肥或不施肥,以免造成植物营养失调和降低其他养分的有效性。

4. 施肥量应能获得较高的经济效益

在肥料效应符合报酬递减律的情况下,单位面积施肥的经济性,随施肥量的增加而增加,到达最高点后即下降。因此,在肥料供应充足的情况下,应以获得单位面积最大利润为原则确定施肥量。

5. 确定施肥量时,应考虑前茬植物所施肥料的后效

一般认为,无机氮肥没有后效。磷肥的后效与肥料品种有很大关系,水溶性磷肥和弱酸性磷肥,当季植物收获后,大约还有 2/3 留在土壤中,第二季植物收获后,约有 1/3 残留在土壤中,第三季植物收获后,大约还有 1/6,第四季植物收获后,已残留很少,在生产实际中不再考虑其后效。钾肥的后效,一般认为第一季植物收获后,大约还有 1/2 留在土壤中,第二季植物收获后,约有 1/4 残留在土壤中。在确定施肥量时,应考虑肥料的后效,对后效长的肥料,可适当减少用量。

(二) 确定施肥量的方法

确定施肥量的方法较多,常用配方施肥法。配方施肥法是根据植物需肥规律、土壤供肥性能与肥料效应,在以有机肥为基础的条件下,产前提出氮、磷、钾或微肥的适宜用量和比例,以及相应的施肥方法的一项综合性科学施肥技术。以肥料的定量依据,将配方施肥分为三大类型,即地力分区配方法、目标产量配方法和田间试验配方法。目前普遍应用的是田间试验配方法中的养分丰缺指标法和目标产量配方法中的养分平衡法。

1. 养分丰缺指标法

此法是利用土壤养分测定值和植物吸收土壤养分之间的相关性,对不同植物通过田间试验,把土壤测定值划分为若干等级,制订养分丰缺及施肥数量检索表。应用时,先采土化验,然后对照丰缺指标检索表,确定土壤养分丰缺状况,再确定施肥量。表 9-5、表 9-6 是河南省土壤肥料站(简称土肥站)在小麦上经试验建立的丰缺指标。

表 9-5　潮土、水稻土小麦土壤有效磷丰缺指标(河南)

相对产量/%	潮土(P_2O_5)/ (mg/kg)	水稻土(P_2O_5)/ (mg/kg)	级别
50	<3	<4.6	极低
50~70	3~7.3	4.6~9.5	低
70~80	7.3~12.1	9.5~14.1	中
80~90	12.1~20.1	14.1~22.5	较高
>95	>26.1	<30.1	高

表 9-6　水稻土小麦土壤有效钾丰缺指标(河南)

相对产量/%	有效钾/(mg/kg)	级别
<50	<24.2	极低
50~70	24.2~49.6	低
70~90	49.6~115.3	中
>90	>115.3	高

土壤养分丰缺指标的确定,是通过特定的试验与相关的校验研究,以相对产量(即以处理中缺某一元素的小区产量除以氮、磷、钾全肥区产量)表示,小于 50% 对应的土壤养分测定值为极低,相对产量 50%~70% 对应的土壤养分测定值为低;相对产量 70%~80% 对应的土壤养分测定值为中,相对产量 80%~90% 对应的土壤养分测定值为高,相对产量大于 95% 对应的土壤养分测定值为极高。土壤养分丰缺的程度可反映施肥增产效果的大小。一般来说,当土壤养分测定值达到"高"时,说明施肥效果不明显,可暂不施肥。相反,在"极低"范围内,则施肥效果显著,应适量施用肥料。

确定了丰缺指标后,再根据以氮定磷、以磷定氮肥效试验结果编制施肥检索表。如以河南省土肥站编制的潮土区小麦施肥量检索表(表 9-7)为例,就可查出与土测值和相对产量对应的施肥量。

表 9-7　河南省潮土区小麦施肥量检索表

相对产量/%	肥力等级	土壤速效养分含量/（mg/kg）		建议施肥量/（kg/亩）			
		有效氮	速效磷	有机肥	N	P_2O_5	N：P_2O_5
<50	极低	<50	<3.0	2 000	9~11	7.0	1：0.7
			3.0~7.3			5~7	1：0.6
			7.3~12.1			4~5	1：0.45
50~70	低	50~70	3.0~7.3	2 000	8~10	5~7	1：0.67
			7.3~12.1			4~5	1：0.60
			12.1~20.1			3~4	1：0.40
70~80	中	70~80	3.0~7.3	2 500	7~9	5~7	1：0.75
			7.3~12.1			4~5	1：0.56
			12.1~20.1			3~4	1：0.44
80~90	高	80~90	7.3~12.1	2 500	3~6	4~5	1：0.64
			12.1~20.1			3~4	1：0.50
			12.1~20.1			3~4	1：0.50
>95	极高	>90	20.1~26.0	3 500	4~6	2~3	1：0.70
			>26.0			不施	1：0

土壤养分丰缺指标法的优点是直观性强,定肥简捷方便,缺点是精确度较差。由于氮的相对性很差,此法一般只用于磷、钾和微肥。由于我国土壤类型、作物种类多,各地在应用这一定肥方法时,可参考当地农技部门提供的有关资料。

2. 养分平衡法

此法也称植物平衡施肥法,是计算植物合理施用氮、磷、钾三要素肥料数量的方法,即按设计植物产量所需养分量,减去土壤当季可供给植物的养分量,所剩余的差数则用肥料进行补充,以满足植物生长发育的需要,不至于造成肥料的浪费,强调平衡施用肥料,做到施肥合理适量。

利用养分平衡法确定施肥量,必须掌握植物需肥量、土壤供肥量和肥料利用率三个重要参数。

（1）植物需肥量　通过植物成熟收获物的养分含量分析,可得作物需肥量（表 9-8）。

表 9-8　不同植物形成 100 kg 经济产量携出的养分数量　　　　单位:kg

作物		收获物	N	P₂O₅	K₂O
大田作物	水稻	稻谷	2.1~2.4	1.25	3.13
	冬小麦	籽粒	3.00	1.25	2.50
	春小麦	籽粒	3.00	1.00	2.50
	大麦	籽粒	2.70	0.90	2.20
	玉米	籽粒	2.57	0.86	2.14
	谷子	籽粒	2.50	1.25	1.75
	高粱	籽粒	2.60	1.30	3.00
	甘薯	块根(鲜)	0.35	0.18	0.55
	马铃薯	块茎(鲜)	0.50	0.20	1.06
	大豆	籽粒	7.20	1.80	4.00
	豌豆	籽粒	3.09	0.86	2.86
	花生	果荚	6.80	1.30	3.80
	棉花	籽棉	5.00	1.80	4.00
	油菜	菜籽	5.80	2.50	4.30
	芝麻	籽粒	8.23	2.07	4.41
	烟草	鲜叶	4.10	0.70	1.10
	大麻	纤维	8.00	2.30	5.00
	甜菜	块根(鲜)	0.40	0.15	0.60
	甘蔗	茎(鲜)	0.30	0.08	0.30
蔬菜作物	芹菜	全株	0.16	0.08	0.42
	洋葱	葱头	0.27	0.12	0.23
	茄子	果实	0.30	0.10	0.40
	大葱	全株	0.30	0.12	0.40
	胡萝卜	块根	0.31	0.10	0.50
	菠菜	全株	0.36	0.18	0.52
	黄瓜	果实	0.40	0.35	0.55
	卷心菜	叶株	0.41	0.05	0.38
	番茄	果实	0.45	0.50	0.50
	萝卜	块根	0.60	0.31	0.50
	架芸豆	果实	0.81	0.23	0.68

续表

作物		收获物	N	P$_2$O$_5$	K$_2$O
果树	苹果(国光)	果实	0.30	0.08	0.32
	梨(十一世纪)	果实	0.47	0.23	0.48
	桃(白凤)	果实	0.48	0.20	0.76
	柿(富有)	果实	0.59	0.14	0.54
	柑橘(温州蜜橘)	果实	0.60	0.11	0.40
	葡萄(玫瑰露)	果实	0.60	0.30	0.72

根据表 9-8 的数据,就可以计算出实现植物计划产量指标所需养分总量。计算公式为

实现植物计划产量所需的养分总量(kg/亩)＝计划产量指标×植物单位产量养分吸收量

（2）土壤供肥量　是指一季植物在生长期内从土壤中吸收携出的养分数量。它是植物种植前土壤中已含有有效养分与当季植物生长期间由难溶性养分转变而来的有效养分之和。它既不是土壤中存在的全部养分的含量,也不是用化学测定值简单计算的数量。土壤供肥量的求得一般用两种方法:一种是由不施肥区(空白区)的产量求出,另一种是在不施肥情况下采土样用化学方法测定。土壤肥力等级、土壤供给当季作物养分量和土壤速效养分含量以及利用率可参考表 9-9。

表 9-9　土壤肥力等级、土壤供给当季作物养分量和土壤速效养分含量以及利用率

肥力等级	不施肥产量/(kg/亩)	土壤供给当季作物养分量/(kg/亩)			土壤速效养分含量/(mg/kg)			利用率
		N	P$_2$O$_5$	K$_2$O	N	P$_2$O$_5$	K$_2$O	
低肥地	50	1.5	0.5	1.75	20	6	30	亩土重按 150 000 kg 计算。速效养分含量的利用率按 40%～60% 计算,全量养分含量利用率按 2%～4% 计算
中低肥地	100	3.0	1.0	3.5	40	12	60	
中肥地	150	4.5	1.5	5.25	60	18	90	
高肥地	200	6	2	7	80	24	120	
特高肥地	250	>7.5	>2.5	>8.75	>100	>30	>150	

注:不施肥产量以小麦为例。

由于土壤供肥量还受土壤类型、气候条件和耕作、施肥、水分状况等多种因素的影响,各地应用本地农技推广或研究部门的资料,更接近当地实际。

（3）肥料利用率　肥料利用率是指当季植物从所施肥料中吸收养分的量占肥料中该养分总量的比例。肥料利用率是评价肥料经济效果的主要指标之一,也是判断施肥技术水平高低的一个标准。

肥料利用率的大小与植物种类、土壤性质、气候条件、肥料种类、施肥量、施肥时期、农业

技术措施有密切关系。喜肥耐肥植物,肥料利用率高;水、气、热状况协调的土壤,肥料利用率高;化肥利用率高于有机肥;有机肥在温暖的季节和地区利用率高于寒冷的季节和地区;瘠薄地的肥料利用率明显高于肥地;有水浇条件的地块,肥料利用率显著高于干旱地块;腐熟程度高的有机肥料利用率高于腐熟程度差的有机肥料。施用方法不同,肥料利用率也不同。一般采用分层施肥、集中施肥和营养最大效率期施肥,可提高肥料的利用率。若肥料施用量过高,无论是化肥还是有机肥料,当季利用率都会降低。

在一般田间条件下,氮肥的利用率水田为 20%~50%,旱地为 40%~60%;磷肥的利用率一般在 10%~25%。根据全国各省多点试验统计结果,水稻磷肥利用率的变化幅度在 8%~20%,平均为 14%;小麦在 6%~26%,平均为 10%;玉米在 10%~23%,平均为 18%;棉花在 4%~32%,平均为 6%。一般禾谷类作物和棉花对磷肥的利用率低,豆科植物和绿肥植物对磷肥的利用率较高。钾肥利用率一般为 50%~60%。各类有机肥料由于沤制原材料不同,碳氮比不同,粪土比例不一,质量往往差别较大,利用率也有很大差异。一般来说,氮素当季利用率:厩肥为 10%~30%,堆沤肥为 10%~20%,豆科绿肥在 20%~30%。

有机肥料和化学肥料的利用率可参考表 9-10 至表 9-12。

表 9-10　有机肥分级与供给当季作物养分量

等级	有机肥养分含量/%			每千克有机肥供给当季作物养分量/kg		
	全 N	全 P_2O_5	全 K_2O	N	P_2O_5	K_2O
劣质有机肥	0.1	0.1	0.4	0.3	0.3	1.2
中等有机肥	0.2	0.15	0.6	0.6	0.45	1.8
优质有机肥	>0.3	>0.2	>0.8	>0.9	>0.6	>2.4

注:本表有机肥利用率按30%计算。

表 9-11　常用有机肥的养分含量、利用率及供给当季作物养分

肥料名称	全 N 含量/%	全 P_2O_5 含量/%	全 K_2O 含量/%	利用率/%	肥料名称	全 N 含量/%	全 P_2O_5 含量/%	全 K_2O 含量/%	利用率/%
牛圈粪	0.34	0.16	0.40	20~30	麦秸堆肥	0.18	0.29	0.52	20~30
猪圈粪	0.45	0.19	0.60	20~30	麦糠堆肥	0.24	1.24	0.51	20~30
马粪	0.45	0.25	0.4	20~30	紫云英	0.40	0.11	0.35	40
羊圈粪	0.83	0.23	0.67	20~30	草木樨	0.52	0.04	0.19	40
鸡粪	1.63	1.54	0.85	30~40	毛叶苕子	0.54	0.12	0.42	40
玉米秸堆肥	0.12	0.19	0.84	20~30					

表 9-12 常用化肥的养分含量及利用率

肥料名称	养分含量/%		利用率/%	肥料名称	养分含量/%		利用率/%
碳酸氢铵	N	17	35	过磷酸钙	P_2O_5	14	20
硫酸铵	N	20	55	钙镁磷肥	P_2O_5	18	15
氯化铵	N	25	45	硫酸钾	K_2O	50	50
硝酸铵	N	33	55	氯化钾	K_2O	60	50
尿素	N	46	50				

注:为计算方便,表中各化肥利用率采用整数。

养分平衡法施肥量计算的步骤:有了植物需肥量、土壤供肥量和肥料利用率三个参数后,就可以进行施肥量的计算,其计算公式为

$$计划施肥量(kg/亩) = \frac{实现作物计划产量所需养分总量(kg/亩) - 土壤供肥量(kg/亩)}{肥料中养分含量(\%) \times 肥料利用率(\%)}$$

计算的具体步骤如下:

第一步:计算出作物计划产量所需氮、磷、钾总量;

第二步:计算出土壤供给当季作物的氮、磷、钾量;

第三步:计算出施用有机肥料供给当季作物的氮、磷、钾量;

第四步:计算出氮、磷、钾化肥的施用量,计算公式为:

$$氮素化肥施用量(kg/亩) = (N - N_1 - N_2) \div (氮素化肥养分含量 \times 利用率)$$

$$磷素化肥施用量(kg/亩) = (P - P_1 - P_2) \div (磷素化肥养分含量 \times 利用率)$$

$$钾素化肥施用量(kg/亩) = (K - K_1 - K_2) \div (钾素化肥养分含量 \times 利用率)$$

式中,N、P、K 分别代表计划作物产量所需的氮、磷、钾量,以 N、P_2O_5、K_2O 代表,下同。N_1、P_1、K_1 分别代表土壤供给当季作物的氮、磷、钾量。N_2、P_2、K_2 分别代表有机肥料供给当季作物的氮、磷、钾量。

[例] 某地在麦茬地计划种水稻,不施肥区小麦估计产量为 150 kg/亩,为中肥地力水平。计划产稻谷 500 kg/亩,准备施用优质农家肥 3 500 kg/亩,问需碳酸氢铵、过磷酸钙、氯化钾各多少?

计算步骤如下:

(1) 查表 9-8,计算产 500 kg 稻谷需氮、磷、钾养分数量:

$$产 500 \text{ kg 稻谷需 N 量} = 500 \times \frac{2.4}{100} = 12(kg)$$

$$产 500 \text{ kg 稻谷需 } P_2O_5 \text{ 量} = 500 \times \frac{1.25}{100} = 6.25(kg)$$

$$产 500 \text{ kg 稻谷需 } K_2O \text{ 量} = 500 \times \frac{3.13}{100} = 15.65(kg)$$

（2）查表9-9，计算在中肥力地土壤供给当季植物养分量为：N 4.5 kg/亩，P_2O_5 1.5 kg/亩，K_2O 5.25 kg/亩。

（3）查表9-10，计算施入3 500 kg优质农家肥可供给当季作物养分量：

$$3\ 500\ kg\ 有机肥供\ N\ 量 = 3\ 500 \times \frac{0.9}{1\ 000} = 3.15(kg)$$

$$3\ 500\ kg\ 有机肥供\ P_2O_5\ 量 = 3\ 500 \times \frac{0.6}{1\ 000} = 2.1(kg)$$

$$3\ 500\ kg\ 有机肥供\ K_2O\ 量 = 3\ 500 \times \frac{2.4}{1\ 000} = 8.4(kg)$$

（4）查表9-12，计算出氮、磷、钾化肥施用量，将有关数据代入公式：

氮素化肥施用量：

碳酸氢铵(kg/亩) = (12-4.5-3.15)÷(17%×35%) = 4.35÷0.059 5 = 73.1(kg)

磷素化肥施用量：

过磷酸钙(kg/亩) = (6.25-1.5-2.1)÷(14%×20%) = 2.65÷0.028 = 94.6(kg)

钾素化肥施用量：

氯化钾(kg/亩) = (15.65-5.25-8.4)÷(60%×50%) = 2÷0.3 = 6.7 (kg)

若所用氮肥是尿素，磷肥是钙镁磷肥，钾肥是硫酸钾，则换算关系是：

$$1\ kg\ 碳酸氢铵 = 0.37\ kg\ 尿素$$

$$1\ kg\ 过磷酸钙 = 1.04\ kg\ 钙镁磷肥$$

$$1\ kg\ 氯化钾 = 1.2\ kg\ 硫酸钾$$

则，

尿素的施用量 = 73.1×0.37 = 27.1(kg)

钙镁磷肥的施用量 = 94.6×1.04 = 98.4(kg)

硫酸钾的施用量 = 6.7×1.2 = 8.0(kg)

另外，合理施肥还要特别注意环境问题。根据当前生产情况，对环境影响较大的主要是氮肥和磷肥。氮肥施用对水体和大气有一定影响。如 NO_3^- 进入饮用水源，会使饮用水中 NO_3^- 超标，引起水体富营养化，人们摄入过多的 NO_3^-，可能在体内还原为 NO_2^-，引起高铁血红蛋白症，影响婴儿健康，甚至形成致癌的亚硝基化合物。反硝化作用形成的氮素进入大气后，可破坏臭氧层，形成酸雨，使气候变暖等。磷肥对环境的污染包括两方面：一是磷肥生产环节对环境造成的污染，如磷石膏、污水、氟污染以及矿区复垦等；二是磷肥施用环节对环境造成的污染，主要包括磷引起的水体富营养化、磷肥中重金属污染，以及放射性物质积累等。因此，各地区、各类土壤和不同植物施肥，一定要注意其合理性。

能力培养

当地肥料施用情况分析

1. 训练准备

根据班级人数,按照每 3~5 人一组,分成若干组。

2. 分析活动

每组全面整理前面的任务中当地各种肥料施用情况调查结果,结合所学知识,分析当地肥料施用种类和数量是否合理,使用时期是否适宜,并提出改进建议。

3. 交流展示

完成分析报告,并在老师的指导下与同学进行交流。

随堂练习

1. 肥料合理混合的原则是什么? 举例说明哪些肥料可以混合,哪些不能混合,哪些可以暂时混合,但不宜久存。

2. 当地常用的肥料有哪些? 它们在施用中是否可以混合?

3. 施肥的合理性主要体现在哪些方面? 合理施肥的基本原理有哪些?

4. 养分归还学说、最小养分律、报酬递减律和因子综合作用律理论的基本要点分别是什么?

5. 施肥量的确定有哪些原则和方法?

6. 什么是肥料利用率? 肥料利用率的大小与哪些因素有关?

任务 9.3　作物减肥增效技术

任务目标

知识目标:1. 了解作物减肥增效技术。
　　　　　2. 了解作物减肥增效技术的优点。

技能目标:能够调查当地主要作物减肥增效技术应用情况。

素质目标:了解国家关于土壤利用与保护的政策。

📁 知识学习

减肥增效技术是指从肥料配方制订、施肥量计算、减少肥料损失、有机肥替代化肥等各个环节和层面综合设计、实施，以减少化肥施用量而不减产的技术。下面简述几种主要的作物减肥增效技术：测土配方施肥技术、水肥一体化技术、有机肥替代化肥技术等。

一、作物测土配方施肥技术

作物测土配方施肥技术是以肥料的田间试验和土壤测试为基础，根据作物需肥规律、土壤供肥性能和肥料效应，在合理施用有机肥料的基础上，提出氮、磷、钾及中、微量元素等肥料的施用品种、数量、施肥时期和施用方法。配方肥料是以肥料田间试验和土壤测试为基础，根据作物需肥规律、土壤供肥性能和肥料效应，用各种单质肥料和(或)复混肥料为原料，配制成的适于特定区域、特定作物的肥料。

作物测土配方施肥技术包括测土、配方、配肥、供应、施肥指导五个核心环节，以及野外调查、田间试验、土壤测试、配方设计、校正试验、配方加工、示范推广、宣传培训、数据库建设、效果评价、技术创新 11 项重点内容。

五个核心环节内容可操作性强，介绍如下。

(1) 测土　在广泛的资料收集整理，深入的野外调查和典型农户调查，掌握耕地的立地条件、土壤理化性质与施肥管理水平的基础上，按确定的取样单元及取样农户地块，采集有代表性的土样 1 个。对采集的土样进行有机质、全氮、水解氮、有效磷、缓效钾、速效钾及中、微量元素等养分的化验，为制订配方和田间肥料试验提供基础数据。

(2) 配方　开展田间肥料小区试验，摸清土壤养分校正系数、土壤供肥量、作物需肥规律和肥料利用率等基本参数，建立不同施肥分区主要作物的氮、磷、钾肥料效应模式和施肥指标体系，以此为基础，由专家分区域、分作物根据土壤养分测试数据、作物需肥规律、土壤供肥特点和肥料效应，在合理配施有机肥的基础上，提出氮、磷、钾及中、微量元素等肥料配方。

(3) 配肥　依据施肥配方，以各种单质或复混肥料为原料，配制配方肥料。目前，在推广上有两种模式：一是农民根据测土配方施肥建议卡自行购买各种肥料配合施用；二是由配肥企业按配方加工配方肥料，农民直接购买施用。

(4) 供应　测土配方施肥技术最具活力的供肥模式是通过肥料招投标，以市场化运作、工厂化生产和网络化经营将优质配方肥料供应到户、到田。

(5) 施肥指导　制订、发放测土配方施肥建议卡到户或供应配方肥到点，并建立测土配方施肥示范区，通过树立样板田的形式来展示测土配方施肥技术效果，引导农民应用测土配方施肥技术。

二、作物水肥一体化技术

作物水肥一体化技术也称灌溉施肥技术,是将肥料溶于灌溉水中,通过管道在浇水的同时施肥,将水和肥料均匀、准确地输送到作物根部土壤,实现水肥同步管理和高效利用,产生"1+1>2"的效果。

水肥一体化是采用最新研发的微灌溉系统,按照不同植物的不同生长时期对水肥的不同需求与不同时期对水肥的吸收规律进行整个生育期的计划,能够在特定时期将预算好的植物所需求的定量水分和所需养料按照一定的输送比例提供给作物。总体来说,水肥一体化是农业生产一项实用的现代化技术。

水肥一体化技术与传统地面灌溉和施肥方法相比,具有以下优点。

1. 节水节肥,增加资源利用率

由于在灌溉作物时使用的是直接根部灌溉,因此肥料可以随着水均匀、准确地输送到作物的根部四周,在根系吸收时可以有效地、最大化地被吸收利用,并且可以最大程度地减少灌溉、肥料以及人工的投入,直接提高了水和肥料资源的利用率。水肥一体化节水效果非常明显,节水率为 30%~40%;节肥增产效果显著,与常规施肥技术相比可节省化肥 30%~50%,并增产 10% 以上。

2. 减少农药使用,发展绿色可持续生产

与常规施肥技术相比,利用水肥一体化技术每亩农药用量减少 15%~30%,可降低生产成本,改善作物品质,改善土壤微生态环境,可以大大减轻化肥农药带来的环境污染和对有益生物的危害,降低盲目过量施肥引起的土壤、水体污染。

3. 精准施肥,提高肥料利用率

在进行灌溉的同一时期,作物所需要的肥料将会被自动兑成适宜浓度的肥液直接输送到作物的根部使其吸收,因此可以准确地控制灌水量、施肥量和灌溉施肥的时间,便于精确施肥和标准化栽培,适应恶劣环境和多种作物。

4. 改善生态环境

水肥一体化技术可以在最大程度上减轻大水漫灌和过度施肥所造成的环境污染,避免大水漫灌引起的土温急剧变化,使土壤微生物活跃,田间有益生物增多,改善和保证了土壤生态平衡。同时,避免人工机械施肥作业对土壤结构和作物根系的破坏。

另外,水肥一体化技术在实施过程中也存在诸多缺点:系统维持不好易引起管道堵塞,系统运行成本高;易引起盐分积累,污染水源;限制根系发育,降低作物抵御风灾能力;工程造价高,维护成本高等。

三、有机肥替代化肥技术

有机肥替代化肥技术是通过增施有机肥料、生物肥料、有机无机复混肥料等措施，提供土壤和作物必需的养分，从而达到利用有机肥料减少化肥投入的目的。以苹果有机肥替代化肥技术为例，其他作物可参考当地农业技术部门有关资料。

（一）"有机肥+配方肥"模式

（1）基肥　基肥施用最适宜的时间是 9 月中旬到 10 月中旬，对于红富士等晚熟品种，可在采收后马上进行，越快越好。基肥施肥类型包括有机肥、土壤改良剂、中微肥和复合肥等。有机肥的类型及用量为：农家肥（腐熟的羊粪、牛粪等）30 t/hm²，或优质微生物肥 7 500 kg/hm²，或饼肥 3 000 kg/m²，或腐殖酸 1 500 kg/hm²。土壤改良剂和中微肥建议硅钙镁钾肥 750~1 500 kg/hm²、硼肥 15 kg/hm² 左右、锌肥 30 kg/hm² 左右。复合肥建议采用平衡型如 15-15-15（或类似配方），用量 750~1 125 kg/hm²。

基肥施用方法为沟施或穴施。沟施时沟宽 30 cm 左右、长 50~100 cm、深 40 cm 左右，分为环状沟、放射状沟以及株（行）间条沟。穴施时根据树冠大小，每株树 4~6 个穴，穴的直径和深度为 30~40 cm。每年交换位置挖穴，穴的有效期为 3 年。施用时要将有机肥与土充分混匀。

（2）追肥　追肥建议 3~4 次。第一次在 3 月中旬至 4 月中旬，建议施一次硝酸铵钙（或 25-5-15 硝基复合肥），施肥量 450~900 kg/hm²；第二次在 6 月中旬，建议施一次平衡型复合肥（15-15-15 或类似配方），施肥量 450~900 kg/hm²；第三次在 7 月中旬到 8 月中旬，施肥类型以高钾配方为主（10-5-30 或类似配方），施肥量 375~450 kg/hm²，配方和用量要根据果实大小灵活掌握，如果个头够大则要减少氮素比例和用量，否则可适当增加。

（二）"果-沼-畜"模式

（1）沼渣沼液发酵　根据沼气发酵技术要求，将畜禽粪便、秸秆、果园落叶、粉碎枝条等物料投入沼气发酵池中，按 1∶10 的比例加水稀释，再加入复合微生物菌剂，对其进行腐熟和无害化处理，充分发酵后经干湿分离，分出沼渣和沼液直接施用。

（2）基肥　施用沼渣 45~75 t/hm²、沼液 750~1 500 m³/hm²；苹果专用配方肥选用平衡型（15-15-15 或类似配方），用量 750~1 125 kg/亩；另外施入硅钙镁钾肥 750 kg/hm² 左右、硼肥 15 kg/hm² 左右、锌肥 30 kg/hm² 左右。秋施基肥最适时间在 9 月中旬到 10 月中旬。对于晚熟品种如红富士，建议在采收后马上施肥，越快越好。采用条沟（或环沟）法施肥，施肥深度在 30~40 cm，先将配方肥撒入沟中，然后将沼渣施入，沼液可直接施入或结合灌溉施入。

（3）追肥　参照"有机肥+配方肥"模式中的追肥方法。

（三）"有机肥+生草+配方肥+水肥一体化"模式

（1）果园生草 果园生草一般在果树行间进行，可人工种植，也可自然生草后人工管理。人工种草可选择三叶草、小冠花、早熟禾、高羊茅、黑麦草、毛叶苕子和鼠茅草等，播种时间以8月中旬到9月初为佳，早熟禾、高羊茅和黑麦草也可在春季3月初播种。播深为种子直径的2~3倍，土壤墒情要好，播后喷水2~3次。自然生草果园行间不进行中耕除草，由马唐、稗、光头稗、狗尾草等当地优良野生杂草自然生长，及时拔除豚草、苋菜、藜、苘麻、葎草等恶性杂草。不论人工种草还是自然生草，当草长到40 cm左右时都要进行刈割，割时保留约10 cm高，割下的草覆于树盘下，每年刈割2~3次。

（2）基肥 基肥施用最适宜的时间是9月中旬到10月中旬，对于红富士等晚熟品种，可在采收后马上进行，越快越好。用量为农家肥（腐熟的羊粪、牛粪等）22.5 t/hm²，或优质微生物肥6 t/hm²，或饼肥2 250 kg/hm²，或腐殖酸1 500 kg/hm²。土壤改良剂和中微肥建议硅钙镁钾肥750~1 500 kg/hm²、硼肥15 kg/hm²左右、锌肥30 kg/hm²左右。复合肥建议采用平衡型如15-15-15（或类似配方），用量750~1 125 kg/hm²。

基肥施用方法与"有机肥+配方肥"模式相同。

（3）水肥一体化 产量45 t/hm²苹果园水肥一体化追肥量一般为：纯氮（N）135~225 kg，纯磷（P_2O_5）67.5~112.5 kg，纯钾（K_2O）150~262.5 kg，各时期氮、磷、钾施用比例如表9-13所示。对黄土高原地区，应采用节水灌溉模式，总灌水定额在2 250~2 550 m³/hm²，另外，在雨季如果土壤湿度足够，则用少量水施肥即可。

表9-13 各时期苹果树灌溉施肥计划

生育时期	灌水定额/[m³/(hm²·次)]	灌溉加入养分占总量比例/%		
		N	P_2O_5	K_2O
萌芽前	375	20	20	0
花前	300	10	10	10
花后2~4周	375	15	10	10
花后6~8周	375	10	20	20
果实膨大期	225	5	0	10
	225	5	0	10
	225	5	0	10
采收前	225	0	0	10
采收后	300	30	40	20
封冻前	450	0	0	0
合计	3 075	100	100	100

（四）"有机肥+覆草+配方肥"模式

（1）果园覆草 果园覆草的适宜时期为 3 月中旬到 4 月中旬。覆盖材料因地制宜,作物秸秆、杂草、花生壳等均可采用。覆草前要先整好树盘,浇一遍水,施一次速效氮肥(每亩约 5 kg)。覆草厚度以常年保持在 15~20 cm 为宜。覆草适用于山丘地、砂土地,土层薄的地块效果尤其明显,黏土地覆草由于易使果园土壤积水,引起旺长或烂根,不宜采用。另外,树干周围 20 cm 左右不覆草,以防积水影响根颈透气。冬季较冷地区深秋覆一次草,可保护根系安全越冬。覆草果园要注意防火。风大地区可在草上零星压土、石块、木棒等,防止草被大风吹走。

（2）基肥 基肥施用时间、方法和肥料用量同"有机肥+生草+配方肥+水肥一体化"模式。

（3）追肥 参照"有机肥+配方肥"模式中的追肥方法。

能力培养

当地作物减肥增效技术应用情况调查

1. 调查准备

根据班级人数,按照每 3~5 人一组,分成若干组,由各组拟定调查提纲,经指导老师审阅修改后执行。

2. 调查活动

选择当地推广应用成功的一项技术,通过走访当地农业生产管理部门、农业技术人员、当地有规模的农场和有代表性的农户等,了解以下情况:当地哪些作物生产应用了这项技术? 应用效果如何? 有哪些典型经验?

3. 交流展示

以某种作物为例,介绍该项技术的应用情况,并在老师的指导下与同学进行交流。

随堂练习

1. 名词解释:作物测土配方施肥技术;作物水肥一体化技术;有机肥替代化肥技术。

2. 作物测土配方施肥技术包括哪些核心环节?

3. 作物水肥一体化技术有哪些优缺点?

任务9.4 土壤的培肥

任务目标

知识目标：1. 掌握肥沃土壤的一般特征。

2. 掌握土壤培肥的措施。

技能目标：1. 积累培肥土壤的经验。

2. 能够指导生产中土壤培肥。

素质目标：1. 注重农业生产过程的清洁性、可持续性，保护生态环境。

2. 注重开发绿色高产高效生产模式，尽量减量施肥，稳产增效，培肥土壤。增强保护土壤、保护耕地、科学合理开发使用土壤和肥料的信念，培养浓厚的学农爱农热情。

知识学习

人类的农业生产活动对土壤肥力的发展有极重要的影响。在生产中常采用一系列措施，如施肥、灌溉、耕作等来提高土壤肥力，这个过程称为土壤的培肥过程。

一、肥沃土壤的一般特征

肥沃土壤能够充分、及时地满足和调节植物生长发育过程所需要的水、肥、气、热等生活条件。土壤水分和养分属于营养因素（水又是环境因素），空气和热量属于环境因素。肥力高的土壤能够为植物的生长发育创造适宜的环境条件，能够使土壤中的水、气、热协调，并能够持续供应植物需要的各种养分。

肥沃土壤应具有如下特征。

(一) 耕层深厚，土层结构良好

耕层深厚和土层结构良好是高产土壤的基础。高产土壤要求整个土层厚度一般在1 m以上，并具有深厚的耕作层（20~30 cm）。高产土壤质地较轻，疏松多孔，孔隙度52%~55%，通气孔隙10%~15%。犁底层不明显，心土层较紧实，质地较重，即上虚下实的层次结构。表土可通气、透水、增温，好气性微生物活动旺盛，土壤养分易分解，有利于幼苗的出土和根系的下扎，也有利于耕作管理等。耕作层下部为破除犁底层的活土，有一定的通气透水能力，又能保水保肥。心土层较紧实，质地较重，可托水、托肥。

肥沃水田土壤，要具有松软、深厚、肥沃的爽水耕作层，稍紧实的犁底层，既有明显的托

水托肥作用,又有一定透水能力。心土层(斑纹层或渗育层)也要通气爽水,调节水汽矛盾。底土层较黏重,保水性强,但要有一定透水性,保持适当的渗漏量。

(二) 有机质和养分含量丰富

土壤有机质和养分含量高低是土壤肥力水平和熟化程度的重要标志之一。高度熟化的肥沃土壤,有机质含量较高,潜在肥力高,微生物活动旺盛,有利于养分转化,含有效养分丰富。土壤保肥供肥性能良好,肥劲稳而长,能满足植物生长发育的需要。

(三) 酸碱度适宜,有益微生物活动旺盛

肥沃土壤的酸碱度范围为微酸性到微碱性。因为,多数植物适宜于中性、微酸或微碱环境。另外,也有利于微生物的活动,如一般细菌和放线菌适宜中性环境,固氮菌适于 pH 6.8,硝化细菌适于 pH 6~8。过酸或过碱的土壤,微生物活动受到影响,不利于养分的转化,养分有效性降低。碱性过强,土壤中钙、镁、锰、铜等养分有效性降低;酸性过强,土壤中钼的有效性降低。

(四) 土温稳定,耕性良好

肥沃的土壤温度稳定,表现在上下土层和昼夜间土壤温度的变幅较小,稳温性好,冬不冷浆、夏不燥热,有利于早播、早熟、高产。

土壤疏松,宜耕期长,干耕不起坷垃,湿耕不成明垡条,耕作质量好。

(五) 地面平整

地面平整可以有效地防止水土流失和地表冲刷,促进降水渗入土体,有利于土体内水分、养分均匀分布。

二、培肥土壤的措施

(一) 搞好农田基本建设

搞好农田基本建设要以改土治水为中心,实行山、水、田、林、路综合治理,但对不同的地区有不同的农田基本建设标准:丘陵地区要有防山洪及水土保持的良好设施,要做好植树造林工作,绿化荒山,整修梯田,开发水源,防止水土流失等,达到水不出沟、土不下坡、保水保肥的目标;平原地区要实行园田化种植,要兴修水利,建造排渍防涝设施,做到遇旱能灌,遇涝能排,旱涝保收。总之,要针对各地区限制土壤肥力提高的主要矛盾,因地制宜地采取各种治水改土措施,做好农田基本建设,其主要目的是在改造土壤环境条件的基础上,培肥土壤,提高土壤肥力。

(二) 深耕改土,创造深厚的耕层

以深耕为中心的耕、耙、耱、压等耕作措施,是加速土壤熟化,定向培肥土壤的重要措施。深耕能疏松土壤,破除紧实的犁底层,加厚活土层,增加土壤孔隙度,改善土壤的通透

性,为植物根系深扎和微生物活动创造良好条件。深耕结合施用有机肥,使土肥相融,增加土壤团粒结构,有利于通气、透水、保水,提高抗旱能力。

深耕要注意以下几点。

(1) 深耕的时间,要根据当地气候条件、耕作制度确定。在北方旱作区以伏耕、秋耕为宜,夏收或秋收后进行深耕,有利于晒垡、熟化土壤和有机质分解,并可多蓄存雨雪,增加水分。但不论伏耕还是秋耕均要早耕。群众说:"头伏耕地一碗油,二伏耕地半碗油,三伏耕地没有油。""七月犁金,八月犁银,十月再耕不如人。"在南方水旱轮作区,多在秋种或冬种旱作前进行深耕。在两稻一肥地区,冬前要种绿肥,只能在春耕翻压绿肥时进行深耕。无论何时,深耕都要尽量早耕。

(2) 深耕深度要根据土壤特点、作物种类、当地具体条件确定。如下层养分比较丰富,心土层易熟化,旱地可以逐年耕深至30~40 cm,水田20~30 cm。如上层是沙质,下有不厚的黏质土层,应注意保护黏土层,以免漏水漏肥,不宜深耕。如黏土层很厚,可逐年加深耕层。

(3) 深耕要与增施有机肥料、灌排相结合,与耙、耢、锄、压平整田面相结合,做到耕得深、耙得碎、整得平,肥、土混合均匀。

(三) 增施有机肥,种植绿肥

增施有机肥、种植绿肥是培肥土壤的根本措施。有机肥、绿肥对增加土壤有机质和养分含量、改善土壤理化性质、增强微生物活动有十分重要的作用。

(四) 合理轮作,用养结合

合理轮作是用地与养地相结合的有效措施。各种植物,由于其生物学特性不同,对土壤有不同的影响。如有的植物需肥多,从土中带走的养分多,地力消耗大,则这些植物主要是消耗土壤养分,是用地。豆科和绿肥植物,能固定空气中的氮素,还能利用土壤中的深层养分,不仅对土壤养分消耗少,而且还能增加养分,这种植物就能养地。用地植物与养地植物轮作,就是用养结合。另外,不同植物所需养分种类及吸收能力有差异。长期种一种植物,容易引起某种养分缺乏。如连年种禾本科植物,土壤中氮减少得很快;连年种烟草,土壤含钾量降低。由此可见,深根植物与浅根植物轮换,豆科作物与禾本科作物轮换,可以充分利用土壤中的养分,既能培肥土壤,又能高产,做到用养结合。

能力培养

当地肥料结构调查

1. 训练准备

(1) 组织准备　把全班分成四个调查组,由各组拟定调查提纲,经指导老师审阅修改后执行。

（2）现场准备 在学校附近的农村,选择高产、中产、低产三类典型农户各四家,调查其用肥结构情况。

（3）物质准备 各组配速测箱、铁锹、取土袋、样本盒、卷尺和记录本等。

2. 操作步骤

通过调查,了解肥料结构与培肥土壤和作物产量之间的关系(表9-14)。掌握肥料结构调查的方法,并提出适合本地区的施肥结构模式。

调查内容如下:

（1）近年来施用有机肥和无机肥,以及氮、磷、钾肥的数量(按有效成分计)和种类。

（2）近年来种植作物类型、生长状况、产量水平及各种作物施肥种类和数量。

（3）近年来土壤肥力变化情况。

表9-14 作物产量和肥料的关系

类型	作物种类	产量/kg	有机肥		无机肥					
					N 肥		P 肥		K 肥	
			种类	数量	种类	数量	种类	数量	种类	数量
高产田	水稻									
	玉米									
	大豆									
	……									
中产田	水稻									
	玉米									
	大豆									
	……									
低产田	水稻									
	玉米									
	大豆									
	……									

3. 问题处理

（1）各调查组分别找高产、中产、低产典型农户各一家,对照调查内容,分别进行座谈访问,获取有关资料和数据。

（2）调查报告 在调查访问和分析的基础上,认真讨论,每组写一份调查报告,内容包括调查方法、结果与分析(用对比法)和建议。

随堂练习

1. 肥沃土壤的一般特征是什么？如何培育？
2. 向家长及种田能手请教,将他们培肥土壤的经验写出来,并试着分析其中的原因。

任务 9.5　我国主要低产土壤的改良利用

任务目标

知识目标：1. 了解我国低产土壤的主要类型及形成的原因。

2. 理解盐碱土壤对植物的危害。

技能目标：1. 能指导红壤类低产土壤的改良利用。

2. 能指导低产水稻土的改良利用。

3. 能指导盐碱土的改良利用。

4. 能指导风沙地的改良利用。

素质目标：1. 培养综合运用所学知识分析问题、解决问题的能力和创新思维能力。

2. 培养热爱农业、热爱农村、热爱农民的情怀。

知识学习

一、低产土壤形成的原因

我国有低产土壤五亿多亩,占总耕地面积的 1/3 以上,影响了我国农业生产的迅速发展,需要改良和合理利用。由于全国各地农业条件不同,耕作制度各异,低产地形成的原因也不相同。但从大的方面归纳起来,主要原因有下列几方面。

（一）盲目开荒,滥伐森林,造成水土流失、沙化等

地表的自然植被(如森林、草地)在改善气候、保护土壤方面起着重要的作用。如果森林遭到破坏,地表植被减少,会造成水土流失,尘沙飞扬,水、旱灾增多,土层变薄,肥力下降。有些地方由于滥垦草原,盲目开荒,使土壤水分大量损失,遭受风蚀。风蚀是指在风力较大地区,土壤随风移走的现象。风蚀使土壤沙化面积扩大。由于滥伐森林,破坏草原,使自然环境条件改变,以致气候干旱,风蚀、水蚀严重,导致耕地土壤肥力下降,有时还可淹没、损毁部分农田。

（二）灌溉不合理

长期大水漫灌,以及只灌不排,使地下水位抬高,引起土壤盐渍化、沼泽化和潜育化,还会使土壤通气不良,土温降低,养分转化慢,影响植物生长,导致作物产量下降。

（三）只用不养,肥力下降

有些地方只追求当年高产,对耕地只用不养,片面地大量施用化肥,使土壤肥力下降。豆科和绿肥植物有很好的养地作用,但是有些地方种植面积逐年减少,再加上有机肥料的施用量少,而化肥用量显著增多,以致土壤结构被破坏,耕层变浅,有机质含量减少,土壤发僵发硬,土壤肥力下降。

（四）土壤污染

土壤污染是指土壤中含有过量的对人和生物有毒的物质。随着工业和矿区的发展,大城市的兴建,机动交通工具的增多,致使废气、污水、废渣污染农田。还有农药、化学肥料也可污染土壤。如磷矿中含有少量镉等重金属,也可能含有放射性元素,加工过程中会转移到磷肥中,因此,磷肥的过量施用有可能造成土壤污染。城市生活污水、垃圾中含有较高的有机、无机养分,但也含有大量寄生虫卵、细菌、病毒和其他有害物质,也会对土壤造成污染。

土壤污染是世界的一大公害,它不仅危害土壤,使土壤生产力下降,而且直接影响着"土壤—植物—人类"这个食物链终端,威胁着人类的健康,甚至生命。

二、红壤类土壤的低产原因及其改良利用

（一）红壤类土壤的低产原因

低产的红壤类土壤多分布在各地山丘坡地,遭到过不同程度的侵蚀和水土流失,耕层薄,易受旱,土质黏重,酸性强,氮、磷、钾、钙、镁营养元素缺乏。其低产原因概括为浅、黏、瘦、酸、旱、蚀六个方面。

（1）耕层浅 耕层一般不超过 10~15 cm。因为红壤类低产土壤分布在有一定坡降的地区,垦殖后有的耕作粗放,大多有程度不同的侵蚀,水土流失相当严重。加之质地黏重,土体紧实,耕性差,垦殖过浅,通常不超过 10~15 cm,植物根系下扎难,影响植物对水分及养分的吸收。

（2）土质黏重板结 土壤黏粒含量达 40%~60%,甚至 70%~80%,湿时糊烂,干时板结,透水透气性差,耕作不便,适耕期短,不利于植物根系伸展。

（3）土壤有机质含量低,养分缺乏 低产红壤经垦殖后,有机质含量逐年降低,仅为 10~15 g/kg,全氮含量只有 0.3~1 g/kg,全磷含量只有 0.4~0.8 g/kg,而且有效磷含量极低,缺乏钾、钙、镁元素。

（4）土壤酸性强 其 pH 在 5.0~5.5 之间,呈强酸性反应。钙、镁、钾等盐基淋失,可溶

性的铁、铝、锰增多,使磷的有效性降低。有时植物发生铝中毒现象。

（5）干旱缺水,水土流失严重　这类低产土壤主要分布于山、丘、坡、台,地表有一定的坡降。降水强度大时,由于质地黏重,土体紧实,降水下渗困难,造成地表径流和水土流失。另一方面,土质黏重,有效水含量低,使植物的凋萎系数高达 12%～21%,加之较强的蒸发损失,在旱季出现供水不足,植物受旱。

（二）红壤类低产土壤的改良利用

1. 全面规划,综合治理

红壤地区多为山地、丘陵,由于地形复杂,水热条件差异很大,侵蚀程度不一,所以土层厚薄悬殊,肥沃性高低有别。因此,要因地制宜,全面规划农、林、牧各业用地,在治山的基础上,进行以改土治水为中心的综合治理。对低丘水土流失少、土层厚、肥力较高的缓坡（坡度小于 10°）和谷地,可种植农作物和经济作物。对较陡的坡地,根据坡向和土层厚薄种植茶树、油茶、柑橘等。同时把水土保持与绿化结合起来。陡坡（大于 20°）、荒山秃岭和土壤侵蚀区,则应营造生长迅速、覆盖度大、适应性强的胡枝子、荆条、马尾松等乔灌木多层林,以保持水土。

要注意农、林、牧、副业综合发展。在发展林业、保持水土、保护农田的同时,要大力发展畜牧业,增加有机肥料,培肥地力。

2. 平整土地,整修梯田,引水上山

平整土地,修建各式梯田是消除土壤侵蚀、保持水土、提高土壤肥力的根本措施。修筑梯田要因地制宜、合理规划,做到既便于运输与耕作,又便于排水灌溉。梯田的宽度应根据地形坡度和土层厚度而定。平整土地时,应使田面水平,对"生土"应修埂,填洼,垫路,对"熟土"则应使其留在土壤上层。同时要结合兴修水利,拦河筑坝,修筑山塘、水库,沿丘陵山脚挖环山沟,既可蓄水灌溉,又可防止山洪冲蚀农田。

3. 深耕改土

红壤类低产土壤具有耕层浅、养分含量低、速效养分少的特点,加深耕层,结合施用有机肥料,创造一个深厚、肥沃、疏松的耕作层,有利于植物根系生长,提高产量。据湖南衡阳市农业科学研究所调查,在瘠薄的红壤上,耕层浅,不能种棉花,加深耕层至 15～20 cm,并结合施用有机肥料后,可使棉田亩产达 75 kg。在小面积棉田,深翻 33 cm,施大量有机肥,可使棉田产量达 125 kg/亩。

4. 施用石灰中和酸性

除茶树、橡胶树等喜酸外,一般植物都不适合强酸性环境。施用石灰中和酸性,有利于植物生长发育。同时,石灰是钙、镁等营养元素的来源,也是形成良好土壤结构的胶结剂。

5. 合理轮作、间套作,用养结合

不同种类植物,对土、肥、水要求不同,采用合理轮作,有利于培肥土壤,提高地力。在轮

作中加大绿肥和豆科植物比例。在制定轮作方案时,既要考虑当季产量,也要注意提高土壤肥力,用养结合。特别是一些新垦红壤旱地,在轮作安排上应以培肥改土为主,适当增加养地植物比例。可采用花生、油菜或肥田萝卜换茬。有研究显示,种花生比种红薯的后作油菜增产 40%~60%,肥田萝卜增产 30%~40%。对一些初度熟化的红壤,可适当增加用地植物比例。在间作套种时,要注意使高矮秆植物间套,深浅根植物搭配,豆科与非豆科植物间套轮作,这样可以充分利用光能,提高土壤水分和养分的利用率,调节土壤肥力,充分发挥红壤所处优越的生物气候条件,使土壤肥力和产量得到不断提高。

6. 增施有机肥料

红壤的黏性强,通透性、保水保肥力差,都是和土壤缺乏有机胶体有关。因此,增施有机肥料,增加有机胶体是改变土壤的不良性状、增加保水保肥能力和改良耕性的有效措施。大量资料证明,连续施用 1 500~2 500 kg 绿肥后,低产红壤稻田有机质含量可由 15 g/kg 提高到 20~25 g/kg,红壤旱地有机质由 10 g/kg 左右提高到 15~18 g/kg,胶体的盐基饱和度明显增加,土壤结构改善,容重减轻,蓄水保肥能力增强。

三、低产水稻土的改良利用

低产稻田指某些稻田存在一些不良土壤因素,如低温、过砂、过黏、淀浆板结、干旱缺水、浅薄、酸毒等。所以,低产水稻田类型相当复杂,根据低产原因和改良的基本方向分为沉板田、黏板田、冷浸田、反酸田等。

(一) 沉板田

沉板田是土壤质地过砂或粗粉粒过多的水稻土,广泛分布在我国南方和长江中下游地区,是面积最大的低产稻田。

1. 低产原因

沙多泥少,土质松散,结构不良,在水耕过程中,土粒下沉板结,不便插秧,要随耙随插秧。有机质和养分含量低,一般有机质含量 10 g/kg 左右,或低于 10 g/kg,全氮量在 0.3~0.6 g/kg,全磷量在 0.3~0.5 g/kg。保肥保水能力弱,阳离子交换量少,漏水、漏肥严重,土温变幅大,不利于水稻生长。

2. 改良措施

(1) 客土掺黏,改良质地　对沉板田,应增加黏粒含量,使粒级配合比例适当。根据当地具体情况掺入肥泥,如湖泥、塘泥、草皮等,既可以改良质地,又能加深耕层,增加土壤养分。耕层下如有质地黏重的心土层,可逐渐加深耕层,翻淤压沙,配合施用有机肥改良。

(2) 增施有机肥和氮、磷速效肥　沉板田缺乏有机质和氮、磷,必须注意增施有机肥,配合施用速效氮、磷化肥。特别是种植绿肥时,给冬季绿肥施用磷肥,"以磷增氮"。在春季绿肥扣压前,增施速效氮肥,使其增加鲜草产量,"以小肥养大肥",这是改良沉板田行之有效的措施。

（二）黏板田

黏板田是质地过于黏重、土体发僵、黏结力大的低产水稻土。各地所叫名称不同，如胶板田、泥骨田、黏瘦田等，以两广、湘、滇分布较多。

1. 低产原因

（1）质地黏重，结构差　黏粒含量多，物理性黏粒在80%左右。土粒高度分散，或遇水成泥块，不易破碎。通透性极差，易旱易涝。

（2）耕层浅薄，耕性差　耕作层一般只有15 cm左右。心土层很坚硬，常有铁、锰结核或铁盘。耕性极差，宜耕期短，干耕坚硬，湿耕黏犁，土垡大，不易散开。农民形容这种土壤是"干时一把刀，湿时一团糟"。

2. 改良措施

（1）客土掺沙，改良黏性　针对质地过黏、通透性差的特点，掺沙可改良质地，提高产量。

（2）增施有机肥或种植绿肥　施用有机肥和绿肥是改良黏板田的重要措施。因绿肥和有机肥可使土壤疏松，容重减小，改善通透性和理化性质，培肥地力，改良耕性。不少试验表明，混播豆科和禾本科绿肥，改土效果更加显著。

（3）合理耕作，逐年加深耕层　黏板田要注意适时耕作，多耕，多耙，并配合施用速效化肥。通过逐年深耕，加深耕作层，并结合冻垡、晒垡，促进生土熟化。

（三）冷浸田

冷浸田主要分布在南方山区或丘陵的低洼地段，主要特点是水温、土温都较低。

1. 低产原因

（1）水温、土温低　据各地调查，冷浸田土温和水温比非冷浸田低2~10 ℃。早春土温低，秧苗生长缓慢。在山泉直接流入的地方，水温、土温最低，秧苗发僵，甚至难以成穗或颗粒无收。

（2）有效养分少　因常年低温积水，有机质矿化分解缓慢，土壤缺乏速效养分，但有机质积累较多。

（3）土烂泥深　由于地下水位高，淹灌后与地表水连在一起，土体终年积水，使土粒分散，呈烂糊状，插秧后难以立苗而"浮秧"，后期极易倒伏。

（4）还原性的有毒物质毒害　土壤中含有还原性有毒物质，如亚铁类、硫化氢等，可使水稻中毒。所以，冷浸秧苗常出现黑根腐烂，导致整株死亡的现象。

2. 改良利用

（1）建立排灌沟渠

① 截洪沟　也称防洪沟。根据地形、土壤条件和山洪最大流量等情况，选择适宜的地

点开截洪沟,以截断山洪入侵,防止水土冲刷。截洪沟的大小,以能及时排走山洪为准。也可把截洪沟与排水沟相连,在连接处用水闸控制,以增大排洪能力。在水源不足的地方,可挖水塘,将山水引入水塘,蓄水灌溉。

②排水沟　排水沟主要是把冷水或泉水直接排出田块,不浸渍稻田,并降低地下水,排除地面积水。广东、福建、浙江等地农民采用"三沟"排水改造冷浸田效果较好,结合正确耕作,科学施肥,可成倍增加产量。

根据冷泉水的来源和垄宽,决定排水沟的位置和沟形,一般分为环田沟、中心沟及横沟、导泉暗沟等。

根据地形和地下水的走向不同,有的以环田沟为排水主沟,有的以中心沟为排水主沟。以中心沟为排水主沟的,有明沟和暗沟两种,明沟深度为70~100 cm,宽度以能迅速排涝为合适;暗沟深度入口处为1~2 m,出口处为2~3 m。暗沟用石料砌成,沟顶铺泥最少要50 cm,可以下走水,上种地,充分利用土地,但较费工。

横沟与环田沟、中心沟连通,构成田间排水网,横沟的间距20~50 m不等,间距小些,排水能力就强。

③灌水沟　在开好截洪沟与排水沟的基础上,开挖灌水沟。改串灌、漫灌为轮灌、浅灌。宽田可灌水沟与排水沟分开,窄田可灌排结合。需用冷泉水灌溉的田块,可利用截洪沟或排水沟修闸拦水,待水温提高后再入灌溉沟。为了减少灌水沟、排水沟和道路的过多交叉,可采用灌水沟与排水沟相邻并列的办法。

泉眼特多的冷浸田,可用砂、石堵塞泉眼,同时要开暗沟,把冷泉水引入排水沟排出田外。开暗沟的方法是先把烂泥挖起,开出一条1 m左右的深沟,沟底先铺一层硬山草、树枝,再铺一层30~50 cm厚的石子或粗砂,也可将松枝捆成"品"字形连续平放在沟内代替石子,在石子和松枝上平整田面(图9-8)。有条件的地方可用瓦筒或水泥管做导流暗沟。

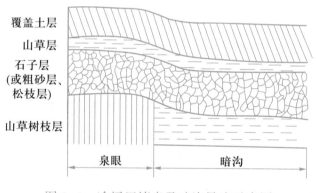

图9-8　冷浸田堵泉及暗沟导流示意图

(2)冬耕晒田　冬耕晒田也称犁冬晒白,可以大大改善冷浸田的通透性和土体的还原状态,加速微生物的活动和养分的分解。

(3)增施化肥　冷浸田一般缺乏有效磷、钾和硫。施磷肥可增产。每亩用过磷酸钙5 kg或钙镁磷肥10 kg蘸秧根,水稻可增产17%~52%。

(4)半旱式免耕法　此法南方冬水田推广面积比较大,在冷浸田、烂泥田增产效果十分显著。其方法是起垄栽培,垄上种稻,沟中养鱼,稻、鱼、萍同在一田内得到同步发展。一般亩产稻谷 500~600 kg,亩产鱼 100 kg 左右,最高达 150 kg 以上,变过去的单层次利用为多层次利用,提高了稻田的产值。其增产原因是稻田起垄后重力水下降,毛管水上升,提高了土壤的通透性能及氧化还原电位,保留了淹水土壤的优点,克服了长期淹水的弊端,使土壤供肥性能显著提高,促进了水稻增产。因沟中水层加深,有利于鱼的生长。稻鱼结合,互利互补,稻为鱼生长提供了饵料,鱼为稻田培肥提供了肥料,使稻田肥力迅速提高。其优点可归纳如下。

① 稻田起垄提高了氧化还原电位,避免了 H_2S 等有毒物质的危害,同时改善了通气性,增强了水稻对养分的吸收。

② 提高了稻田水温和泥温,有利于养分的转化和供应。

③ 提高了水稻光能利用率,稻鱼共生,互利互补。

(四) 反酸田

反酸田是两广、闽、台一带河流入海处的酸性极强的土壤,主要含有大量的硫化物,有的 pH 可小于 3。酸性如此之强,除直接破坏植物组织、妨碍生长外,在强酸条件下,土中大量的铁、铝、锰等离子,严重危害稻株,使之中毒。土壤酸性过强,还会影响土壤的理化性质和养分的有效性,抑制微生物的活动。

海边红树生长茂盛,红树残体在渍水嫌气条件下还原,使土壤酸化,如能挖掉红树残体,再配合其他措施改良,如用淡水洗酸,施用石灰,客土垫高田面,大量施用有机肥等,都可改良此类土壤。

四、盐碱土的改良利用

盐碱土是指含有过多的可溶性盐碱,以至危害植物生长的低产土壤。主要分布在西北、华北、东北的干旱与半干旱地区,以及海滨地区。

盐碱土中含有多种可溶性盐类,如氯化钠、氯化镁(苦卤)、氯化钙、硫酸钠(芒硝)、硫酸镁、硫酸钙(石膏)、碳酸钠(面碱)、碳酸氢钠(小苏打)等。不同地区的盐碱土,盐分的种类和数量不同,盐碱土的类型亦不同。

(一) 盐碱土对植物的危害

1. 影响植物吸收水分和养分

土壤中可溶性盐含量达到 1 g/kg 以上,便对植物产生毒害,而且浓度越大,危害越大。如果土壤含盐过多,土壤溶液中盐浓度增大,根系吸水就会困难。当盐分增加到一定浓度时,就会引起根内水分向外渗,植物便枯死,称之为"生理干旱"。土壤溶液盐浓度过高,植物不能正常吸收水分,当然就不能正常吸收养分。

2. 对植物有毒害作用

盐碱土中的某些盐分对植物能产生毒害作用。例如,钠离子吸收过多,可使蛋白质变性;氯离子吸收过多,可降低光合作用强度和影响淀粉的形成。各种盐类的危害程度次序是:氯化镁>碳酸钠>碳酸氢钠>氯化钠>氯化钙>硫酸镁>硫酸钠。

3. 对植物有腐蚀作用

碱性过强的碳酸钠对植物根茎组织有腐蚀作用。

此外,盐碱土含钠离子过多,使土粒分散,结构破坏,通透性差,耕性不良。

(二) 改良利用措施

盐碱土主要是含有盐碱而造成低产。因此,改良盐碱土的中心问题是脱盐,其次是培肥。土壤中盐分的运行与积累受多种因素影响,治理盐碱土必须统一规划,全面安排,综合治理,既要排除盐碱,又要培肥土壤。我国在改良利用盐碱土方面积累了丰富的经验,主要的改良措施如下。

1. 排灌系统配套

进行旱、涝、盐、碱综合治理,"盐随水来,盐随水去"。根据这一道理,要治理盐碱地,治水就是治本。降低地下水位,灌水洗盐,及时排走含盐水分,是改良盐碱土的关键。如灌排不配套,有灌无排,就会抬高地下水位,引起土壤返盐。因为,在灌水时表层盐分可随水下渗,保存于土体内。但停止灌水后,地表强烈蒸发,土体内的水分沿毛管上升到地表,盐分也随水上升,水分蒸发,盐分便积累在地表。如能有排水系统,就可排走含盐水分,不致返回地表。因此,排灌系统配套,有灌有排,就能治理盐碱土。

2. 改进农业技术,科学合理地利用盐碱地

(1) 合理耕作,平整土地　农田表面不平是形成盐斑的重要原因。平整土地,使其受水均匀,蒸发平衡,就不会产生局部积盐。

深翻可加厚松土层,加速土壤淋盐,特别是下层有黏土层的土壤,具有托水积盐作用,群众称之为"碱根""碱隔层"。通过深翻,破除"碱隔层",可加速土壤脱盐。深翻后,粗耙地造坷垃,使盐分集中在坷垃表面,给植物出苗创造一个淡化土层。群众说"碱地坷垃,庄稼妈妈""一个坷垃一碗油,碱地保苗不发愁"。盐碱地要浅春耕,才有利于保墒防盐;要抢伏耕,即在夏季伏雨来临之前,抢时间进行中耕,充分接纳雨水,可加速土壤脱盐;在秋季要早秋耕,即雨季后及早耕作,粗耙地造坷垃,抑制返盐。

(2) 增施有机肥料,种植绿肥作物　俗话说"牛瘦长癣,地瘦生碱"。增施有机肥料和种植绿肥作物,可增加土壤有机质含量,改善土壤结构,减少土壤水分蒸发,促进淋盐,加速脱盐和培肥土壤。种绿肥作物还可以增加地面覆盖,抑制返盐。绿肥作物根系发达,通过蒸腾作用大量吸水,可降低地下水位。绿肥作物的耐盐性因品种不同而不同,在重盐碱地上可种田菁、紫穗槐;中、轻度盐碱地上种草木樨、紫苜蓿、苕子、黑麦等;盐碱威胁不大的,可以种豌豆、蚕豆、金花菜、紫云英等。

（3）躲盐巧种 包括开沟躲盐,营养钵沟种,迟播或早播躲盐等。开沟躲盐就是在春季返盐盛季,土壤表层含盐量高,可开沟把表土分到两旁,再把种子播入含盐较少的土层内,有利于种子出苗和幼苗生长。一般盐碱地只要保好苗,就十有九收。

（4）选种耐盐植物 耐盐能力较强的植物有向日葵、甜菜、高粱、棉花等。

（5）改种水稻 有水源之处种植水稻,是改良利用盐碱地的成功经验。由于水稻生育期田面经常保持一定厚度水层,在水的下淋过程中,把盐分也洗出土体,起到改良盐碱的效果。同时,下淋水补给地下水,也使含盐较高的地下水逐渐淡化。但是种稻时一定要注意:第一,健全排灌系统,应有灌有排;第二,稻田要选择在低洼盐区,连片成方,避免交叉种植,在水旱田之间,要挖截渗沟,以免旱地盐碱化;第三,田块不宜过大,田面要平整好;第四,水旱轮作,合理换茬,可以节约用水。旱作还可以改善土壤通气状况,促进养分转化,减轻病虫害等。

3. 植树造林

植树造林,营造农田防护林,可改善农田小气候,减少风速,增加空气湿度,减少蒸发,抑制返盐。同时,林木根系可吸收深层水分,避免水分消耗于蒸腾,可降低地下水位,减轻地表返盐;还能防风,固土护坡。较耐盐的树种有刺槐、杨、柳、榆、臭椿、桑、枣、紫穗槐、柽柳、白蜡条、酸刺、枸杞等。

五、风沙地的改良利用

风沙土又称"飞沙"或"流沙",主要特点是松而不黏,容易被风吹动,质地砂,肥力低,有机质和养分缺乏,干旱缺水,不利于植物生长,但也有土质疏松、易于耕作、透水性好、不易受涝、增温快、易发小苗的优点。风沙土的改良,应以生物措施为主,要根据当地条件,结合利用水利工程和农业措施改良。

（一）植树造林

植树造林是改良风沙土的重要措施。沙区群众说"要想沙窝富,必须风沙住;要想风沙住,必须多栽树"。因为林带可降低风速,防止土壤侵蚀,改变温度、湿度,调节田间小气候等。在护田林网的保护下,春季可以提高地表温度 0.7~3.5 ℃,夏季可降低田间气候温度 2 ℃左右,空气相对湿度可提高 3.5%~14%,蒸发量减少 14%~41%,提高产量 20%~30%。

沙区的林带有两种。一种是农田防护林带:在沙区营造许多纵横交错的林带,主林带应与当地的主风方向垂直,副林带与主林带垂直,主副林带交织成网,能够防止各种方向害风的危害。另一种是防风固沙林带:主要作用是截阻流沙或防止表土被风蚀,一般在小块平沙地或零星小片沙丘地区营造。多采用"前挡后拉"造林。"前挡"即在沙丘背风坡的前方用高干树造林,以挡住沙丘前进。"后拉"即在沙丘迎风坡栽植灌木或小灌木,拉低沙丘,不让其向前移动。对一个沙丘来说,在后一个丘间低地造林就是后拉,在前一个丘间低地造林就是前挡。气流在迎风坡受阻,而向沙丘顶部吹袭,使沙粒在背风坡的林间堆积,经过几年,沙丘逐渐拉平。但由于沙丘流动快,沙丘背风坡的幼苗往往被沙埋,陕西靖边、内蒙古又创造了"前高挡,后低拉"的办法,即在背风坡用2～2.5 m高干树造林,避免幼苗受压(图9-9)。

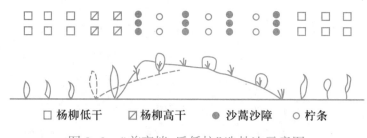

□ 杨柳低干   ☑ 杨柳高干   ● 沙蒿沙障   ○ 柠条

图9-9　"前高挡,后低拉"造林法示意图

树种的选择,要因地制宜,选择在本地区气候、土质条件下最适宜生长的树种,特别要注意选择防风固沙作用强的树种。同时,也要注意选择经济价值高、树冠大、根系发达、生长快、寿命长的乡土树种,还可发展适于在飞沙土中生长的果树,如苹果、梨、葡萄、枣、桃、杏等。

(二) 封沙育草及种草固沙

封沙育草就是将沙荒封禁起来,严禁放牧打草,保护和恢复天然植被,增加地表覆盖,从而达到防风固沙的目的。

种草固沙主要是进行人工种草,固定沙丘。

(三) 引水拉沙

引水拉沙是利用水的冲击力拉平沙丘。引水拉沙一定要有充足的水源,修好水渠是沙丘变良田的重要措施。引水拉沙造田,首先要修筑田间工程,包括引水渠、蓄水池、冲沙壕、围埂、排水口等,这种工程的设置既要便于施工、省力,也要考虑农田的布局合理(图9-10)。

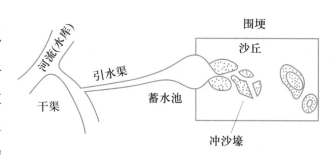

图9-10　拉沙造田田间工程布设示意图

(四) 做沙障

利用柴草、黏土、板条、石块等做成沙障,使风流经沙面时,不起风蚀,达到风起而沙不动的目的。特别是在水分条件极差、风蚀严重、植物难以生长的地区,要制止沙丘流动,首先必须设置沙障,给植物生长创造有利条件。

沙障按所用材料、配置形式可分为平铺式和直立式两大类(图9-11、图9-12)。平铺式是采用覆盖物铺盖沙面,使风吹过沙面时不起风蚀作用;直立式是采用柴草、枝条、板条等直插在沙面上或在沙面上用黏土堆成土埂,达到降低风速、固定流沙的目的。

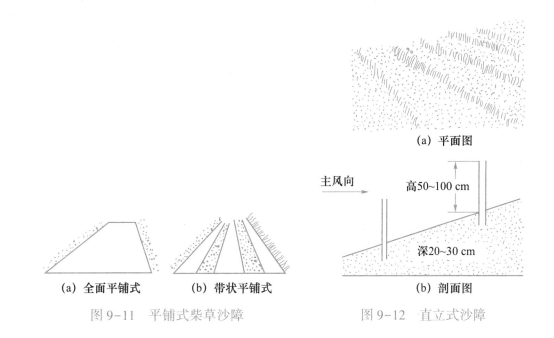

(a) 平面图

主风向　　　高50~100 cm

深20~30 cm

(a) 全面平铺式　　(b) 带状平铺式　　(b) 剖面图

图 9-11　平铺式柴草沙障　　图 9-12　直立式沙障

能力培养

当地中低产土壤改良利用情况调查

1. 训练准备

(1) 现场准备　在调查前,任课教师应深入当地典型单位或农户了解具体情况并确定 1~2 个调查点。

(2) 组织准备　把全班分成 4~5 小组,以组为单位分别拟出调查提纲。同时,指导教师要介绍有关情况,讲明调查目的和要求,以及调查方法等。

(3) 材料准备　每个小组要准备速测箱、铁锹或铁铲、米尺、土温计、土色卡、样本盒、采样袋和记录本等。

2. 操作步骤

运用所学知识,分析中低产土壤产量低而不稳的原因,总结群众在提高中产田、改良低产田方面的经验,为本地区农业生产的均衡增产提供有益的建议。

高产水稻土壤的主要特点是:① 有良好的土体构造。a. 松软肥厚的耕作层:要求深(耕层深度 18~20 cm)、软(不浮又不板)、肥(养分含量高)、松(土壤结构好)。b. 发育适度的犁底层:要求松紧适度,厚度 7~8 cm。c. 水、气协调的渗育层:要求多呈棱块或棱柱状结构,通气爽水,厚度 30~40 cm。d. 保水性能好的潴育层:要求土质相对紧实,保水性好,土体呈小棱块状结构,厚度在 20~30 cm。高产水稻土要求在 70~80 cm 土层范围内没有白土层、青泥层和铁屑黄泥层等障碍层次,地下水位在 80 cm 以下。② 有良好的物理性状。a. 土壤质地:要求中壤至轻黏土。b. 土壤结构:要求泥质绵软,土块易碎,水稳性微团粒多。c. 水、气、热条件:要求水源充足,水质好;地势平坦,开阔,阳光充足,易升温;土壤通透性好,爽水。③ 有协调的保肥供肥性能。要求土壤有机质含量丰富,有效养分含量多,水气协调,养分比例恰当,pH 接近中性。

高产旱地土壤主要特点是:① 要求土体厚度在 1 m 以上,最少不低于 80 cm。② 耕作层的厚度在 20 cm 以上。③ 土体构造应是"上虚下实",土性柔和,疏松,无障碍层次。④ 土壤质地以壤质土最为理想。⑤ 土壤有机质含量和各种有效养分含量较丰富。⑥ 地势较平坦,土地平整,灌排渠系完善,抗逆力强。

因此中低产田具体调查内容如下(表 9-15、表 9-16)。

(1) 水稻土

① 中低产水稻土类型,如潜育型、粘砂型、矿毒型、板结型、缺水型等。

② 各种类型水稻土面积及分布情况。

③ 各种类型水稻土主要理化性状,如土壤结构、质地、pH、氧化还原状况、有机质和速效养分的含量、耕性生产性能,以及保水保肥能力等。

④ 各种类型水稻土的水稻生长状况、产量水平及管理措施。

⑤ 当地群众改良利用经验。

表 9-15　中低产水田土壤特征

产量类型	产量水平/kg	水稻土类型					土壤结构	土壤质地	pH	有机质	耕性	保水保肥	改良措施
		潜育型	粘砂型	矿毒型	板结型	缺水型							
中产田													
低产田													

(2) 旱田土壤

① 中低产旱地土壤的低产原因,如土层浅薄、漏水漏肥、黏瘦、多砾石、干旱等。

② 各种中低产旱土的面积及分布状况。

③ 各种中低产旱土的成土条件,如母质、地形、气候、地下水等。

④ 各种类型中低产旱土的作物种类、生长状况及产量水平等。

⑤ 各种类型中低产旱土的主要理化性状,如土壤结构、质地、pH、有机质和速效养分的含量、盐碱状况、抗旱能力等。

⑥ 当地群众改良利用经验。

表 9-16 中低产旱田土壤特征

产量类型	作物种类	产量水平/kg	成土条件				土壤结构	土壤质地	pH	养分含量	盐碱状况	抗旱能力	改良措施
			母质	地形	气候	地下水							
中产田	玉米												
	小麦												
	大豆												
	……												
低产田	玉米												
	小麦												
	大豆												
	……												

3. 问题处理

（1）现场调查 主要了解土壤的成土条件，观察作物种类、生长状况和产量水平，了解土壤主要理化性状的变化情况，从而找出其存在问题。

（2）座谈访问 请当地乡、村干部、技术员或有经验的老农全面介绍有关情况，然后深入有关农户，讨论其土壤特性、生产状况及改良利用措施。

（3）根据调查与访问资料，分组讨论，分析其低产原因，拟出改良利用措施。每组针对不同土壤类型，写出调查报告，其内容包括调查过程、基本情况、低产原因和改良利用措施。

（4）走访高产专业户 了解该土壤的特性、肥力状况、耕性、生产性能、产量水平、水肥管理，以及改土培肥经验等。

随堂练习

1. 我国低产土壤主要有哪几种？形成的主要原因是什么？

2. 造成红壤类土壤低产的原因是什么？怎样改良利用？

3. 低产水稻土有哪几类？它们低产的原因各是什么？如何改良利用？

4. 盐碱对植物有哪些危害？怎样改良利用盐碱地？

任务 9.6 我国土壤资源的保护

任务目标

知识目标：1. 了解我国土壤资源的特点。

2. 了解我国土壤资源存在的主要问题及如何保护利用。

技能目标：1. 能宣传我国土壤资源保护利用的意义。

2. 能指导生产中土壤资源保护利用。

素质目标：1. 增强社会责任感。

2. 坚定"保护环境，人人有责"的信念，深刻体会保护环境就是珍爱生命的道理。

知识学习

土壤资源是从人类利用的角度对各种土壤类型的总称，它是人类进行农、林、牧等各业生产的基地。一个国家土壤资源的数量多少与质量好坏，直接关系着整个国家的生产发展。土壤资源不同于其他资源，比如矿产资源一经开采利用，总有枯竭之时，而土壤资源虽经利用，只要"治之得宜"，就能"地力常新"，说明土壤资源只要合理利用和保护，就会不断提高土壤肥力，为我们提供无尽的财富。土壤资源是最宝贵的自然资源，在国民经济发展及粮食增产中，它的作用是其他资源不可代替的。要合理利用和保护土壤资源，必须了解土壤资源的特点和存在的问题。

一、我国土壤资源的特点

（一）土壤类型多种多样

我国地域辽阔，自然条件复杂，形成了多种多样的自然土壤类型。加之我国农业历史悠久，人类生产活动对土壤的影响，又形成了很多农业土壤类型。众多的土壤类型，为我国农、林、牧各业的发展提供了良好的条件，也造成了农业生产的多样化与复杂化。

（二）山地面积相当大

我国山地占总面积的 66%，海拔 3 000 m 以上的山地和高原占国土面积的 25%，多山的地形适合农、林、牧业全面发展。但是由于交通困难，开发利用难度大。

(三) 人均土地及耕地占有量低,低产土壤面积很大

截至 2021 年,我国耕地面积为 19.18 亿亩,林地 42.62 亿亩,草地 39.68 亿亩。我国人口众多,导致人均占有量很低。我国人均占有耕地不足 1.4 亩(世界人均 5.6 亩),人均占有林地 3.0 亩(世界人均 9.8 亩),人均占有草地 2.8 亩(世界人均 11.4 亩)。

在我国耕地中,中低产地占 2/3 以上;草地中,生产力很低的荒漠和高寒草场约占 60%,说明土壤资源的质量不高,低产土壤面积大。

二、我国土壤资源存在的主要问题及保护利用

(一) 我国土壤资源存在的主要问题

(1) 长期超量化肥、农药盲目投入,导致土壤及水环境污染。

(2) 土壤板结、养分失衡、次生盐渍化、连作障碍、重金属污染等土壤健康问题日益突显。

(3) 地力下降,高产变中、低产,甚至绝产。

(4) 一些土壤退化问题也相当严重,区域性土壤污染及土壤健康问题比较突出。

(二) 我国土壤资源的保护利用

针对我国土壤资源的特点及存在问题,我国土壤资源的保护利用要注意以下几点。

1. 加强土壤管理,保护好耕地资源

我国人口多,耕地少,保护好耕地资源是一项极其重要的任务。一方面,保护耕地必须杜绝滥占耕地现象,要健全各级土地管理机构,切实执行国家颁布的土地法。另一方面,对露天矿占用耕地,在开采后应恢复农田。目前,我国土地与人口的矛盾不断加剧,我们一定要珍惜每一寸土地,要使现有土地免遭破坏,包括人为破坏和自然破坏,并不断提高土壤肥力。

2. 必须注意防止水土流失

水土流失对我国农业生产已造成严重危害。要防止水土流失,必须禁止陡坡开荒,乱砍滥伐,铲草皮等。25°以上坡耕地,要退耕还林;对已发生水土流失的坡地,要以生物措施为主,大力植树种草。生态失调、水土流失的症结所在是森林的破坏,因此,提高植被覆盖度,同时要结合工程措施,修建水土保持工程设施,进行综合治理。

3. 积极开发山区

我国山区面积大,山地类型多,资源丰富,适宜农、林、牧、副多种经营,发展潜力大,开发山区十分必要。

一般说来,山区以林为主,但应根据不同类型山地的特点,因地制宜地安排农、林、牧、副业的生产。山区的河谷、低岗和缓丘,应以种植业为主,发展粮食、经济作物和果林;山间盆

地可建成高产农田,以就近解决林区的粮食问题,从根本上扭转毁林、开荒的局面。近年来,由于重视山区的开发利用,发挥了山区的优势,不少山区人民的收入在不断增长。

4. 用养结合,提高地力

前面已经谈到,我国土壤资源遭到破坏,土壤肥力下降,用养结合是既能增加产量,又能增加地力的有效措施。如轮作倒茬、种植绿肥等。

5. 加强土地资源建设,提高土地生产力

为缓和人与耕地的矛盾,首先要加强农田基本建设,提高耕地生产力。农田基本建设的重点是发展水利和改造中低产田。通过增修水利工程,提高抗旱能力,健全合理排灌系统,减少洪涝灾害;通过改良土壤,合理施肥,加强品种培育及耕作管理,实现低产变中产,中产变高产。

能力培养

我国土壤资源保护情况调查

1. 调查准备

根据班级人数,按照每3~5人一组,分成若干组,由各组拟定调查提纲,经指导老师审阅修改后执行。

2. 调查活动

通过网络查询、期刊查阅、图书借阅,以及走访当地农业生产管理部门、农业技术人员、当地有规模的农场和有代表性的农户等途径,了解以下情况:

(1) 我国制定了哪些土壤资源保护政策?

(2) 当地采取了哪些土壤资源保护措施?

(3) 我国土壤资源保护取得了哪些效果?

(4) 我国土壤资源保护还存在哪些问题?

3. 调查报告

根据调查结果,每组写一份我国土壤资源保护情况调查报告,不少于500字。

随堂练习

1. 我国土壤资源有哪些特点? 主要存在哪些问题?

2. 怎样合理地保护利用我国土壤资源?

项 目 小 结

项 目 测 试

一、名词解释

植物营养最大效率期;植物营养临界期;最小养分率;报酬递减率;肥料利用率。

二、填空题

1. 植物生长发育必需的营养元素有 17 种。其中,大量元素_____种,分别是_____;微量元素_____种,分别是_____。

2. 配方施肥基本方法有三大类型:一是_____;二是_____;三是_____。

3. 配方施肥是根据植物的_____、土壤的_____性能和肥料效应,在_____为基础的条件下,产前提出各种营养元素的适宜用量和_____,以及相应的施肥技术的一项综合性施肥技术。

4. 养分平衡法计算施肥量的公式为_____。

5. 在农业生产中,大多数植物都要通过_____、_____和_____三个基本的施肥环节才能满足营养需要。

6. 一般大田作物基肥常采用_____、_____、_____和分层施肥等方法施用,果树的基肥常采用_____、_____和全园施肥等方法施用。

7. 种肥的施用方法主要有_____、_____和_____三种。

8. 肥料能否混合有三种情况,可以混合、可以暂时混合、不可混合。硫酸铵和过磷酸钙_____混合,尿素与氯化钾_____混合,碳酸氢铵与钙镁磷肥_____混合。

9. 低产水稻土类型相当复杂,根据低产原因和改良的基本方向分为_____、_____、_____、反酸田等。

10. 植物吸收养分的器官主要是_____,其次是_____。植物主要吸收离子态和_____养分,以离子态养分为主。

三、单项选择题

1. (   )说明不是施肥越多越增产,运用这一原理,在施肥实践中,要按最佳经济施肥量施肥,不要盲目多施。

A. 养分归还学说   B. 最小养分律

C. 报酬递减律   D. 因子综合作用律

2. 肥料利用率的大小受多种因素影响。一般来讲,肥料利用率(   )。

A. 喜肥耐肥植物较低   B. 化肥低于有机肥

C. 瘠薄地低于肥地   D. 腐熟的有机肥高于未腐熟的有机肥

3. 在农业生产中,群众总结出许多俗语来描述土壤的生产特性,下列不是描述盐碱土的俗语的是(   )。

A. 碱地坷垃,庄稼妈妈   B. 干时一把刀,湿时一团糟

C. 一个坷垃一碗油,碱地保苗不发愁   D. 牛瘦长癣,地瘦生碱

4. 氮肥的不合理施用会造成环境污染。(   )不是氮肥污染造成的。

A. 氮素进入水体,使水体富营养化   B. 氮素挥发,导致臭氧层破坏,气候变暖

C. 氮素在人体内转化可能形成致癌物质   D. 氮素施用造成放射性物质积累

5. 关于红壤类土壤低产的原因,下列描述错误的是(   )。

A. 土质砂化   B. 耕层浅

C. 酸性强   D. 有机质含量低

6. (　　)混合后,不但没有损失养分,还改善了肥料的物理性质。

A. 硫酸铵与石灰 　　　　　　　　　B. 过磷酸钙与硝态氮肥

C. 腐熟的粪尿肥与草木灰 　　　　　D. 磷矿粉与硫酸铵

四、判断题

1. 多数植物磷的营养临界期在幼苗期。　　　　　　　　　　　　　　（　　）

2. 追肥的作用是培肥土壤和供给植物整个生育期所需的养分。　　　（　　）

3. 根外追肥用肥少、收效快、肥效高,可代替土壤施肥。　　　　　　（　　）

4. 多数植物的营养最大效率期出现在生长旺盛期。　　　　　　　　　（　　）

5. 最小养分律告诉我们施肥措施必须与其他农业措施密切配合。　　（　　）

6. 养分丰缺指标法中,相对产量越高,土壤养分含量级别越低。　　　（　　）

7. 肥沃的土壤有上实下虚的层次结构。　　　　　　　　　　　　　　（　　）

8. 城市污水和垃圾虽含有一定量的有机、无机养分,但会对土壤造成污染。（　　）

9. 植树造林是改造风沙土的重要措施。　　　　　　　　　　　　　　（　　）

10. 盐碱土是指含有过多的可溶性盐碱,以至危害植物生长的低产土壤。（　　）

五、简答题

1. 何谓基肥、种肥、追肥? 其合适的肥料各是什么?

2. 盐碱对植物有哪些危害作用?

3. 简述肥料正确混合的原则。

4. 肥沃土壤的一般特征是什么?

六、能力应用

1. 低产水稻土有哪几类? 它们低产的原因各是什么? 如何改良利用?

2. 我国土壤资源有哪些特点? 主要存在哪些问题? 怎样合理地保护利用?

七、计算题

某土壤前三年小麦平均产量为280 kg/亩,土壤供给当季作物的氮素为4.92 kg/亩,若计划产量增加10%,问亩施尿素多少(尿素含氮量为46%,利用率为40%,每形成1 kg小麦吸氮0.032 kg,不考虑有机肥供氮量)?

项目链接

实现土壤—食物—环境—健康关系可持续发展

土壤是粮食生产必不可少的可再生资源,也是大气中二氧化碳的重要汇集地,有助于实现全球碳中和。尽管土壤的重要性众所周知,但由于缺乏对土壤、食物、环境和人类健康之间生物地球化学级联反应的理解,人们对土壤、食物、健康和环境可持续性的非线性的复杂联系知之甚少。与管理实践、土壤污染及其对人类和生态系统健康的直接影响相比,土壤性质的变化要慢得多,了解这些缓慢和快速变化之间的联系,对实现粮食安全和其他全球可持续发展目标都至关重要。人类活动引起的快速变化与土壤过程引起的缓慢变化不匹配,制约了土壤保护的长远目标的实现。土壤污染可以通过食物链和环境级联反应传导到人类,最终威胁人类健康。

土壤养分对粮食生产至关重要,过多或者过少的养分投入都会给粮食安全和环境保护带来重要影响,从而最终通过土壤—食物—环境—健康耦合传导到人类健康。过量养分投入会导致土壤养分积累从而带来一系列环境和健康问题,包括面源污染和温室气体排放等;而养分过少又会引起土壤有机质下降,从而导致土壤贫瘠和肥力下降,影响粮食产量和土壤固碳。相对于养分投入变化来说,土壤养分含量的变化是个极其缓慢的过程,一旦偏离均衡态就很难恢复。美国密西西比河流域早年玉米生产过程中的过量施肥导致时至今日仍有硝酸盐从土壤中外排,导致入海口墨西哥湾"死亡区域"的出现。澳大利亚小麦种植养分投入过少引起土壤有机质持续下降,沙漠化的风险陡增。不合理的养分管理会通过全球贸易将土壤的养分失衡扩展到其他地区,例如饲料的进出口会导致出口国因有机肥缺乏引起土壤有机质下降,而进口国可能会由于有机肥过多带来环境污染和健康问题。因此,从全球的视野去平衡土壤养分对于维持土壤健康至关重要,进而通过土壤—食物—环境—健康级联反应推动全球可持续发展。

土壤污染一旦发生,很难彻底移除。土壤污染物包括土壤重金属、有机污染物、微塑料和病原微生物等,主要来自人类活动,例如工业生产排放或者农药的使用等,这些污染物一旦进入土壤,会通过土壤—植物系统的传递而对人类健康产生危害。日本早年的土壤镉污染带来了严重的"痛痛病",就是土壤到水稻的镉迁移所导致的。土壤污染导致人体健康危害往往是土壤缓慢污染的结果,而到那时再从污染的源头控制已无力回天。因此,从土壤—食物—环境—健康耦合的角度来看,人们亟须从源头上控制土壤污染,避免这种级联反应的发生,人们必须关注这种变化速度上的差异和效应上的滞后。

土壤—食物—环境—健康之间的耦合关系应被纳入土壤健康管理中,以耦合系统的视角来看待土壤的保护和可持续发展。相应的土壤管理措施和政策制定等都需要将土壤过程的慢变化更早地纳入考虑,协调土壤慢变化和管理措施快变化之间的时间错配,实现短期平衡和长期平衡之间的协同。

参 考 文 献

[1] 邹良栋,吕冬霞. 植物生长与环境[M]. 北京:高等教育出版社,2004.

[2] 王立河,高素玲. 土壤肥料[M]. 北京:中国农业大学出版社,2021.

[3] 张承林,邓兰生. 水肥一体化技术[M]. 北京:中国农业出版社,2012.

[4] 徐乃霞,李振陆. 植物生产环境[M].3版. 北京:中国农业出版社,2019.

[5] 宋志伟,张得君. 粮经作物水肥一体化实用技术[M]. 北京:化学工业出版社,2018.

[6] 宋志伟,杨首乐. 无公害经济作物配方施肥[M]. 北京:化学工业出版社,2017.

[7] 黄巧云. 土壤学[M]. 北京:中国农业出版社,2006.

[8] 徐秀华. 土壤肥料[M]. 北京:中国农业大学出版社,2007.

[9] 熊毅. 中国土壤[M].2版. 北京:科学出版社,1987.

[10] 熊顺贵. 基础土壤学[M]. 北京:中国农业大学出版社,2001.

[11] 谢德体. 土壤学(南方本)[M].3版. 北京:中国农业出版社,2014.

[12] 吴玉光. 化肥使用指南[M]. 北京:中国农业出版社,2001.

[13] 吴礼树. 土壤肥料学[M]. 北京:中国农业出版社,2010.

[14] 王曦. 浅析土壤肥料现状与发展前景[J]. 农业与技术,2014(10):21.

[15] 谭金芳. 作物施肥原理与技术[M]. 北京:中国农业大学出版社,2003.

[16] 李庆逵,朱兆良,于天仁. 中国农业持续发展中的肥料问题[M]. 南昌:江西科学出版社,1998.

[17] 孙秀庭. 作物配方施肥技术[M]. 成都:四川科学技术出版社,1993.

[18] 孙向阳. 土壤学[M]. 北京:中国林业出版社,2005.

[19] 周启星. 健康土壤学:土壤健康质量与农产品质量安全[M]. 北京:科学出版社,2005.

[20] 宋志伟,王庆安. 土壤肥料[M]. 北京:中国农业出版社,2019.

[21] 宋志伟. 植物生产与环境[M].4版. 北京:高等教育出版社,2020.

[22] 宋志伟. 植物生长环境[M].3版. 北京:中国农业大学出版社,2015.

[23] 宋志伟. 土壤肥料[M].3版. 北京:中国农业出版社,2012.

[24] 宋连启. 农业植物与植物生理[M]. 北京:中国农业出版社,2000.

[25] 沈善敏. 中国土壤肥力[M]. 北京:中国农业出版社,1998.

[26] 沈其荣. 土壤肥料学通论[M]. 北京:高等教育出版社,2001.

［27］ 金为民．土壤肥料［M］．2 版．北京：中国农业出版社，2009．

［28］ 吕贻忠，李保国．土壤学［M］．北京：中国农业出版社，2006．

［29］ 骆永明．污染土壤修复技术研究现状与趋势［J］．化学进展，2009：558-565．

［30］ 陆欣．土壤肥料学［M］．北京：中国农业大学出版社，2002．

［31］ 鲁如坤．土壤农业化学分析方法［M］．北京：中国农业科技出版社，2000．

郑重声明

高等教育出版社依法对本书享有专有出版权。任何未经许可的复制、销售行为均违反《中华人民共和国著作权法》，其行为人将承担相应的民事责任和行政责任；构成犯罪的，将被依法追究刑事责任。为了维护市场秩序，保护读者的合法权益，避免读者误用盗版书造成不良后果，我社将配合行政执法部门和司法机关对违法犯罪的单位和个人进行严厉打击。社会各界人士如发现上述侵权行为，希望及时举报，我社将奖励举报有功人员。

反盗版举报电话　　（010）58581999　　58582371

反盗版举报邮箱　dd@hep.com.cn

通信地址　北京市西城区德外大街4号　　高等教育出版社法律事务部

邮政编码　100120

读者意见反馈

为收集对教材的意见建议，进一步完善教材编写并做好服务工作，读者可将对本教材的意见建议通过如下渠道反馈至我社。

咨询电话　　400-810-0598

反馈邮箱　　zz_dzyj@pub.hep.cn

通信地址　　北京市朝阳区惠新东街4号富盛大厦1座

　　　　　　高等教育出版社总编辑办公室

邮政编码　　100029

防伪查询说明

用户购书后刮开封底防伪涂层，使用手机微信等软件扫描二维码，会跳转至防伪查询网页，获得所购图书详细信息。

防伪客服电话　　（010）58582300

学习卡账号使用说明

一、注册/登录

访问https://abooks.hep.com.cn，点击"注册/登录"，在注册页面可以通过邮箱注册或者短信验证码两种方式进行注册。已注册的用户直接输入用户名加密码或者手机号加验证码的方式登录。

二、课程绑定

登录之后，点击页面右上角的个人头像展开子菜单，进入"个人中心"，点击"绑定防伪码"按钮，输入图书封底防伪码（20位密码，刮开涂层可见），完成课程绑定。

三、访问课程

在"个人中心"→"我的图书"中选择本书，开始学习。

如有账号问题，请发邮件至：4a_admin_zz@pub.hep.cn。